DIANNENG JILIANG JI CAIJI YUNWEI

JINENG PEIXUN JIAOCAI

电能计量及采集运维技能培训教材

国网安徽省电力有限公司市场营销部　编著

中国电力出版社

CHINA ELECTRIC POWER PRESS

图书在版编目（CIP）数据

电能计量及采集运维技能培训教材 / 国网安徽省电力有限公司市场营销部编著. —北京：中国电力出版社，2023.6 （2025.5重印）

ISBN 978-7-5198-7352-3

Ⅰ.①电…　Ⅱ.①国…　Ⅲ.①电能计量—技术培训—教材　Ⅳ.① TM933.4-62

中国版本图书馆 CIP 数据核字（2022）第 244983 号

出版发行：中国电力出版社

地　　址：北京市东城区北京站西街 19 号（邮政编码 100005）

网　　址：http://www.cepp.sgcc.com.cn

责任编辑：刘红强

责任校对：黄　蓓　王小鹏

装帧设计：王红柳

责任印制：钱兴根

印　　刷：三河市万龙印装有限公司

版　　次：2023 年 6 月第一版

印　　次：2025 年 5 月北京第二次印刷

开　　本：889 毫米 ×1194 毫米　16 开本

印　　张：17

字　　数：510 千字

定　　价：86.00 元

编委会

主　任　张　波

副主任　吕　斌　段玉卿　甘业平

委　员　尤　佳　周永刚　袁加梅　金　耀　黄　丹　高　寅

丁建顺　陶　琳　高　燃　齐佩雯　黄凯成　王　宁

杨连瑞　龚　雷　姚先君　王　强　韩博韬

编写组

组　长　尤　佳　周永刚

副组长　卢丽鹏　陶　勇　朱珺敏　刘单华　周乐乐　翁东坡

成　员　叶春圩　张　蕾　彭　涛　马　昆　毕建军　周云鹤

陈　娟　黄　健　劳雪婷　茹建涛　臧文强　董文杰

武　涛　薛梦雅　景晓婷　吴　桐　邢浩林　张　政

王　磊　谢之远　万永青　许　娜　马思远　苗　森

杨华锦　程　骏　齐微微

当下，电力已经成为人们生活中不可或缺的能源。电力工业的不断发展，提高了人民基本生活水平。电能的合理利用需要电能计量给予准确的支持，在巨大的需求面前，提供源源不断的强大电力，科学合理地在生产生活中使用电力，就必须重视电能的计量采集工作，充分发挥其作用，强化电能在使用过程中的管理工作，为人们的生产生活提供稳定可靠的能量输出。

电能计量是一个比较复杂烦琐的过程，需要很强的专业技能作保障。在计量过程中，计量工作者的专业技能水平对计量质量起到了最关键的作用。为推进新员工计量及采集理论知识学习、促进老员工计量及采集专业员工技能提升，响应公司人才发展建设要求，国网安徽省电力有限公司总结安徽计量专业工作优势经验及特色计量人才培养模式，开发进阶式的技能提升实务培训教材——《电能计量及采集运维技能培训教材》，贯通专业人才培养周期，全面提升技能工作管理水平和员工计量专业技能水平。

本书共分为电能计量及采集运维基础知识、计量及采集设备安装调试、采集运维典型故障分析、用电信息采集典型应用四章，主要内容涵盖计量及采集设备介绍、用电信息采集系统介绍、采集策略制定、设备安装、设备调试、现场常见故障分析、HPLC常见问题及案例分析、典型案例与处理FAQ、台区线损管理、计量异常在线监测与处理、配电监测、智能电能表运行误差监测、HPLC深化功能应用等。本书结合了电力计量专业业务发展的实际情况，针对目前亟须解决的计量技能提升需求，聚焦在计量业务的经验优势，编写出符合计量及采集技能的配套教材，有效补足计量专业实操实务培训教材的空缺，确保在实际工作中的运用的实效性。

由于时间仓促，信息量大，在本书编写过程中，难免有疏漏和不当之处，欢迎指正。

本书编委会

2022年3月

目录

第一章

电能计量及
采集运维基础知识

第一节　计量基础知识

一、计量常用名词及定义

（一）计量、计量学

（1）计量：实现单位统一和量值准确可靠的测量。

（2）计量学：有关测量知识领域的一门学科。国际上趋向于把计量学分为科学计量、工程计量和法制计量三大类，分别代表计量的基础、应用和政府起主导作用的社会事业三个方面。

（3）科学计量：指基础性、探索性、先行性的计量科学研究，通常用最新的科技成果来精确地定义与实现计量单位，并为最新的科技发展提供可靠的测量基础。

（4）工程计量：指国民经济中各种工程建设、工业企业中的实用计量，又称工业计量。是国家工业竞争力的重要组成部分。

（5）法制计量学：研究与计量单位、计量器具和测量方法有关的法制、技术和行政管理要求的计量学部分。涉及对计量单位、计量器具、测量方法及测量实验室的法定要求。

（二）量和单位

（1）量：现象、物体或物质可定性区别和定量确定的属性。

（2）量制：彼此间存在确定关系的一组量。

（3）量纲：以给定量制中基本量的幂的乘积表示某量的表达式。

（4）量值：由一个数乘以测量单位所表示的特定量的大小。它由数值和单位两部分的组合来表示。

（5）单位：为定量表示同种量的大小而约定的定义和采用的特定量。

（6）单位制：为给定量制按给定规则确定的一组基本单位和导出单位。

（7）一贯单位：可由比例因数为1的基本单位幂的乘积表示的导出计量单位。

（8）基本单位：给定量制中基本量的计量单位。

（9）导出单位：给定量制中导出量的计量单位。

（10）辅助单位：既可作为基本单位又可作为导出单位的单位，归入导出单位的一种。

（11）制外单位：不属于给定单位制的计量单位。

（12）倍数单位：按约定的比率，由给定单位构成的更大的计量单位。

（13）分数单位：按约定的比率，由给定单位构成的更小的计量单位。

（三）测量

（1）测量：以确定被测对象量值为目的的全部操作。

（2）测试：具有试验性质的测量。

（3）被测量：受到测量的量。

（4）直接测量法：不必测量与被测量有函数关系的其他量，而能直接得到被测量值的测量方法。

（5）间接测量法：通过测量与被测量有函数关系的其他量，才能得到被测量值的测量方法。

（四）计量器具

（1）计量器具：可单独地或与辅助设备一起，用以直接或间接确定被测对象量值的器具或装置。

（2）计量装置：为确定被测量值所必需的计量器具和辅助设备的总体。

（3）［计量］标准：按国家计量检定系统表规定的准确度等级，用于检定较低等级计量标准或工作计量器具的计量器具。

（4）工作计量器具：用于现场测量而不用于检定工作的计量器具。

（5）积分式［计量］仪器：将一量对另一量积分，以确定被测量值的计量仪器。

（五）计量器具的特性

（1）准确度等级：符合一定的计量要求，使其误差保持在规定极限以内的计量器具的等别或级别。

（2）量程：标称范围的上下限之差的模。

（3）测量范围：使计量器具的误差处于允许极限内的一组被测量值的范围。

（4）标准［工作］条件：为性能试验或保证测量结果能有效地相互比对而规定的计量器具的使用条件。

（5）灵敏度：计量仪器的响应变化除以相应的激励变化。

（6）稳定度：在规定条件下，计量仪器保持其计量特性恒定不变的能力。

（六）误差

（1）测量误差：测量结果与被测量真值之差。测量误差可用绝对误差表示，也可用相对误差表示。

（2）绝对误差：测量结果与被测量（约定）真值之差。

$$绝对误差 = 测量值 - 真值$$

（3）相对误差：测量的绝对误差与被测量（约定）真值之比。

$$相对误差 = 绝对误差 / 真值 ≈ 绝对误差 / 测量值$$

（4）器具误差：计量器具本身所具有的误差。

（5）人员误差：测量人员主观因素和操作技术所引起的误差。

（6）环境误差：由于实际环境条件与规定条件不一致所引起的误差。

（7）方法误差：测量方法不完善所引起的误差。

（8）系统误差：在同一被测量的多次测量过程中，保持恒定或以可预知方式变化的测量误差的分量。

（9）随机误差：在同一量的多次测量过程中，以不可预知方式变化的测量误差的分量。

（10）粗大误差：明显超出规定条件下预期的误差。

（11）测量精密度：测量结果中随机误差大小的程度，简称为精度。

（12）测量正确度：测量结果中系统误差大小的程度。

（13）测量准确度：测量结果与被测量的（约定）真值之间的一致程度，又称为精确度。

（14）测量不确定度：被测量的真值所处量值范围的评定。

（七）计量器具的误差

（1）计量器具的示值误差：计量器具的示值与被测量（约定）真值之差。

（2）基本误差：计量器具在标准条件下所具有的误差。

（3）附加误差：计量器具在非标准条件下所增加的误差。

（4）允许误差：技术标准、检定规程等对计量器具所规定允许的误差极限值。

（5）引用误差：计量器具的绝对误差与其特定值之比。

$$引用误差 = 绝对误差 / 测量最大量限$$

$$最大引用误差 = 最大绝对误差 / 测量范围最大量限$$

（八）计量检定

（1）［计量器具］检定：为评定计量器具的计量特性，确定其是否符合法定要求所进行的全部工作。

（2）［计量器具］检定规程：检定计量器具时必须遵守的法定技术文件。

（3）量值传递：通过对计量器具的检定或校准，将国家基准所复现的计量单位量值通过各等级计量标准传递到工作计量器具，以保证对被测量对象量值的准确和一致。

（4）周期检定：根据检定规程规定的周期对计量器具所进行的随后检定。

（5）仲裁检定：用计量基准或社会公用计量标准所进行的以裁决为目的的计量检定。

（6）强制检定：由政府计量行政主管部门所属的法定计量检定机构或授权的计量检定机构，对社会公用计量标准，部门和企事业单位使用的最高计量标准，用于贸易结算、安全防护、医疗卫生、环境监测四个方面列入国家强检目录的工作计量器具，实行的一种定点定期检定。

（7）非强制检定：由计量器具使用单位自己或委托具有社会公用计量标准或授权的计量检定机构，依法进行的一种检定。

（8）检定条件：检定规程中对所用计量标准、检定设备和环境条件所作的规定。

（9）检定方法：检定规程中规定的操作方法和步骤。

（10）检定周期：计量器具相邻两次周期检定间的时间间隔。

（11）检定证书：证明计量器具经过检定合格的文件。

（12）检定印记：证明计量器具经过检定合格而在计量器具上加盖的印记。

（13）检定结果通知书：证明计量器具经过检定不合格的文件。

（14）检定标记：加在计量器具上证明该计量器具已进行过检定的标记。

（15）年份日期标记：用于表明检定年份和日期的检定标记。

（16）封印标记：防止计量器具的某些元件被移动、拆除、更换等而做的标记。

（17）撤销标记：计量器具不符合法定的技术要求，撤销其原有检定标记的标记。

（18）调整：为使计量器具达到性能正常、消除偏差而适于使用状态所进行的操作。

（九）计量管理

（1）计量法：国家为统一计量单位制度，保证量值准确可靠，实施计量监督管理而制定的法律、法规的总和。

（2）计量管理：为在国民经济各个领域中提供计量保证所开展的各项管理工作。

（3）计量监督：按计量法律、法规的要求所进行的计量管理。

（4）法定［计量］单位：计量法律、法规规定的强制使用或推荐使用的计量单位。

（5）法定计量器具：按计量法律、法规规定进行管理的计量基准、计量标准和工作计量器具。

（6）法定计量部门：负责对计量法律、法规实施监督管理的部门。

（7）法定计量检定机构：各级政府计量行政主管部门依法设置的计量检定机构以及由其授权的计量检定机构。

（8）计量授权：由政府计量行政主管部门依法赋予技术机构承担计量法规定的强制检定和其他检定、测试任务的一种授权。

（9）计量认证：政府计量行政主管部门对向社会提供公正数据的技术机构的计量检定和测试的能力、可靠性和公正性所进行的考核和证明。

二、国际单位制和法定计量单位

在人类历史上，计量单位是伴随着生产与交换的发生、发展而产生的。随着社会进步和科学技术的发展，要求计量单位及其量值必须稳定和统一，以维护正常的社会经济活动和生产活动秩序。在总结经验的基础上，逐步形成了一种科学实用的新单位制——国际单位制（SI）。

国际单位制自 1960 年在第 11 届国际计量大会（CGPM）上获得通过，经过 1971 年第 14 届国际计量大会的补充修改后更加完善，并遵从一贯性的原则，更加科学、简单、实用，形成了完整的体系，实现了世界范围内计量单位的统一。

国际单位制的通用符号为"SI"，其构成如图 1-1 所示。

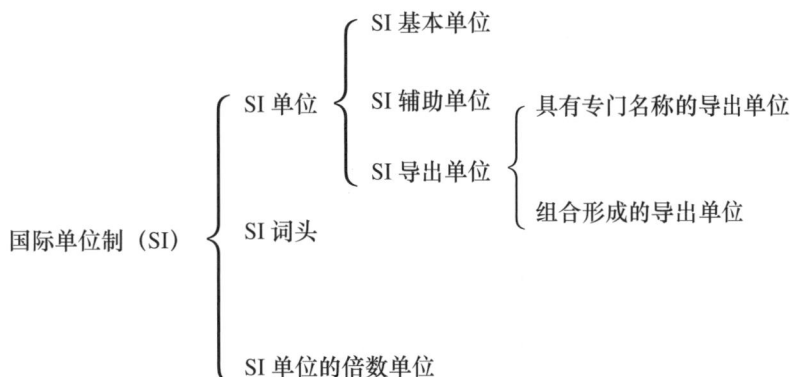

图 1-1　国际单位制的分类构成

从图 1-1 中可以看出，国际单位制简称为"SI"，但不能将国际单位制单位简称为 SI 单位。SI 单位仅仅是指 SI 基本单位、SI 辅助单位和 SI 导出单位的这三部分。单位即构成一贯制的单位（这些单位均不带词头，质量单位千克除外）。所以 SI 单位是国际单位制中有特定含义的名称，而国际单位制单位不仅包含 SI 单位，还包括 SI 单位的倍数单位（即由 SI 词头与 SI 单位构成的）。

由此可见，国际单位制单位与 SI 单位两者的含义是不同的，前者是指全部单位，后者仅指构成 SI 一贯制的那些单位。SI 单位又称主单位，任何一个量只有一个 SI 单位，其他单位都是 SI 单位的倍数单位。如电流的 SI 单位是 A，其他单位如 kA、mA、MA 等都是 A 倍数单位（十进倍数和分数单位）。所以 A 是 SI 单位，而 mA 不是 SI 基本单位，但它们都是国际单位制单位。

《中华人民共和国计量法》（简称《计量法》）中第三条规定："国际单位制计量单位和我国选定的其他计量单位，为国家法定计量单位。"国家实行法定计量单位制度，法定计量单位由国家法律承认，具有法定地位的计量单位。现行的法定计量单位是 1984 年 2 月 27 日由国务院发布的《关于在我国统一实行法定计量单位的命令》中规定的，要求我国的计量单位一律采用《中华人民共和国法定计量单位》。

（一）法定计量单位的构成

1984 年 2 月 27 日，国务院发布了《中华人民共和国法定计量单位》，要求我国的计量单位一律实施采用。我国的法定计量单位是在国际单位制的基础上，根据我国的实际情况适当地选用一些非国际单位制单位构成的。

可以说，国际单位制中所有单位都是我国的法定计量单位，它是我国法定计量单位的主体。但我国的法定计量单位不一定都是国际单位制单位，本身并不构成一个单位制，所以不能称为"法定计量单位制"或"法定单位制"。

我国的法定计量单位构成如下。

（1）国际单位制（SI）的基本单位（7 个），见表 1-1。

（2）国际单位制（SI）的辅助单位（2 个），即弧度（rad）和球面度（sr），见表 1-2。

（3）国际单位制（SI）中具有专门名称的导出单位（19 个），见表 1-3。

（4）国家选用的非国际单位制单位（16 个），见表 1-4。

（5）由以上单位构成的组合形式的单位。即由两个或两个以上的单位以乘、除组合构成的单位以及由一个单位与数学符号或数字指数构成的单位均为组合形式单位。如米每秒（m/s）、千瓦时（kW·h）等。

（6）由 SI 词头和以上单位构成的倍数单位（十进倍数）和分数单位，见表 1-5。

表 1-1 国际单位制（SI）的基本单位

量的名称	单位名称	单位符号	定义
长度	米	m	光在真空中在（1/299792458）s 时间间隔内所经路径的长度
质量	千克（公斤）	kg	等于国际千克原器的质量
时间	秒	s	铯 −133 原子基态的两个超精细能级之间跃迁所对应的辐射的 9192631770 个周期的持续时间
电流	安［培］	A	在真空中，截面积可忽略的两根相距 1m 无限长平行圆直导线内通以等量恒定电流时，若导线间相互作用力在每米长度上为 2×10^{-7}N，则每根导线中的电流为 1A
热力学温度	开［尔文］	K	水的三相点热力学温度的 1/273.16
物质的量	摩［尔］	mol	一系统物质的量，该系统中所包含的基本单元数与 0.012kg 碳 12 的原子数目相等。在使用摩尔时，基本单元应予指明，可以是原子、分子、离子、电子及其他粒子，或是这些粒子的特定组合
发光强度	坎［德拉］	cd	一光源在给定方向上的发光强度，该光源发出频率为 504×10^{12}Hz 的单色辐射，且在此方向上的辐射强度为 l/683W/sr

表 1-2 国际单位制（SI）的辅助单位

量的名称	单位名称	单位符号	定义
［平面］角	弧度	rad	以两射线交点为圆心的圆被射线所截的弧长与半径之比
立体角	球面度	sr	以锥体的顶点为球心作球面，该锥体在球表面截取的面积与球半径平方之比

表 1-3 国际单位制（SI）中具有专门名称的导出单位

量的名称	单位名称	单位符号	量纲
频率	赫［兹］	Hz	s^{-1}
力	牛［顿］	N	$kg \cdot m/s^2$
压力；压强；应力	帕［斯卡］	Pa	N/m^2
能［量］；功；热	焦［耳］	J	$N \cdot m$
功率；辐射［能］通量	瓦［特］	W	J/s
电荷［量］	库［仑］	C	$A \cdot s$
电压，电动势，电位，（电势）	伏［特］	V	W/A
电容	法［拉］	F	C/V
电阻	欧［姆］	Ω	V/A
电导	西［门子］	S	Ω^{-1}
磁通［量］	韦［伯］	Wb	$V \cdot s$
磁通［量］密度；磁感应强度	特［斯拉］	T	Wb/m^2

续表

量的名称	单位名称	单位符号	量纲
电感	亨［利］	H	Wb/A
摄氏温度	摄氏度	°C	K
光通量	流［明］	Im	cd·sr
［光］照度	勒［克斯］	lx	lm/m²
［放射性］活度	贝可［勒尔］	Bq	s⁻¹
吸收剂量	戈［瑞］	Gy	J/kg
剂量当量	希［沃特］	Sv	J/kg

表 1-4　国家选用的非国际单位制单位

量的名称	单位名称	单位符号	与 SI 单位的关系
时间	分 ［小］时 日，（天）	min h d	$1min=60s$ $1h=60min=3600s$ $1d=24h=86\ 400s$
［平面］角	度 ［角］分 ［角］秒	° ′ ″	$1°=60′=(\pi/180)\ rad$ $1′=60″=(\pi/10800)\ rad$ $1″=(\pi/648000)\ rad$（π 为圆周率）
质量	吨 原子质量单位	t U	$1t=10^3kg$ $IU\approx1.660\ 540\times10^{-27}kg$
体积	升	L，（l）	$1L=1dm^3=10^{-3}m^3$
旋转速度	转每分	r/min	$1r/min=(1/60)\ s^{-1}$
长度	海里	n mile	$1n\ mile=1852m$（只用于航程）
速度	节	kn	$1kn=1n\ mile/h=(1852/3600)\ m/s$ （只用于航程）
能	电子伏	eV	$1eV=1.602\ 177\times10^{-19}J$
级差	分贝	dB	—
线密度	特［克斯］	tex	$1tex=10^{-6}\ kg/m$（适用于纺织行业）
面积	公顷	hm²	$1hm^2=10^4m^2$

表 1-5　用于构成十进倍数和分数单位的词头

表示的因数	词头名称		词头符号
	中文	英文	
10^{-1}	分	deci	d
10^{-2}	厘	centi	c
10^{-3}	毫	milli	m

表示的因数	词头名称		词头符号
	中文	英文	
10^{-6}	微	micro	μ
10^{-9}	纳［诺］	nano	n
10^{-12}	皮［可］	pico	p
10^{-15}	飞［母托］	femto	f
10^{-18}	阿［托］	atto	a
10^{-21}	仄［普托］	zepto	z
10^{-24}	么［科托］	yocto	y
10^{1}	十	deca	da
10^{2}	百	hecto	h
10^{3}	千	kilo	k
10^{6}	兆	mega	M
10^{9}	吉［咖］	giga	G
10^{12}	太［拉］	tera	T
10^{15}	拍［它］	peta	P
10^{18}	艾［可萨］	exa	E
10^{21}	泽［它］	zetta	Z
10^{24}	尧［它］	yotta	Y

在我国的法定计量单位中，属于 SI 基本单位的有 7 个；属于 SI 辅助单位的 2 个；属于 SI 中具有专门名称的导出单位的有 19 个；属于国家选用的非国际单位制单位有 16 个，共计 44 个。若加上《中华人民共和国法定计量单位》的"注"中提到时间单位——周、月、年以及"千米"的俗称"公里"和 1998 年恢复使用的"mmHg"单位，总共计 49 个。这些单位可用以构成组合形式的单位，均可作为法定计量单位。

在 49 个法定计量单位中，未给符号的有"周"和"月"；已带有词头的仅是"千克""分贝""公顷""节"4 个。不能加词头构成倍数单位的有：一些非十进制单位如分（min）、［小］时（h）、日（天）（d）、度（°）、［角］分（′）、［角］秒（″）、海里（n mine）、节（kn）、转每分（r/min）、年（a）等；允许保留使用带"公"字的单位仅有公斤、公里、公顷等 3 个，其余带公字号单位一律不准使用。

（二）法定计量单位一般使用方法

（1）组合单位的中文符号不应与中文名称（简称）相混淆。中文符号中带"/""·"符号，中文名称不能带"/""·"符号，符号中的乘号没有对应的名称，除号的对应名称为"每"字。中文符号只采用简称，中文名既可全称，也可简称。

（2）在一个单位（组合形式单位）中，一般不允许国际符号与中文符号混用。

（3）词头符号与单位符号之间不得留空隙，也不加表示相乘等任何符号。词头符号与所紧接的单位符号应作为一个整体对待，并具有相同的幂次。

（4）组合单位的倍数单位一般只用一个词头，并尽量用于组合单位中第一个单位。对相除或乘和除组成的组合单位，其词头一般都应加在分子的第一个单位之前，分母一般不用词头，当分母为长度、面积、体积及质量单位时，分母可选用某些词头构成组合单位。

（5）有些非物理量的单位（如件、台等）可用汉字与符号构成组合形式单位。如：表示电视机产量可用"台／年"等。

（6）量值中的数值一般应采用阿拉伯数字。尽量避免用分数，而用小数。带有计量单位时，用阿拉伯数字书写。

（7）当数值的位数多时，如为整数后有 3 个以上的"0"或为纯小数，小数点后面有 3 个以上的"0"，均可采用以 10^n（n 为正、负整数）的形式写法，但有效位数中的"0"必须全部写出。

三、测量数据处理

在测量结果和数据运算中，确定用几位数字表示最终结果，是一个十分重要的问题。测量结果精度有一定限度，如果认为保留位数越多，精度就越高，这种认识都是片面的。若将不必要的数字写出来，既费时间，又无意义。一方面是因为小数点的位置决定不了精度，它仅与所采用的单位有关；另一方面，测量结果的精度与所用测量方法及仪器有关，在记录或数据运算时，所取的数据位数，其精度不能超过测量所能达到的精度；反之，若低于测量精度，也是不正确的，因为它将损失精度。

（一）有效数字

测量过程中，无论使用什么仪器，采用什么测量方法，其测量数据都会有误差。因为测量数据的最后一位数字一般是靠估计得来的，这一数字称为欠准数字或不可靠数字。

为了正确合理地反映测量结果，测量数据应由若干位可靠数字和最后一位欠准数字组成，称这些数字为有效数字。所谓有效数字，就是从测量数据左边第一个非零数字起，直至右边最末一位数字（欠准数字）止的所有数字（不论是零或非零的数字）。若测量数据具有几个有效数字，就说此数据是几位有效位数。

若测量数据的左边带有若干个零的数字，通常把这个数据写成 $a \times 10^n$ 形式，而 $1 \leq a < 10$。根据这种写法，可从 a 含有几个有效数字来确定数据的有效位数。

在测量结果中，最末一位有效数字取到哪一位，应由测量精度来决定的，那最末一位有效数字应与测量精度是同一量级的。

在测量时，如果仪表指针刚好停留在分度线上，读取记录时应在小数点后的最末位加一位零。同时，表示常数的数字可认为它的有效数字位数是无限制的，可按需要取任意位。

（二）数据修约规则

有效数字的位数不仅表达了被测量的大小，同时还表明了测量结果的精确程度。当数据的有效位数确定后，其后面多余的数字应舍去，而保留的有效数字最末一位数字应按下面的修约规则进行处理。

（1）大于 5 进 1，以保留数字的末位为准，其右边的第一位数大于 5 就向左边 1 位进 1，即将保留的最末一位数字加 1。

（2）小于 5 舍去，以保留数字的末位为准，其右边的第一位数字小于 5 则舍去。

（3）等于 5 取偶数，如果保留数字右边的第一位数字等于 5，则将保留部分的末尾数字凑成偶数，即欲保留的最末一位数字为奇数时，应将此末位数字加 1；若末位数字为偶数时，则末位数字保持不变。此规则称为"偶数规则"。

以上修约规则可概括为"四舍六入五单双"。

由于数字舍入而引起的误差称为舍入误差，按上述规则进行数字舍入，其舍入误差皆不超过保留数字最末位的半个单位。必须指出，这种舍入规则的第（3）条明确规定，被舍去的数字不是见5就入，从而使舍入误差成为随机误差，在大量运算时，其舍入误差的均值趋于零。这就避免了过去所采用的"四舍五入"规则时，由于舍入误差的累积而产生的系统误差。

（三）数据运算规则

在数据运算中，为保证最后结果有尽可能高的精度，所有参与运算的数据，在有效数字后可多保留一位数字作为参考数字，或称为安全数字。

（1）有效数字的加减运算。在测量数据进行加减运算时，各参与运算数据以小数位数最少的数据位数为准，其余各数据可多取一位小数为原则进行舍入处理后再做加减运算，但最后结果应与原运算数据中小数位数最少的数据小数位数相同。

（2）有效数字的乘除运算。在测量数据进行乘除运算时，各参与运算数据以有效位数最少的数据位数为准，其余各数据要比有效位数最少的数据位数多取一位数字为原则进行舍入处理后进行乘除运算，但最后结果应与原运算数据中有效位数最少的数据位数相同。

（3）在测量数据平方或开方运算时，平方相当于乘法运算，开方是平方的逆运算，故可按乘除运算处理。

（4）在对数运算时，n位有效数字的数据应该用n位对数表，或用（n+1）位对数表，以免损失精度。

（5）三角函数运算中，所取函数值的位数应随角度误差的减小而增多。

在实际运算中，往往一个运算要包含上述几种规则，对中间运算结果所保留的数据位数可比单一运算结果多取一位数字。

（四）数据化整

通用方法：数据除以化整间距，所得数值，按修约规则化整，化整后的数字乘以化整间距所得值，即为化整结果。

1. 化整间距数为1时的化整方法

化整方法完全等同于数据修约规则。即保留位左边对保留位数字1来说：若大于0.5，则保留位加1；若小于0.5，则保留位不变；若等于0.5，则保留位是偶数时不变，保留位是奇数时加1。

2. 化整间距为2时的化整方法

（1）保留位是偶数时，则不管保留位右边为多少，保留位均不变。

（2）保留位是奇数时，若保留位右边不为零，保留位加1；若保留位右边为零，则保留位是加1还是减1，以化整后保留位前一位和加减后的保留位组成的数值能否被4整除决定。

3. 化整间距为5时化整方法

（1）保留位与其右边的数，若小于或等于25，保留位变零。

（2）保留位与其右边的数，若大于25而小于75，保留位变成5。

（3）保留位与其右边的数，若等于或大于75，保留位变零而保留位左边加1。

归纳为：化整间距数为 n（$n \neq 1$）时的化整方法：将测得数据除以 n，再按化整间距数为1时的化整方法化整，化整以后再乘以 n，即为最后化整结果。

四、测量不确定度评定

（一）概念及分类

测量不确定度定义为表征合理地赋予被测量值的分散性，是与测量结果相联系的参数。

测量不确定度定义是指测量结果变化的不肯定，是表征被测量的真值在某个量值范围的一个估计，是测量结果含有的一个参数，用以表示被测量值的分散性。定义还表明，一个完整的测量结果应包含被测量值的估计与分散性参数两部分。所表示的并非为一个确定的值，而是分散的无限个可能值所处于的一个区间。

测量不确定度一般由多个分量组成。一些成分可以由测量列结果统计分布估算，用实验标准偏差表征；另一些用基于实验或其他信息的概率分布来估算，也可用标准偏差表征。

各不确定度分量不论其性质如何，皆可用两类方法进行评定，即 A 类评定与 B 类评定。其中一些分量由一系列观测数据的统计分析来评定，称为 A 类评定；另一些分量是基于经验或其他信息所认定的概率分布来评定，称为 B 类评定。所有不确定度分量均用标准差表征，它们或是由随机误差而引起，或是由系统误差而引起，都对测量结果的分散性产生相应的影响。

由 A 类标准不确定度分量和 B 类标准不确定度分量合成的标准不确定度则称为合成标准不确定度，由合成标准不确定度的倍数表示的测量不确定度称为扩展标准不确定度。

（二）测量误差与测量不确定度

测量误差与测量不确定度作为误差理论中的两个重要概念，它们具有相同点，都是评价测量结果质量高低的重要指标，都可作为测量结果的精度评定参数。但它们又有明显的区别，必须正确认识和区分，以防混淆和误用，其区别见表 1-6。

表 1-6 测量误差与测量不确定度的区别

比较项目	测量误差	测量不确定度
大小	用测量结果减去被测量的真值表示	用标准差或标准差的倍数或置信区间的半宽表示
符号	非正即负	恒为正值
评定目的	表示测量结果偏离真值的程度	表示被测量值的分散程度
分类	按性质可分为随机误差、系统误差、粗大误差	按评定方法分为 A 类评定和 B 类评定
主客观性	客观存在，不以人的认识程度改变	与人们对被测量及测量过程的认识有关
与真值的关系	与真值有关。由于真值未知，往往不能准确得到，当用约定真值代替真值时，可以得到其估计值	与真值无关。可以由人们根据试验、资料、经验等信息进行评定，可以通过 A、B 两类评定方法定量确定
与测量结果的关系	已知系统误差的估计值时可以对测量结果进行修正，得到已修正的测量结果	不能用不确定度对测量结果进行修正，在以修正测量结果的不确定度中应考虑修正不完善而引入的不确定度

误差与不确定度有区别也有联系。误差是不确定度的基础，而用测量不确定度代替误差表示测量结果，易于理解，便于评定，具有合理性和实用性。但测量不确定度的内容不能包罗更不能取代误差理论的所有内容。它是对经典误差理论的一个补充，是现代误差理论的内容之一。

（三）不确定度的评定

用标准差表征的不确定度，称为标准不确定度。测量不确定度所包含的若干个不确定度分量，均是标准不确定度分量，其评定方法如下。

1.A 类标准不确定度评定

A 类标准不确定度评定是用统计分析法评定，等同于由系列观测值获得的标准差。标准差的求法与随机误差的处理方法相同，具体步骤如下：

（1）对被测量 X 进行 n 次测量，测量值 x_1，x_2，$\cdots$，x_n。

（2）计算算术平均值 x。

（3）计算剩余误差 $x_i - x$。

（4）用贝塞尔公式求标准差的估值为：

$$s(x_i) = \sqrt{\frac{1}{n-1}\sum_{i=1}^{n}(x_i - \bar{x})^2} \tag{1-1}$$

（5）求算术平均值标准差的估值为：

$$s(\bar{x}) = \frac{s(x)}{\sqrt{n}} \tag{1-2}$$

（6）A 类标准不确定度为：

$$u_A = s(\bar{x}) \tag{1-3}$$

值得注意的是，测量次数 n 应充分多，才能使 A 类不确定度的评定可靠，一般认为 n 应大于 5。

2. B 类标准不确定度评定

B 类标准不确定评定不用统计分析法，而是基于其他方法（如估计概率分布或分布假设）来评定标准差并得到标准不确定度。其方法如下。

B 类不确定度是区间的半宽 a 除以置信因子 k，即

$$u_B = \frac{a}{k} \tag{1-4}$$

置信因子 k 的选择由置信概率 P（通常取 0.95 或 0.99）和概率分布（正态分布、t 分布、均匀分布等）确定，具体见表 1-7。

表 1-7　常用分布与置信因子、不确定度分量的关系

分布类型	$P\%$	k	u_B
正态分布	95.45	2	$a/2$
正态分布	99.73	3	$a/3$
均匀（矩形）分布	100	$\sqrt{3}$	$a/\sqrt{3}$
梯形分布	100	$\sqrt{3}$	$a/\sqrt{3}$
三角形分布	100	$\sqrt{6}$	$a/\sqrt{6}$
反正弦分布	100	$\sqrt{2}$	$a/\sqrt{2}$

3. 自由度的确定

每个不确定度都对应着一个自由度，并将不确定度计算表达式中总和所包含的项数减去各项之间存在的约束条件数，所得的差值称为不确定度的自由度。自由度作为测量不确定度的一个参数，是反映相应标准差的可靠程度，也是说明不确定的质量（或可靠性）的一个参数，通常表示所给标准不确定度的可靠程度或准确程度，确定方法如下。

（1）A 类标准不确定度的自由度。对 A 类标准不确定度，其自由度 v 即为标准差 σ 的自由度。由于标准差的计算方法不同，其自由度也有所不同，也可由相应公式计算出不同自由度。例如，使用贝塞尔法计算的标准差，其自由度为

$$v = n - 1 \tag{1-5}$$

式中：n 为测量次数。

（2）B 类标准不确定度的自由度。对 B 类标准不确定度 u_B，由相对标准差来确定自由度，其自由度为

$$v = \frac{1}{2(\frac{\sigma_u}{u})^2} \tag{1-6}$$

式中：σ_u 为评定不确定度 u 的标准差；$\frac{\sigma_u}{u}$ 为评定不确定度 u 的相对标准差。

（四）测量不确定度的合成

1.标准不确定度的合成

当测量结果受多种因素影响形成了若干不确定度分量时，测量结果的标准不确定度用各标准不确定度分量合成后所得的合成标准不确定度来表示。当各不确定度分量相互独立时，合成不确定度可用下列简化公式进行计算，即

$$u_c = \sqrt{\sum_{i=1}^{n} u_i^2} \tag{1-7}$$

式中：u_i 为第 i 个标准不确定度分量；n 为标准不确定度分量的个数。

用标准不确定度作为测量不确定度时，被测量的测量结果可表示为 $Y = y \pm u_c$。

2.扩展（展伸）不确定度的合成

在一些实际工作中，要求给出的测量结果区间包含被测量真值的置信概率较大，即给出一个测量结果的区间，使被测量的值大部分位于其中，因此需用扩展不确定度（也称为展伸不确定度）表示测量结果。

扩展不确定度由合成标准不确定度 u_c 乘以置信因子 k 得到，记为 u，即 $u = k u_c$，其中置信因子 k 由 t 分布曲线（适应于有限次测量）的临界值给出 $t_p(v)$，即

$$k = t_p(v) \tag{1-8}$$

式中：v 是合成标准不确定度 u_c 的自由度，根据给定的置信概率 P 与自由度 v 查 t 分布表，得到 $t_p(v)$ 的值。

用扩展不确定度作为测量不确定度时，则测量结果可表示为 $Y = y \pm u$。

当各不确定度分量 u_i 相互独立且其对应的自由度 v_i 均为已知时，合成标准不确定度 u_c 的自由度 v 可计算为

$$v = \frac{u_c^4}{\sum_{i=1}^{n} \frac{u_i^4}{v_i}} \tag{1-9}$$

式中：v_i 为各标准度不确定度分量 u_i 的自由度。

在实际计算中，往往由于缺少资料难以确定每一个分量 v_i，则自由度和置信因子的 k 值均无法按上述公式计算得出，为了求得扩展不确定度，v 一般情况下取置信因子 $k = 2 \sim 3$，从而获得解决问题途径。

3.不确定度报告

对测量不确定度进行分析与评定后，应给出测量不确定度的最后报告。

（1）报告的基本内容。当测量不确定度用合成标准不确定度表示时，应给出合成标准不确定度 u_c 及其自由度 v。

当测量不确定度用扩展不确定度表示时，除给出扩展不确定度 u 外，还应该说明它计算时所依据的合成标准不确定度 u_c、自由度 v、置信概率 P 和置信因子 k 等。

为了提高测量结果的使用价值，在不确定度报告中，应尽可能提供更详细的信息，尤其应说明各分量是如何获得的。

（2）测量结果的表示。

1）当不确定度用合成标准不确定度 u_c 表示时，可用下列几种方式之一来表示测量结果。

假设报告的被测量 Y 是标称为 100g 的标准砝码，其测量的估计值 y=100.021478，对应的合成标准不确定度 u_c=0.35mg，则测量结果可用以下几种方法表示：

① y=100.02147g, u_c=0.35mg；

② Y=100.02147（35）g；

③ Y=100.02147（0.00035）g；

④ Y=（100.02147 ± 0.00035）g。

上述表示方法中，②中括号里的数为 u_c 的数值，u_c 的末位与被测量估计值的末位对齐，单位相同；③中括号里的数为 u_c 的数值，与被测量估计值的单位相同；④中"±"号后面的数 0.00035 为 u_c 的值。

2）当不确定度用扩展不确定度 u 表示时，上述假设的测量结果可表示为 $Y=y\pm u$=（100.02147 ± 0.00079）g，式中扩展不确定度 $u=ku_c$= 2.262 × 0.00035 = 0.000798，是由合成标准不确定度 u_c 和置信因子 k 确定的，k 是依据置信概率 P = 0.95 和自由度 v=9（$v=n-1$ = 10-1）由 t 分布表查得的。

必须注意，扩展不确定度的表示方法与标准不确定度的表示式④相同，容易混淆。因此，当用扩展不确定度表示测量结果时，应给出相应的说明，如置信概率和自由度等。

3）不确定度也可以用相对不确定度形成报告，再如上述假设的测量结果可表示为 y=100.02147g，u_c=0.00035%。

4）最后报告的合成不确定度或扩展不确定度，其有效数字一般不超过两位，不确定度的数值与被测量的估计值末位对齐。

（五）测量不确定的计算和评定步骤

根据测量不确定度的一般计算方法和评定方法归纳步骤如下。

（1）分析测量不确定度的来源，列出对测量结果影响显著的不确定度分量。

（2）分别采用 A 类和 B 类评定分法，评定标准不确定度分量，并给出其数值 u_i 和自由度 v_i。

（3）分析所有不确定度分量的相关性，确定各相关系数。

（4）求测量结果的合成标准不确定度 u_c 及自由度 v。

（5）若需要给出扩展不确定度，则将合成标准不确定度 u_c 乘以置信因子 k，得到扩展不确定度 $u=ku_c$。

（6）给出不确定度的最后报告，以规定的方式报告被测量的估计值 y 及合成标准不确定度 u_c 或扩展不确定度 u，并说明获得它们的细节（如置信概率 p 和自由度 v 等）。

五、量值传递与量值溯源

计量检定定义为查明和确认计量器具是否符合法定要求的程序，包括检查、加标记和（或）出具检定证书。根据《中华人民共和国计量法》规定，"计量检定必须按照国家计量检定系统表进行。"我国的每一项国家基准对应一种检定系统框图，各类计量器具分别制定，以文字和框图构成。

（一）计量基准的基本概念

1.计量基准的概念及分类

计量基准器具简称计量基准，是在特定计量领域内复现和保存计量单位（或其倍数或分数），并具有最高计量特性的计量器具，是统一量值的最高依据。

根据基准的地位、性质和用途，基准通常又分为主基准、副基准和工作基准三种，也分别称为一级、二级和三级基准。

（1）主基准：也称为原始基准，是用来复现和保存计量单位，具有现代科学技术所能达到最高准确度的计量器具，并经国家鉴定批准，作为统一全国计量单位量值的最高依据，也叫国家基准。

（2）副基准：通过直接或间接与国家基准比对，确定其量值并经国家鉴定批准的计量器具，它在全国作为复现计量单位的副基准，其地位仅次于国家基准，平时用来代替国家基准使用或验证国家基准的变化。

（3）工作基准：经与主基准或副基准校准或比对，并经国家鉴定批准，实际用以检定下属计量标准的计量器具。

2.计量基准应具备的基本条件

（1）符合或最接近计量单位定义所依据的基本原理。

（2）具有良好的复现性，并且所复现和保持的计量单位（或其倍数或分数）具有当代或本国的最高精确度。

（3）性能稳定，计量特性长期不变。

（4）能将所复现和保持的计量单位（或其倍数或分数）通过一定的方法和手段传递下去。

3.计量器具的概念及分类

计量器具是指能用以直接或间接测出被测对象量值的装置、仪器仪表、量具和用于统一量值的标准物质，也就是指可单独地或与辅助设备一起用以进行测量的器具。

计量器具具有测量范围（或规格）、准确度、灵敏度和稳定度等特性。按结构特点，可分为以下三类。

（1）量具：用固定形式复现量值的计量器具，如砝码、直尺等。

（2）计量仪器仪表：将被测量的量转换成可直接观测的指标值等效信息的计量器具，如温度计、电流表等。

（3）计量装置：为了确定被测量值所必需的计量器具和辅助设备的总体组合，如电能计量装置等。

按计量学用途分类，计量器具可分为计量基准器具、计量标准器具和工作计量器具三类。其中计量标准器具起着承上启下的作用。

（二）计量标准的基本概念

1.计量标准的概念和分类

计量标准器具简称计量标准，是指在特定计量领域内复现和保存计量单位，并具有较高计量特性的计量器具。

计量标准器具的准确度低于计量基准器具，一般用于检定其他计量标准或工作计量器具，在量传递中起着承上启下的作用，即将计量基准所复现的单位量值，通过检定逐级传递到工作计量器具，从而确保工作计量器具量值的准确可靠，确保全国测量活动达到统一。计量标准是量值传递的中间环节，也是量值传递过程的重要组成部分。

由于一般工作计量器具（直接用来测量被测对象量值的计量器具）的准确度与计量基准量值准确度相差很大，用一级计量标准把计量基准的量值直接传递到工作计量器具是难以完全做到的，所以多数计量标准都根据需要分成若干等级。

计量标准按法律地位可分三类：

（1）社会公用计量标准，由县以上地方政府计量部门建立（或授权建立），作为统一本地区量值的依据，并对社会实施计量监督具有公证作用的各项计量标准；

（2）部门使用的计量标准，由省级以上政府有关主管部门组织建立，统一本部门量值依据的各项计量标准；

（3）企事业单位使用的计量标准，由企业、事业单位组织建立，作为本单位量值依据的各项计量标准。

计量标准在统一量值中具有重要的地位，所以它的建立和使用都有严格的规定，必须进行依法考核合格，才有资格进行量值传递。

2.计量标准器具应具备的条件

计量标准器具（计量标准）的使用须具备以下三个条件：

（1）经计量检定合格；

（2）具有正常工作所需要的环境条件；

（3）具有称职的保存、维护、使用人员。

（三）量值传递与量值溯源

1.基本概念

（1）量值传递：通过对计量器具的检定或校准，将国家基准所复现的计量单位量值通过各等级计量标准传递到工作计量器具，以保证对被测对象所测得的量值的准确和一致的过程。

（2）量值溯源：通过具有规定不确定度的不间断的比较链，使测量结果或测量标准的量值能够与规定的计量标准（通常是国家计量基准或国际计量基准）联系起来的特性，也称为"可溯源"，这不间断的比较链称为溯源链。溯源性一般通过溯源等级图（国家溯源等级图或国际溯源等级图）来表达。

量值溯源与量值传递从技术上说是一件事情、两种说法，即建立标准时所称的"建立起来，传递下去"。量值溯源的目的是实现测量结果在误差的范围内统一，而且是统一到国际基准上。

2.量值传递与量值溯源的区别

（1）量值传递是强调从国家建立的基准或最高标准向下传递，量值溯源是强调从下至上寻求更高的测量标准，追溯求源直至国家或国际基准，是量值传递的逆过程。量值传递体现了强制性，量值溯源体现自发性，量值传递与溯源示意如图1-2所示。

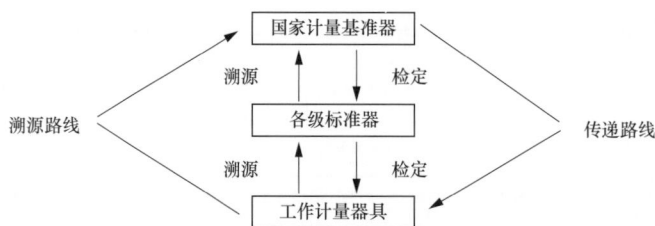

图 1-2 量值传递与溯源示意

（2）量值传递有严格的等级，层次较多，中间环节多，容易造成准确度损失。量值溯源不按严格的等级，中间环节少，根据用户自身的需要，可以逐级溯源，也可以越级溯源，因此，不受等级限制。

（3）两种传递方式不一样。在量值传递的方法中强调"通过对计量器具的检定或校准"这两种方式；而在量值溯源的方法中采用连续不间断的比较链，即传递标准。而由于比较链没有特别指出是哪种方式，实际上是承认多种方式。

3.量值溯源的原则和方式

量值溯源的原则：全部测量设备必须是可溯源的，在量值溯源时，必须依照国家计量检定规程或有关规定的技术方法进行。

目前，实现量值溯源的方式有：

（1）用实物计量标准进行检定或校准；

（2）发放标准物质；

（3）实验室之间比对或验证测试；

（4）计量保证方案（MAP）。

其中，计量保证方案是统计学原理用于计量领域，通过测量过程的统计控制，达到保证测量的质量。

（四）国家溯源等级图（旧称国家计量检定系统表）

为了保障某一物理量计量单位制的统一和量值的准确、可靠，国家组建该物理量具有最高计量特性的基准器及各等级的标准器。然后，通过计量检定把国家标准的单位量值逐级传递到各级工作计量器具。对这种从计量基准到各级计量标准直至工作计量器具的主、从检定关系所做的技术规定，称为国家计量检定系统表，简称计量检定系统。我国也曾称为量值传递系统，国际上一般称为计量器具溯源等级图。

计量检定系统是把工作计量器具（用于现场测量而非量值传递用的）的量值和国家计量基准的量值联系起来，为量值传递（或溯源）而制定的一种法定性技术文件。它是建立计量基准、计量标准，对各等级计量标准器和工作计量器具进行检定或校准，制定检定规程或其他技术规范，组织量值传递的重要依据，其目的是将计量检定结果在允许的误差范围内溯源到计量基准，实现全国量值的准确可靠。

计量检定系统一般用图文结合的形式表述，主要内容有引言（说明适用范围）、计量基准器具、计量标准器具、工作计量器具、检定系统框图等。

检定系统框图是一种代表等级顺序的框图，用以表明计量器具的计量特性与给定量的基准之间的关系。通过框图，不仅能够查到计量器具各等级的主要技术指标，还能一目了然地掌握检定系统的具体运行方式。

检定系统框图分三部分：计量基准器具、计量标准器具、工作计量器具。框图对各个组成部分的计量基（标）准名称、传递范围、技术指标、测量方法或手段，均进行了具体规定。各部分用点划线分开，以表明各等级计量器具在图框中的位置和量值上的相互传递关系。

我国工频电能计量基准及其量值传递系统采用《JJG 2074—1990 交流电能计量器具检定系统》的检定框图，但本系统不适用于无功电能表的传递。

以电能表量值传递的检定系统框图（简化）为例，表达各等级计量器具在图框中的位置和量值上的相互传递关系，如图 1-3 所示。

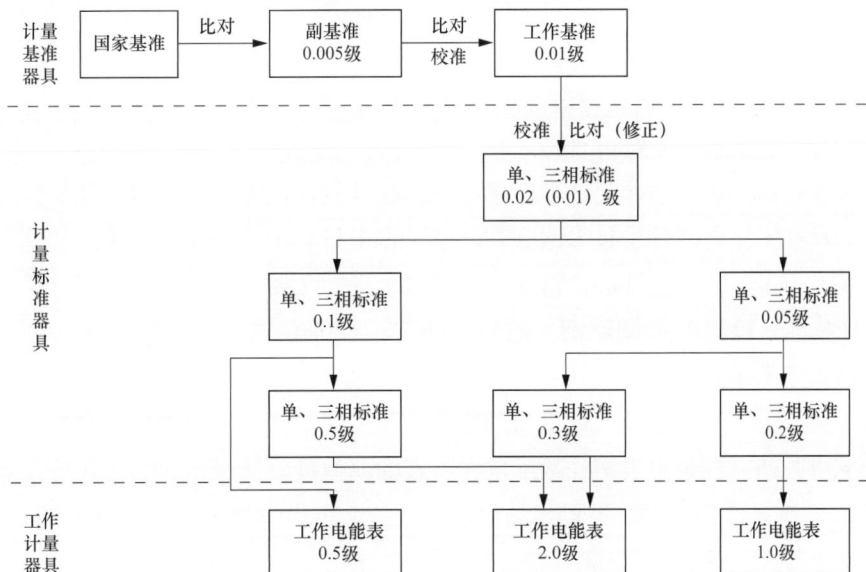

图 1-3　电能表量值传递的检定系统框图（简化）

检定系统框图的制订基本确定了我国电能计量器具的量值传递体系，既确保被检计量器具的准确度，又考虑到量值传递的经济性、合理性。

六、计量法律法规

社会主义法制的基本要求是"有法可依，有法必依，执法必严，违法必究"。《计量法》就是根据国家完善法制、加强计量监督管理的需要制定的，其目的是健全计量法制，着眼于解决计量工作有法可依的问题，反映社会经济发展的需要，体现我国计量工作的特色，确保我国计量制度的统一、量值的准确可靠，维护国家和人民的利益，使各方面的计量关系得到调整。

《计量法》主要内容是对我国计量法的宗旨和适用范围，计量单位制度和法定计量单位，量值传递和计量器具的管理，政府计量行政部门的法律地位、职责、权利和义务，计量监督和计量检定体制，以及违法行为应负的法律责任等作了规定，共分六章三十五条。

《计量法》是国家管理基本工作的基本法。由于它只对计量工作中的一些重大原则问题作了规定，因此，实施《计量法》还必须制定具体的计量法规和规章，以便将《计量法》的各项原则规定具体化，形成一个以《计量法》为基本法的计量法群，即计量法规体系。按照审批的权限、程序和法律效力的不同，计量法规体系可分为三个层次。

1.第一个层次：计量法律

计量法律即《中华人民共和国计量法》。

2.第二个层次：计量法规

（1）国务院依据计量法所制定（或批准）的计量行政法规。如《计量法实施细则》《关于在我国统一实行法定计量单位的命令》《全国推行法定计量单位的意见》《关于改革全国土地面积计量单位的通知》《强制检定的工作计量器具检定管理办法（含目录）》《进口计量器具监督管理办法》《国防计量监督管理条例》《水利电力部门电测、热工计量仪表和装置检定、管理的规定》等。

（2）省、直辖市、计划单列市人民代表大会或其常务委员会制定的地方性计量法规，以及自治区、州、县的自治机关制定的有关实施计量法的条例、办法等法规。

3.第三个层次：计量规章和规范

（1）国务院技术监督（计量行政）部门制定的各种全国性的单项计量管理办法和技术规范。如《计量法条文解释》《计量基准管理办法》《计量标准考核办法》《标准物质管理办法》《计量监督员管理办法》《计量检定人员管理办法》《计量检定印、证管理办法》《计量器具新产品管理办法》《制造、修理计量器具许可证管理办法》《产品质量检验机构计量认证管理办法》《仲裁检定与计量调解办法》《计量收费标准和收费办法》《计量授权管理办法》《计量违法行为处罚细则》等。

（2）国务院有关主管部门制定的部门计量管理办法。在计量法规体系中，按法规属性可将其中的法规分成计量管理法规和计量技术法规。计量技术法规在计量工作中具有十分重要的作用。它是实现计量技术法制管理的行为准则，是进行量值传递、开展计量检定和计量管理的法律依据。目前我国计量技术法规包括国家计量检定系统表、计量器具检定规程和国家计量技术规范三个方面的内容。

（一）国家计量检定系统

为了保障某物理量计量单位制的统一和量值的准确可靠，国家建立了该物理量具有最高计量特性的基准器及各等级的计量标准，通过计量检定把计量基准所复现的单位量值逐级传递到工作计量器具上去。对这种从计量基准到各级计量标准直到工作计量器具的检定主从关系所作的技术规定，称为国家计量检定系统表，简称国家计量检定系统或检定系统。

国家计量检定系统是把工作计量器具（用于现场测量而非作量值传递用）的量值与国家计量基准的量值联系起来，为量值传递（或量值溯源）而制定的一种法定性技术文件。它在计量工作中具有十分重要的作用，是建立计量基准、计量标准，对各级计量标准器具和工作计量器具进行检定或校准，制定检定规程和其他技术规范，组织量值传递的重要依据。

国家计量检定系统由国务院计量行政部门组织制定，批准发布。检定系统基本上是按各类计量器具分别制定的。

（二）计量器具检定规程

计量器具检定规程的主要作用在于对测量方法等作了统一规定，确保了计量器具的准确一致，使量值都能在一定的允许范围内溯源到国家计量基准。计量器具检定规程是从事计量检定或校准的技术依据，也是对计量器具实行国家监督和对计量纠纷进行仲裁的技术依据。

检定规程分为国家计量检定规程、部门计量检定规程和地方计量检定规程三种。国家计量检定规程是国家为统一量值，开展计量检定的法律依据，由国务院计量行政部门组织制定、批准颁布，在全国范围内施行。部门、地方检定规程，由国务院有关部门或地方省、自治区、直辖市人民政府计量行政部门负责组织制定、批准颁布，在本部门、本行政区内施行，并向国务院计量行政主管部门备案。

（三）国家计量技术规范

国务院计量行政部门颁布施行的国家计量技术规范，目前仍属于国家计量技术规范的范畴。其内容为国家计量检定系统和国家计量检定规程所不能包含的其他具有综合性、基础性的计量技术要求和技术管理方面的规定。

现行有效的国家计量技术规范主要包括：通用计量技术规范，专用计量技术规范，某些物理量的计量保证方案技术规范，计量器具的校准技术规范以及国家基准、副基准操作技术规范。

第二节 计量及采集设备介绍

一、智能电能表

智能电能表是指由测量单元、数据处理单元、通信单元等组成，具有电能计量、信息存储及处理、实时监测、自动控制、信息交互等功能的电能表。

（一）分类和类型标识代码

命名规则如表 1-8 所示。

表 1-8 命名规则

D	D	Z	Y	876	C	-Z	XX
	表型	智能	费控（预付费）	注册号	费控方式	通信方式	厂家自行规定
电能表	D：单相				C：CPU 卡	-Z：载波通信	
	T：三相四线				S：射频卡	-G：GPRS 通信	
	S：三相三线					默认：RS-485	

（二）主要技术参数

执行标准：《Q/GDW 10364—2020 单相智能电能表技术规范》《Q/GDW 10827—2020 三相智能电能表技术规范》等。

（三）功能及特点

智能电能表具备电能计量、需量测量、时钟、费率和时段、清零、冻结、事件记录、通信、信号输出、控制输出、显示、费控、报警等功能。执行标准：《Q/GDW 10354—2020 智能电能表功能规范》

（四）外形结构及实物展示

1.单相智能电能表

电能表外观简图如图 1-4 所示。

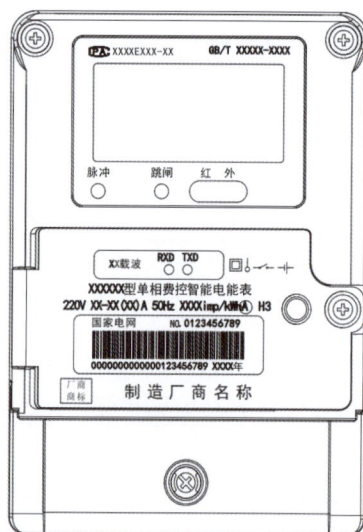

图 1-4　电能表外观简图

注：H3 表示仪表的环境等级要求，指具有平均气候条件的开放场所。

单相智能电能表采用 LCD 显示信息，液晶屏可视尺寸为 60mm（长）× 30mm（宽），LCD 显示的内容参见图 1-5，图中各图形、符号的说明参见表 1-9，不同类型电能表可以根据需要选择相应的显示内容。

图 1-5　单相智能电能表 LCD 显示界面参考图

注：LCD 显示界面信息的排列位置为示意位置，可根据用户需要调整。

表 1-9　单相智能电能表 LCD 各图形、符号说明

序号	LCD 图形	说明
1		（1）当前、上 1 月～上 12 月的用电量、累计、组合、正／反、总、费率 1-1× 电量； （2）剩余金额、常数； （3）阶梯电价、电量； （4）透支金额； （5）时间、时段、表号
2		数据显示及对应的单位符号

序号	LCD 图形	说明
3		从左到右，从上到下依次为： （1）红外、RS-485 通信中； （2）显示为测试密钥状态，不显示为正式密钥状态； （3）电能表挂起指示； （4）模块通信中； （5）功率反向指示； （6）电池欠压指示； （7）红外认证有效指示； （8）相线、零线
4	成功失败请购电拉闸	（1）IC 卡读卡成功提示符； （2）IC 卡读卡失败提示符； （3）"请购电"剩余金额偏低时闪烁； （4）"拉闸"继电器拉闸状态指示
5		（1）① ② 指示当前套、备用套阶梯电价，① 表示运行在当前套阶梯，② 表示有待切换的阶梯，即备用阶梯率有效； （2）L8 指示当前运行第几阶梯电价； （3）①②代表当前套、备用套时段 / 费率，默认为时段； （4）T18 指示当前费率状态（T1、T2、T3、T4……T1×）

2.三相智能电能表

电能表外观简图如图 1-6 所示。电能表采用 LCD 显示信息；液晶屏可视尺寸为 85mm（长）×50mm（宽），LCD 显示的内容参见图 1-7 所示，图中各图形、符号的说明参见表 1-10 所示，不同类型电能表可以根据需要选择相应的显示内容。

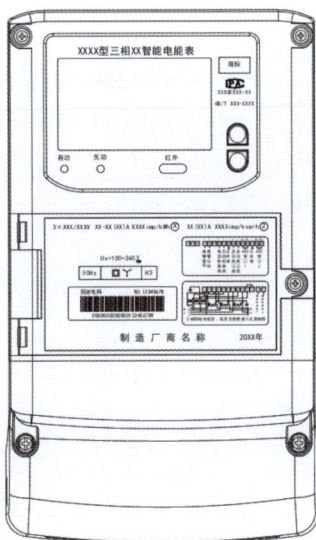

图 1-6　电能表外观简图

注：H3 表示仪表的环境等级要求，
指具有平均气候条件的开放场所。

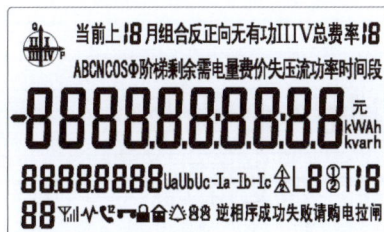

图 1-7　三相智能电能表 LCD 显示界面参考图

注：LCD 显示界面信息的排列位置为示意位置，
可根据用户需要调整。

表 1-10　三相电能表 LCD 各图形、符号说明

序号	LCD 图形	说明
1		当前运行象限指示
2	当前上 18 月组合反正向无有功ⅢⅣ总费率 18 ABCNCOSΦ阶梯剩余需电量费价失压流功率时间段	汉字字符，可指示： （1）当前、上 1 月～上 12 月的正反向有功电量，组合有功或无功电量，Ⅰ、Ⅱ、Ⅲ、Ⅳ象限无功电量，最大需量，最大需量发生时间； （2）时间、时段； （3）分相电压、电流、功率、功率因数； （4）失压、失流事件记录； （5）阶梯电价、电量； （6）剩余电量（费），费率 1-1×、电价
3	-88888.88.88 元 kWh kvarh	数据显示及对应的单位符号
4	88888.88 88	上排显示轮显／键显数据对应的数据标识，下排显示轮显／键显数据在对应数据标识的组成序号
5		从左向右依次为： （1）无线通信在线及信号强弱指示； （2）模块通信中； （3）红外通信，如果同时显示"1"表示第 1 路 RS-485 通信，显示"2"表示第 2 路 RS-485 通信； （4）红外认证有效指示； （5）电能表挂起指示； （6）显示时为测试密钥状态，不显示时为正式密钥状态； （7）报警指示； （8）时钟电池欠压符号； （9）停抄电池欠压符号
6	成功失败请购电拉闸	（1）IC 卡读卡"成功"提示符； （2）IC 卡读卡"失败"提示符； （3）"请购电"剩余金额偏低时闪烁； （4）"拉闸"继电器拉闸状态指示
7	UaUbUc-Ia-Ib-Ic 逆相序	从左向右、从上及下依次代表的意义如下。 （1）三相实时电压状态指示，Ua、Ub、Uc 分别对应 A、B、C 相电压。某相失压时，该相对应的字符闪烁；三相都处于分相失压状态或全失压时，Ua、Ub、Uc 同时闪烁；三相三线表不显示 Ub； （2）电压电流逆相序指示； （3）三相实时电流状态指示，Ia、Ib、Ic 分别对应 A、B、C 相电流。某相失流时，该相对应的字符闪烁；某相断流时则不显示，当失流和断流同时存在时，优先显示失流状态。某相功率反向时，显示该相对应符号前的"-"； （4）某相断相时对应相的电压、电流字符均不显示。电能表满足掉电条件时，Ua、Ub、Uc、Ia、Ib、Ic 均不显示； （5）液晶上事件状态指示和电能表内事件记录状态保持一致，同时刷新

序号	LCD 图形	说明
8	⚠①AL8①②T18	（1）⚠ ① 指示当前套、备用套阶梯电价，⚠ 表示运行在当前套阶梯，① 表示有待切换的阶梯，即备用阶梯率有效； （2）L8 指示当前运行第几阶梯电价； （3）①②代表当前套、备用套时段/费率，默认为时段； （4）T18 指示当前费率状态（T1、T2、T3、T4……）

3. 智能电能表异常显示代码

智能电能表需要通过显示提示的异常有以下 4 类。下面对各类异常的提示代码进行定义。所有异常提示的均以 Err－作为前缀，代码为两位数字。对于已经在液晶屏上有提示符号的将不再定义，按照型式规范中相关说明执行。

（1）电能表故障类异常提示。此类异常一旦发生需要将显示的循环显示功能暂停，液晶屏固定显示该异常代码，电能表故障类异常提示如表 1-11 所示。

表 1-11　电能表故障类异常提示表

异常名称	异常类型	异常代码
控制回路错误	电能表故障	Err-01
ESAM 错误	电能表故障	Err-02
内卡初始化错误	电能表故障	Err-03
时钟电池电压低	电能表故障	Err-04
内部程序错误	电能表故障	Err-05
存储器故障或损坏	电能表故障	Err-06
时钟故障	电能表故障	Err-07

（2）事件类异常提示。此类异常一旦发生需要在显示的循环第一屏插入显示该异常代码，事件类异常提示如表 1-12 所示。

表 1-12　事件类异常提示表

异常名称	异常类型	异常代码
过载	事件类异常	Err-51
电流严重不平衡	事件类异常	Err-52
过压	事件类异常	Err-53
功率因数超限	事件类异常	Err-54
超有功需量报警事件	事件类异常	Err-55
有功电能方向改变（双向计量除外）	事件类异常	Err-56

（3）电能表状态提示。此类异常一旦发生需要在显示的循环显示的第一屏插入显示该异常代码。目前此类异常只有停电显示电池欠压、透支状态两种，但是这两种异常均有液晶提示符号，因此不另外定义。

（4）IC卡相关提示。此类异常为IC卡处理过程中发生异常需要在卡处理结束后进行提示，IC卡相关提示如表1-13所示。

表1-13　IC卡相关提示表

异常名称	异常类型	异常代码
认证错误	IC卡相关提示	Err-10
ESAM验证失败	IC卡相关提示	Err-11
客户编号不匹配	IC卡相关提示	Err-12
充值次数错误	IC卡相关提示	Err-13
购电超囤积	IC卡相关提示	Err-14
现场参数设置卡对本表已经失效	IC卡相关提示	Err-15
修改密钥错误	IC卡相关提示	Err-16
未按铅封键	IC卡相关提示	Err-17
提前拔卡	IC卡相关提示	Err-18
修改表号卡满（该卡无空余表号分配）	IC卡相关提示	Err-19
修改密钥卡次数为0	IC卡相关提示	Err-20
表计已开户（开户卡插入已经开过户的表计）	IC卡相关提示	Err-21
表计未开户（用户卡插入还未开过户的表计）	IC卡相关提示	Err-22
卡损坏或不明类型卡（如反插卡，插铁片等）	IC卡相关提示	Err-23
表计电压过低（此时表计操作IC卡可能会导致表计复位或损害IC卡）	IC卡相关提示	Err-24
卡文件格式不合法（包括帧头错，帧尾错，效验错）	IC卡相关提示	Err-25
卡类型错	IC卡相关提示	Err-26
已经开过户的新开户卡（新开户卡回写区有数据）	IC卡相关提示	Err-27
其他错误（卡片选择文件错，读文件错，写文件错等）	IC卡相关提示	Err-28

（5）已经在液晶屏上有提示符号异常。液晶屏上有提示符号异常如表1-14所示。

表1-14　液晶屏上有提示符号异常表

故障名称	故障类型	故障代码	备注
失压	事件类异常	/-	有液晶提示符号
断相	事件类异常	/-	有液晶提示符号
失流	事件类异常	/-	有液晶提示符号
逆相序	事件类异常	/-	有液晶提示符号
停电显示电池欠压	事件类异常	/-	有液晶提示符号

故障名称	故障类型	故障代码	备注
时钟电池电压低	电能表故障	Err－04	单相表规范已定义，三相表有液晶提示符号
透支状态	事件类异常	/－	有液晶提示符号
购电超囤积	IC 卡相关提示	Err－14	有液晶提示符号

（五）版本差异

自智能电能表推广以来，常见有 2009 版、2013 版和 2020 版智能电能表。

1. 2009 版智能电能表

2009 版智能电能表是国家电网公司在 2009 年推出的第一代智能电能表，同时制定了 09 版智能电能表系列企业标准，对智能电能表的外观形式、功能配置、技术参数等方面提出了明确要求。此外，考虑到电能表是用于贸易结算的计量器具，为保障电能表计量准确和数据安全，国家电网公司发布了《Q/GDW 365—2009 智能电能表信息交换安全认证技术规范》，并建立了完整的密钥管理系统。

2009 版智能电能表精度等级按照国家标准分为 0.2S、0.5S、1 级、2 级共 4 类，按费控方式分为无费控、本地费控、远程费控三类，按通信方式分为无线、载波、RS-485 三类。2009 版电能表具备电能计量、需量测量、时钟管理、数据冻结、数据存储、事件记录及上报、上下行通信（RS-485、红外、载波、无线公网）、信号输出（脉冲、多功能、控制信号等）、显示、测量、编程控制、费控、安全认证等功能。电能表需要经过准确度试验、电气性能试验、功能验证试验、电磁兼容试验、气候影响试验、机械试验、费控试验等 58 项全性能试验，并经全检验收后方可用于现场计量。

2009 版电能表编程开关采用按键式设计，且只有在打开封印后方能触及编程开关，电能表封印采用传统穿线式封印。

常见的 2009 版智能电能表如图 1-8、1-9 所示。

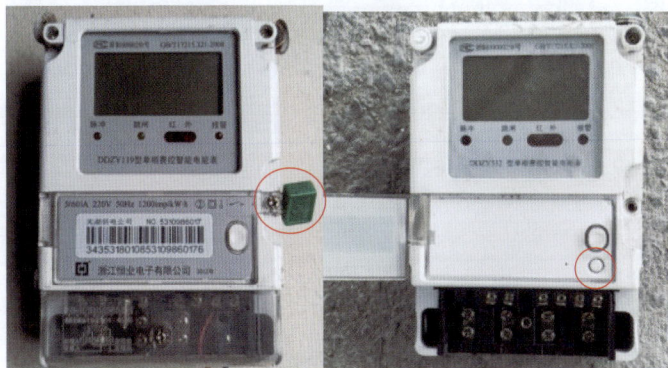

图 1-8　2009 版单相智能电能表

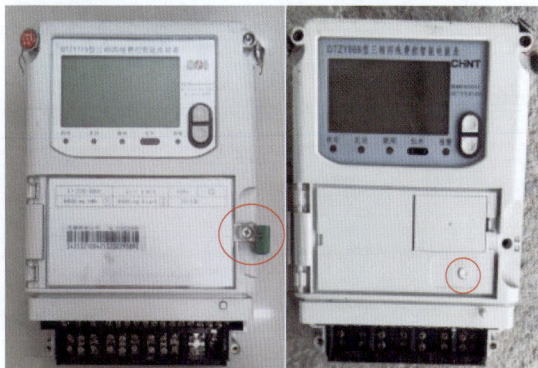

图 1-9　2009 版三相智能电能表

2. 2013 版智能电能表

随着电子信息技术的发展和 2009 版智能电能表推广应用，结合现场运行工况和实际业务需要，总结有益经验，国家电网公司推出了 2013 版智能电能表系列企业标准，以服务"信息化、自动化、互动化"的坚强智能电网建设需求。

相较于 2009 版企业智能电能表，2013 版智能电能表在型式要求上，取消了编程键、报警指示灯，修改统一了智能电能表的表壳、模块仓、封印孔尺寸，明确了液晶显示字符的大小和位置；在功能配置上，增加了红外认证、软件比对、恒定磁场监测等功能，修改统一了事件上报、报警方式、数据补存等功能；在技术要求上增加了通信模块接口带载能力、电流回路阻抗、通信模块互换性、工频磁场干扰、恒定磁场干扰等试验项目；在信息安全方面，参数设置全部使用了加密保护的方式，明确了费控流程和操作流程。

单相智能电能表标准的参比电流如表 1-15 所示。

表 1-15　标准参比电流

电能表接入线路方式	参比电流（A）
直接接入	5 或 10

单相智能电能表根据不同规格推荐脉冲常数如表 1-16 所示。

表 1-16　单相智能电能表推荐常数表

接入方式	电压（V）	最大电流（A）	推荐常数（imp/kWh）
直接接入	220	60	1200
	220	100	800

三相智能电能表标准的参比电流如表 1-17 所示。

表 1-17　标准参比电流

电能表接入线路方式	参比电流（A）
直接接入	5 或 10
经电流互感器接入	0.3 或 1.5

三相智能电能表、根据不同规格推荐脉冲常数如表 1-18 所示。

表 1-18　电能表推荐常数表

接入方式	电压（V）	最大电流（A）	推荐常数（imp/kWh）
直接接入	3×220/380	60	400
	3×220/380	100	300
经互感器接入	3×220/380	6	6400
	3×57.7/100	6	20000
	3×57.7/100	1.2	100000
	3×100	6	20000
	3×100	1.2	100000

2013 版智能电能表采用了新型卡扣式注塑封印，便于自动化施封、激光刻码和数字化管理，利于电能表省级集中统一检定。2013 版智能电能表按载波通信方式区分有窄带载波（PLC）和宽带载波（HPLC）两种方式，宽带电能表具有通信带宽高、速率快、抗干扰能力强、分布式路由等特点。2013 版智能电能表在通信协议上分为 DL/T 645—2007 协议和 DL/T 698.45—2017 协议（面向对象协议），面向对象电能表在数据采集和处理方面具有更好的灵活性、扩展性、兼容性和互操作性，更加适应业务需求。

常见的 2013 版智能电能表各版本如图 1-10 至图 1-15 所示。

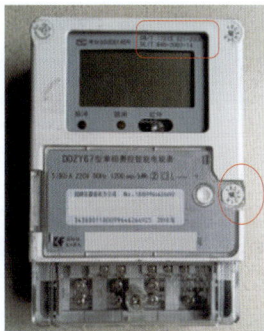

图 1-10　2013 版 DL/T 645-2007
协议单相智能表

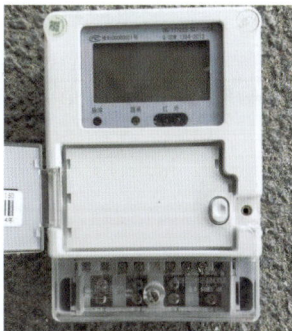

图 1-11　2013 版 DL/T 645-2007 协
议单相智能表内部

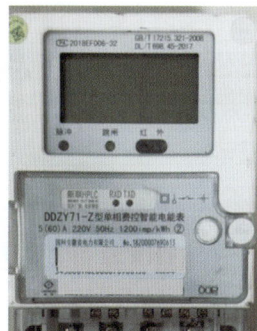

图 1-12　2013 版 DL/T 698.45-
2017 协议单相智能表

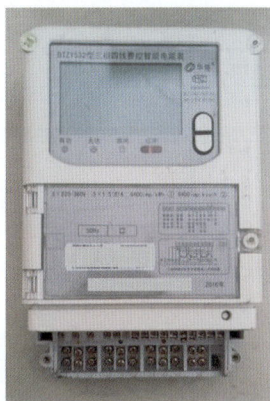

图 1-13　2013 版 DL/T 645-
2007 协议三相智能电能表

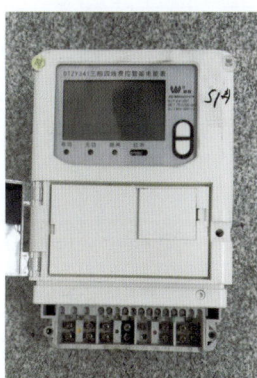

图 1-14　2013 版 DL/T 645-2007
协议三相智能电能表内部

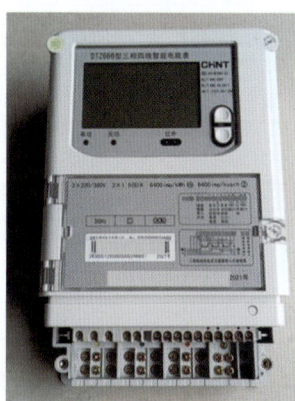

图 1-15　2013 版双协议（DL/T 645-2007
协议 / DL/T 698.45-2017）三相智能电能表

3. 2020 版智能电能表

IR46 是国际法制计量组织（OIML）TC12 电测量技术委员会关于有功电能表的国际建议，该国际建议于 2012 年定稿发布，中国作为 OIML 的成员国，积极采纳了该国际建议，在 2019 年发布实施的《JJF1245.1—2019 安装式电能表型式评价大纲有功电能表》和 2021 年发布实施的《GB/T 17215.321—2021 电测量设备（交流）特殊要求　第 21 部分：静止式有功电能表》均参考了 IR46，因此，国家电网公司根据 IR46 国际建议和相关最新国家、行业标准，结合现场应用经验总结，发布了 2020 版智能电能表企业标准，并推广应用。

在技术参数及指标方面，根据 IR46 国际建议，2020 版智能电能表等级指数用 A 级、B 级、C 级、D 级表示，代替原有 2 级、1 级、0.5S 级、0.2S 级的表示方法；标称电压的标注方式变更为 U_{nom}，新定义了 I_{tr} 与 I_{min}，用 I_{tr} 来代替传统的 I_b，表示电能表能够保证最优误差精度的最小电流值，I_{min} 为保证精度的最小电流值；提高了推荐的电能表脉冲常数，确保在可测试性的前提下，尽可能地提升电能表存储精度，保证精度电能的整除，以满足 0~4 位小数存储的功能要求。

单相智能电能表电流规格如表 1-19 所示。

表 1-19　单相智能电能表电流规格

最小电流 I_{min}（A）	转折电流 I_{tr}（A）	最大电流 I_{max}（A）
0.25	0.5	60
0.5	1	100

注　$I_{tr}=0.1I_b$，$I_{min}=0.5I_{tr}$。

单相智能电能表不同规格推荐的脉冲常数如表 1-20 所示。

表 1-20　电能表推荐常数表

电压（V）	最大电流（A）	推荐常数（imp/kWh）
220	60	2000
220	100	1000

三相智能电能表电流规格如表 1-21 所示。

表 1-21　三相智能电能表电流规格表

接入方式	最小电流 I_{min}（A）	转折电流 I_{tr}（A）	最大电流 I_{max}（A）
直接接入	0.2	0.5	60
	0.4	1	100
经互感器接入	0.015	0.075	6
	0.003	0.015	1.2

注　对于直接接入式电能表 $I_{tr}=0.1I_b$，$I_{min}=0.4I_{tr}$；对于经互感器接入式电能表 $I_{tr}=0.05I_n$，$I_{min}=0.2I_{tr}$。

三相智能电能表不同规格推荐的脉冲常数如表 1-22 所示。

表 1-22　电能表推荐常数表

接入方式	电压（V）	最大电流（A）	推荐常数（imp/kWh）
直接接入	3×220/380	60	1000
	3×220/380	100	500
经互感器接入	3×220/380	6	10000
	3×220/380	1.2	40000
	3×57.7/100	6	20000
	3×57.7/100	1.2	100000
	3×100	6	20000
	3×100	1.2	100000

在型式外观方面，2020 版单相智能电能表液晶显示进行适当调整；三相取消尖峰平谷及阶梯字符显示，修改为"T""L"加数字的方式显示；数据显示由 8 位调整为 10 位。

在功能配置方面，2020 版电能表电能量数据支持 4 位及以上小数存储，且均应支持 2 位小数、4 位小数传输，当脉冲常数大于 10000 时，支持电能量尾数存储和传输；电能表支持费率数扩展至 12 个，其中 T1-T4 对应尖、峰、平、谷费率；电能和功率（最大需量）的显示小数位数可以设定，如果发生借位，则所有的电能数

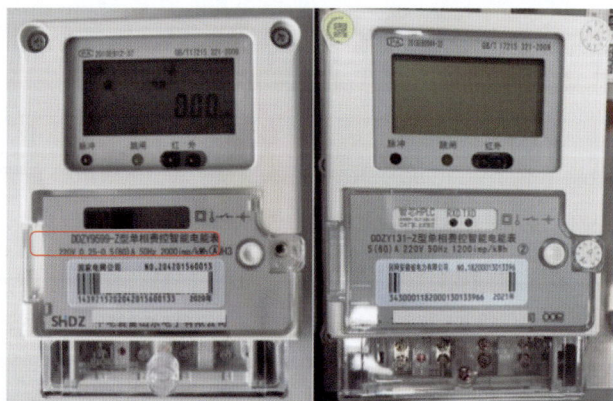

图 1-16　2020 版单相智能表

据同时借位显示，如果电能数据显示借位后仍达到显示范围最大值时，电能显示数据可以清零，电能存储数据不应清零；2020 版电能表删除了潮流反向时间，修订或统一了停电、零线电流异常、计量芯片故障、时钟故障、广播校时等事件的阈值；新增载波通信接口波特率协商功能，满足现场多场景应用需求。2020 版单相智能表如图 1-16 所示，2020 版三相智能表如图 1-17 所示。

以单相费控智能电能表为例，各版本比较如表 1-23 所示。

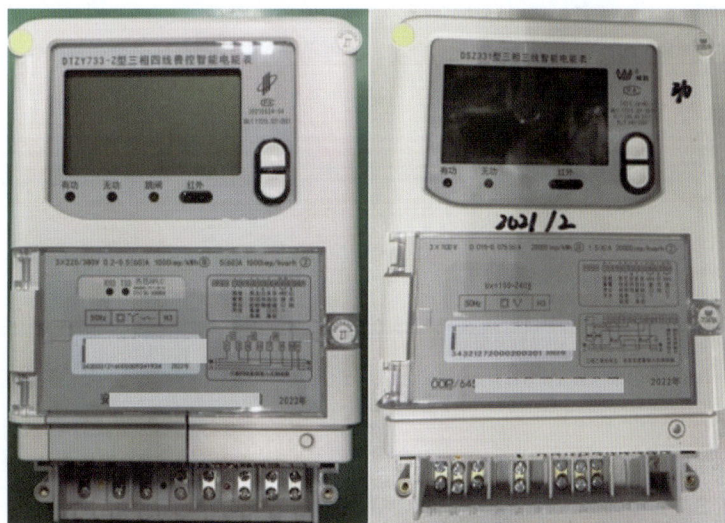

图 1-17　2020 版三相智能表

表 1-23　以单相费控智能电能表为例，各版本比较表

项目	2009 版	2013 版	2020 版
型号	单相费控智能电能表	单相费控智能电能表	单相费控智能电能表
准确度等级	2 级	2 级	A 级
参比电压（标称电压）	220V	220V	220V
电流规格	5（60）A，10（100）A	5（60）A，10（100）A	0.25-0.5（60）A，0.5-1（100）A
参比频率（标称频率）	50Hz	50Hz	50Hz
脉冲常数	1200imp/kWh，1600imp/kWh	1200imp/kWh，800imp/kWh	2000imp/kWh，1000imp/kWh
参比温度	23℃	23℃	23℃
规定工作范围	−25℃~60℃	−25℃~60℃	−25℃~55℃
极限工作范围	−40℃~70℃	−40℃~70℃	−40℃~70℃
参比湿度	45%~75%	45%~75%	45%~75%
通信规约	DL/T645-2007	DL/T645-2007 DL/T698.45-2017	DL/T645-2007 DL/T698.45-2017
罩壳铅封	穿线式	卡扣式	穿线式
端尾盖铅封	穿线式	穿线式/卡扣式	卡扣式报警灯
编程键	有	无	无
端扭盒（底座）	黑色	灰色	灰色
报警灯	有	无	无

4. 智能物联电能表

智能物联电能表包括计量模组、管理模组和扩展模组。其中计量模组包括以下部分。表计核心部分，承

担法制计量相关功能，软件不允许升级，保证基础计量准确可靠，提供管理芯结算数据法制计量数据溯源。管理模组：表计的管理中心，除具备目前营销业务所需求的基表功能外，还负责对其他模组的数据分发和管理，实现和其他模组的功能解耦，满足不同模组的灵活配置。扩展模组：表计的硬件扩展部分，可根据不同的应用场景，在电能表上选配不同的功能扩展模组。其组成如图 1-18 所示。

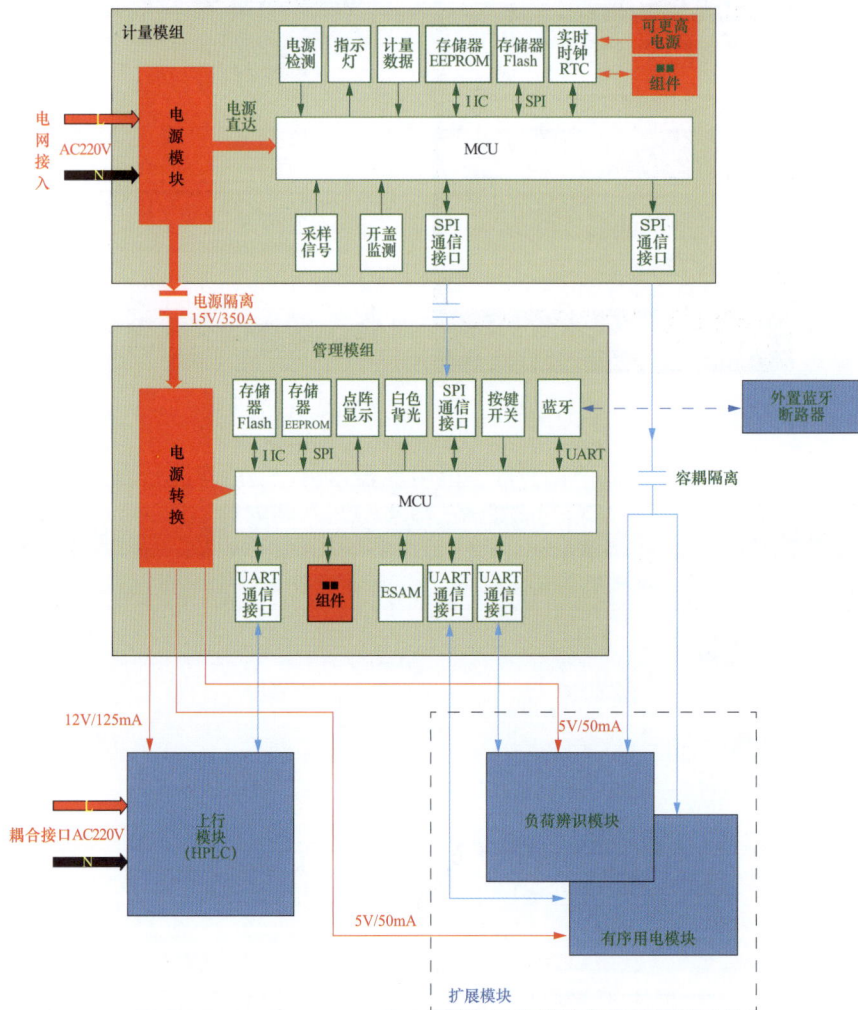

图 1-18 智能物联电能表组成图

智能物联电能表的多芯模组化设计如图 1-19、1-20 所示；图 1-21 为智能物联电能表与 2020 版智能电能表外观结构对比。

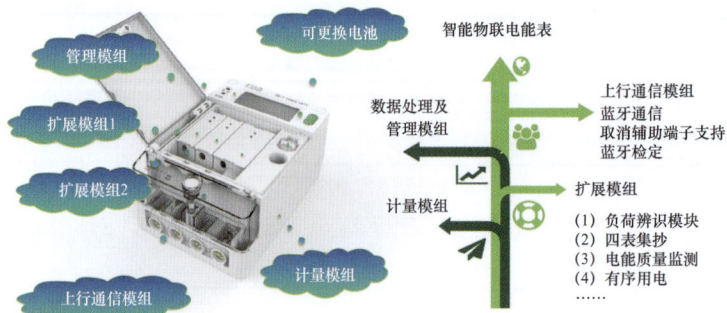

图 1-19 智能物联电能表的多芯模组化设计图

图 1-20 智能物联电能表的多芯模组化设计图

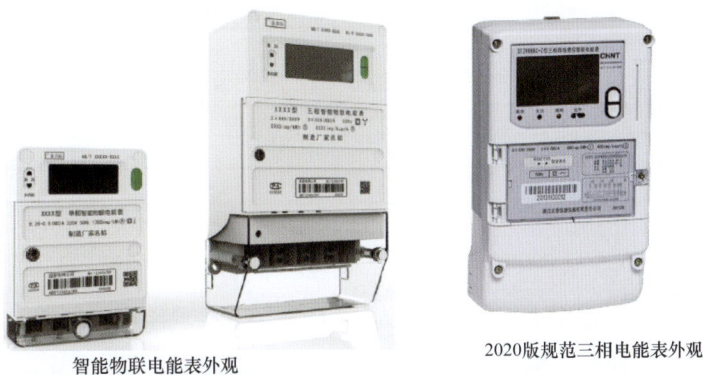

智能物联电能表外观　　　2020版规范三相电能表外观

图 1-21 智能物联电能表与 2020 版智能电能表外观结构对比

表 1-24 为智能物联电能表与 2020 版智能电能表表型比对表。

表 1-24 智能物联电能表与 2020 版智能电能表表型比对表

表型	序号	20 规范表型	物联表表型
单相	1	A 级单相费控智能电能表（远程－开关内置）	A 级单相智能物联电能表
	2	A 级单相费控智能电能表（远程－开关内置）	
	3	A 级单相本地费控智能电能表（CPU 卡－开关内置）	
	4	A 级单相本地费控智能电能表（CPU 卡－开关内置）	
三相	5	B 级三相费控智能电能表（远程－开关内置）	DTZM×××-M B 级三相智能物联电能表
	6	B 级三相本地费控智能电能表（CPU 卡－开关内置）	DHZM×××-M B 级三相智能物联电能表
	7	B 级三相费控智能电能表（远程－开关内置）	DTZM×××-M C 级三相智能物联电能表
	8	B 级三相本地费控智能电能表（CPU 卡－开关内置）	DHZM×××-M C 级三相智能物联电能表
	9	C 级三相费控智能电能表（远程－开关内置）	D 级三相智能物联电能表
	10	C 级三相本地费控智能电能表（CPU 卡－开关内置）	
	11	C 级三相智能电能表	
	12	C 级三相智能电能表	

二、互感器

互感器又称为仪用变压器，可以理解为一种特殊的变压器，是一次系统与二次系统之间的联络元件，分为电压互感器（原简称为PT，现统称为TV）和电流互感器（原简称为CT，现统称为TA）两大类，能将高电压变成低电压、大电流变成小电流，用于量测或保护系统。其功能主要是将高电压或大电流按比例变换成标准低电压（100V或100/$\sqrt{3}$）或标准小电流（5A或1A，均指额定值），以便实现测量仪表、保护设备及自动控制设备的标准化、小型化。同时互感器还可用来隔开高电压系统，以保证人身和设备的安全。

在计量日常工作中，计量回路使用的互感器为测量用互感器，即以测量为目的的互感器，测量用电流互感器按原理分为电磁式电流互感器、电子式电流互感器。测量用电压互感器按原理分为电磁式电压互感器、电容式电压互感器、电子式电压互感器。

（一）电流互感器

1.工作原理

电流互感器的结构类似于普通变压器，电流互感器工作的基础原理为电磁感应原理。一次侧通过电流时，在铁芯中产生交变磁通，此磁通穿过二次绕组，感应电动势，在二次回路中产生电流。

$$K_i = I_{N1} / I_{N2} \tag{1-10}$$

式中：K_i为额定电流比；I_{N1}、I_{N2}为互感器一次、二次绕组的额定电流。

在电力系统应用中，由于通常将大电流I_{N1}变为小电流I_{N2}以实现测量，所以一般电流互感器二次侧绕组匝数大于一次侧绕组匝数。工作时，电流互感器一次绕组与被测电路串联，二次绕组与仪表、继电器的电流线圈串联，形成回路。由于电流测量线圈内阻很小，所以电流互感器的二次侧接近于短路状态。二次绕组的额定电流一般为5A，也有1A和0.5A的装置。

2.工作特点

一次电流的大小取决于一次负载电流，与二次电流大小无关。

正常运行时，二次绕组近似于短路工作状态。二次负载是测量仪表和继电器的电流线圈，阻抗很小，因此接近于短路运行。

运行中的电流互感器二次回路不得开路。否则会在开路的两端出现高电压危及人身安全，或是互感器发热损坏。

电流互感器正常运行时，二次电流在铁芯中产生的二次电动势对一次电动势起去磁作用。因此励磁电动势及合成磁通都很小，一般不超过几十伏。二次回路开路后，二次电流变为零，失去去磁的一次电动势全部用于励磁。合成磁通增大很多倍，使铁芯磁路高度饱和，磁通由原来的低幅正弦波变成高幅值的交流平顶波。二次电动势的大小取决于磁通的变化率，当磁通过零时，变化率最大，此时将在开路两端感应出交流高幅值的尖顶冲击波电压，达几千伏甚至上万伏，危及人身安全。另外，由于磁路饱和时，铁芯中的磁滞涡流损耗急剧上升，会引起铁芯过热，甚至烧坏电流互感器。

3.电流互感器主要技术参数

（1）电流互感器型号命名含义。我国规定用汉语拼音字母组成电流互感器型号，按字母排列顺序，分别表示结构类型，绝缘方式及用途。表1-25列出了各字母表示的内容，电流互感器型号的意义。

表1-25　电流互感器型号的意义

字母排列顺序	代 号 定 义
1	L- 电流互感器　　HL- 仪用电流互感器

字母排列顺序	代 号 定 义		
2	D- 贯穿式单匝 R- 装入式 Z- 支持式	F- 贯穿式复匝 Q- 线圈式 Y- 低压型	M- 贯穿式母线型 C- 瓷箱式
3	Z- 浇注绝缘	C- 瓷绝缘	W- 户外装置
4	D- 差动保护 S- 速饱和	B- 过滤保护 G- 改进型	J- 接地保护或加大容量 Q- 加强型

（2）额定电流。作为电流互感器性能基准的一次和二次电流分别称为额定一次和额定二次电流，额定一次电流与额定二次电流之比称为额定电流比，用不约分的分数表示，规定额定二次电流为 5A 和 1A。额定一次电流选择从 1A 到 25kA 的某些确定得值。S 级的电流互感器运行范围则从额定电流的 1% 直到额定电流的 120%。在规定的运行范围内，互感器应能长期运行而不损坏。

（3）额定电压。电流互感器额定电压，是指一次线圈对二次线圈能够长期承受的最大电压（有效值），它包括外绝缘与内绝缘的耐压强度。电流互感器的额定电压一般与所在电网电压等级相同，其标准值为 0.5、3、6、10、35、110、220、330、500kV，除此之外，电气化铁路有 27.5kV，东北地区有 66kV 等额定值。

（4）负荷。以欧姆和功率因数表示的二次回路阻抗。负荷通常以视在功率伏安值表示，它是二次回路在规定功率因数和额定二次电流下所汲取的。

（5）额定负荷。确定互感器准确级别所依据的负荷值。电流互感器在使用时，其二次连接导线及仪表电流线圈的总阻抗，除另有规定者外，应控制在额定负荷（伏安值或欧姆值）的 1/4 至 1。

4.电流互感器误差受工作条件的影响

（1）一次侧电流的影响。当电流互感器工作在小电流时，由于硅钢片磁化曲线的非线性影响，其初始的磁通密度较低，因而磁导率小，引起误差增大。所以在选择电流互感器容量时，不能选得过大，以避免在小电流情形下运行。

（2）二次侧负载的影响。二次侧负载阻抗增加时，由于一次侧电流 I_{N1} 不变，并假设负载功率因数不变，则二次侧电流 I_{N2} 减小。根据磁势平衡方程，可以得出比差和角差增大。

当二次侧负载功率因数角增加时，比差增大、角差减小；二次侧负载功率因数角减小时，比差和角差变化与前者相反。但是此部分比差和角差的变化很小，在实际应用中对于准确度等级低的互感器可以忽略不计。

（3）电源频率的影响。电力电流互感器工作额定频率通常为 50Hz。当频率降低时，会导致二次回路负载的功率因数角减小，影响误差。

此外，铁芯剩磁也影响电流互感器的误差。

根据上述情况及分析，电流互感器误差特性变化可以归纳于表 1-26 中。

表 1-26 电流互感器的误差特性

相对额定值的变化		变比误差	相角误差
电流特性	一次侧电流减小时	−	+
负载特性	负载减小时	+	−
负载功率因数特性	负载功率因数向滞后变化	−	−
电源频率变化	频率降低时	−	+
剩磁影响	去磁时	+	−

注 "+"号表示向正的方向变化；"-"号表示向负的方向变化。

5.电流互感器的选择

（1）额定电压的选择。电流互感器额定电压必须满足下列条件。

$$U_x \leq U_N \tag{1-11}$$

式中：U_x 为电流互感器安装处工作电压；U_N 为电流互感器额定电压。

（2）额定变比的选择。长期通过电流互感器的最大工作电流应小于或等于互感器一次侧额定电流 I_{1N}。尽可能使电流互感器在额定电流附近运行，这样测量结果相对更为准确。

（3）准确度等级的选择。依据电流互感器在额定工作条件下产生的比值误差，规定出准确度等级。

装设在线路、变压器、发电厂的电能表及所有测量仪表，一般应选择准确度等级不低于 0.5 级的电流互感器。对于计量发电机的电能及用电量大的用户，应采用准确度不低于 0.2 级的电流互感器。0.1 级以上的电流互感器，主要用于实验室进行精密测量或作为标准互感器，用于校验低准确度等级的电流互感器。

（4）额定容量的选择。电流互感器的额定容量是二次侧额定电流通过二次侧额定负载时所消耗的视在功率 S_{2N}。为保证误差不超过给定的准确度等级，接入电流互感器的二次侧负载容量 S_2 应该满足

$$0.25 S_{2N} \leq S_2 \leq S_{2N}$$

由于电流互感器的二次额定电流已经标准化，一般为 5A。所以二次负载容量 S_2 主要取决于表计的阻抗、接头接触电阻以及导线电阻。前两者为确定值，只有导线电阻为不确定值，校验时必须加以注意。

导线的电阻由计算长度决定，而导线的计算长度又由测量仪表与电流互感器的电气距离和接线方式决定。

6.常见电流互感器

表 1-27 为电流互感器分类。

表 1-27　电流互感器分类

按用途分类	测量用电流互感器、保护用电流互感器
按绝缘介质分类	干式电流互感器、浇注绝缘电流互感器、油浸式电流互感器、气体绝缘电流互感器
按安装方式	贯穿式电流互感器、支柱式电流互感器、套管式电流互感器、母线式电流互感器
按电流变换原理分	电磁式电流互感器、光电式电流互感器
按电流变换比分	单电流比电流互感器、多电流比电流互感器、多个铁芯电流互感器
按保护用电流互感器技术性能分	稳定特性型、暂态特性型

常见高压电流互感器有以下几种。

（1）干式电流互感器和浇注绝缘电流互感器。

1）LDZ1-10、LDZJ1-10 型互感器，如图 1-22 所示，一次导电杆为铜棒或铜管，互感器铁芯采用硅钢片卷成，两个铁芯组合对称地分布在金属支持件上，二次绕组绕在环形铁芯上。一次导电杆、二次绕组用环氧树脂和石英粉的混合胶浇注加热固化成型，在浇注体中部有硅铝合金铸成的面板。板上预留有安装孔。

2）LMZ1-10、LMZD1-10 型互感器，如图 1-23 所示，该互感器具有两个铁芯组合，一次绕组可配额定电流大（2000～5000A）的母线。这种互感器的绝缘、防潮、防霉性能良好，机械强度高，维护方便，多用于发电机、变压器主回路。

图 1-22　LDZ1-10、LDZJ1-10 型互感器

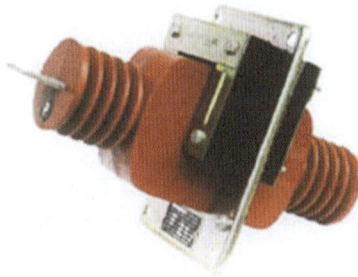

图 1-23　LMZ1-10、LMZD1-10 型互感器

3）LZZBJ9-10 型电流互感器，如图 1-24 所示。

图 1-24　LZZBJ9-10 型电流互感器

（2）油浸式电流互感器。35kV 及以上户外式电流互感器多为油浸式结构，主要由底座（或下油箱）、器身、储油柜（包括膨胀器）和瓷套四大件组成。瓷套是互感器的外绝缘，并兼作油的容器。63kV 及以上的互感器的储油柜上装有串并联接线装置。全密封互感器采用金属膨胀器，避免了油与外界空气直接接触。贮油柜多用铝合金铸成，也可用铸铁贮油柜或薄钢板制成。

1）LCW 型户外油浸式瓷绝缘电流互感器，如图 1-25 所示。瓷外壳内充满变压器油，并固定在金属小车上；带有二次绕组的环形铁芯固定在小车架上，一次绕组为圆形并套住二次绕组，构成两个互相套着的形如"8"字的环。换接器用于在需要时改变各段一次绕组的连接方式，方便一次绕组串联或并联。互感器上部由铸铁制成的油扩张器，用于补偿油体积随温度的变化，其上装有玻璃油面指示器。放电间隙用于保护瓷外壳。只用于 35~110kV 电压级，一般有 2~3 个铁芯。

图 1-25　LCW 型户外油浸式瓷绝缘电流互感器

2）LCLWD3-220 型户外瓷箱式电流互感器，结构图如 1-26 所示。

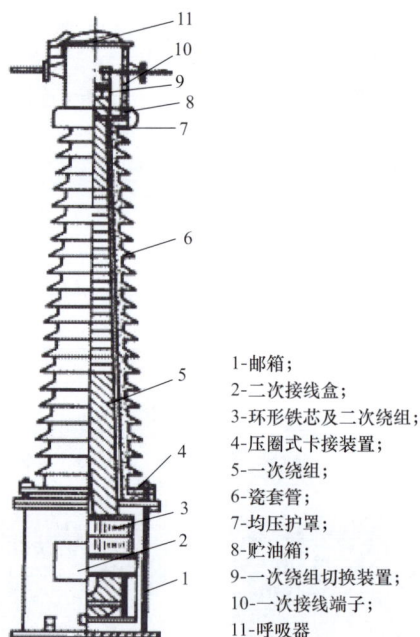

1-邮箱；
2-二次接线盒；
3-环形铁芯及二次绕组；
4-压圈式卡接装置；
5-一次绕组；
6-瓷套管；
7-均压护罩；
8-贮油箱；
9-一次绕组切换装置；
10-一次接线端子；
11-呼吸器；

图 1-26　LCLWD3-220 型户外瓷箱式电流互感器结构图

　　一次绕组呈 "U" 形，一次绕组绝缘采用电容均压结构，用高压电缆纸包扎而成；绝缘共分十层，层间有电容屏（金属箔），外屏接地，形成圆筒式电容串联结构；有四个环型铁芯及二次绕组，分布在 "U" 形一次绕组下部的两侧，二次绕组为漆包圆铜线，铁芯由优质冷轧晶粒取向硅钢板卷成。110kV 及以上电压级中广泛的应用。

　　常见的低压电流互感器有以下几种。

　　1）LMZ-0.66 型电流互感器，如图 1-27 所示。

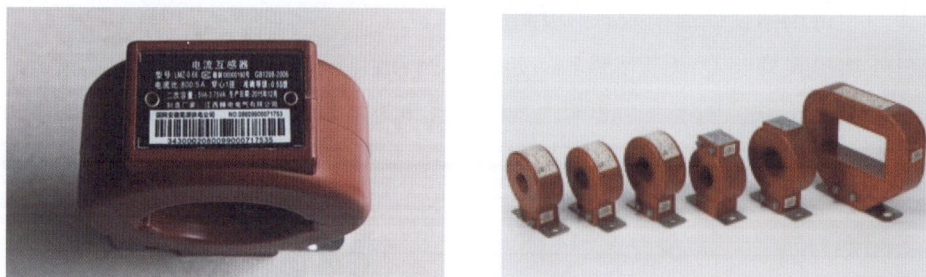

图 1-27　LMZ-0.66 型电流互感器

　　2）LMZD 系列电流互感器如图 1-28 所示。

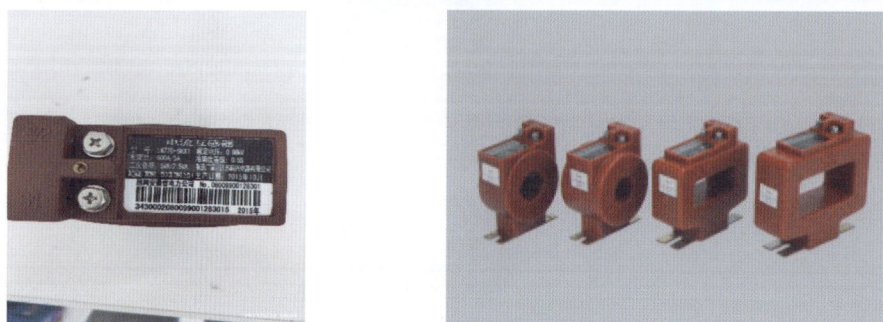

图 1-28　LMZD 系列电流互感器

3）LQZJ4–0.66 型电流互感器，如图 1–29 所示。

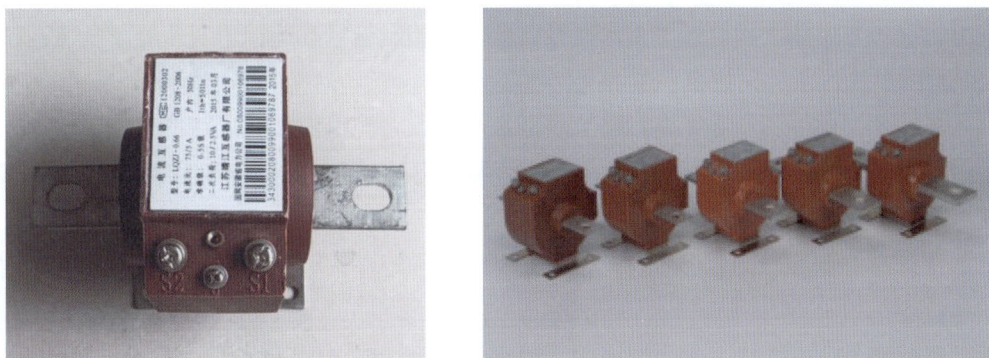

图 1–29 LQZJ4–0.66 型电流互感器

4）BH–0.66 型电流互感器，如图 1–30 所示。

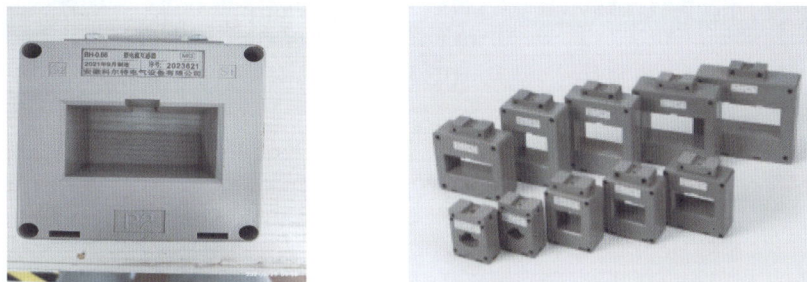

图 1–30 BH–0.66 型电流互感器

7. 安全措施

在带电的电流互感器二次回路上工作时，应采取下列安全措施：

（1）禁止将电流互感器二次侧开路（光电流互感电流器除外）；

（2）短路电流互感器二次绕组，应使用短路片或专用短路线，禁止用导线缠绕；

（3）在电流互感器与短路端子之间导线上进行任何工作，应有严格安全措施，并填用"二次工作安全措施票"；必要时申请停用有关保护装置、安全自动装置或自动化监控制系统；

（4）工作中禁止将回路的永久接地点断开；

（5）工作时应有人监护，使用绝缘工具，并站在绝缘垫上。

（二）电压互感器

1. 工作原理

电压互感器的工作原理与普通变压器相同，结构原理和接线也相似，但二次电压低、容量小（几十千伏安或几百千伏安）且大多数情况下负荷衡定。一次绕组和二次绕组的额定电压值比称为电压互感器的额定电压比，用 K_U 表示，如果不考虑激磁损耗，即为一二次绕组的匝数比。即

$$K_U = \frac{U_{1N}}{U_{2N}} \approx \frac{N_1}{N_2} = \frac{U_1}{U_2} = K_N \tag{1-12}$$

在实际应用中，通常需要将高压 U_1 变为低压 U_2 进行测量，所以二次绕组的匝数 N_2 小于一次绕组的匝数 N_1。工作时，一次绕组与被测电压并联，二次绕组与仪表、继电器的电压线圈相并联，形成回路。由于电压线圈内阻很大，因此电压互感器在接近于空载状态工作。

2.工作特点

一次侧电压决定于电网电压，不受二次负载影响。

正常运行时，电压互感器二次侧近似工作在开路状态，相当于空载运行的变压器。电压互感器的二次负载是仪表、继电器的电压线圈，匝数多、电抗大，电流小。

运行中电压互感器二次侧不允许短路。当二次侧短路时，将产生很大的短路电流损坏电压互感器。为保护二次绕组，在二次侧出口处安装熔断器或快速自动空气开关，用于短路或过载保护。

3.电压互感器主要技术参数

电压互感器铭牌应有型号、标准代号、设备最高电压、额定一次电压及额定二次电压、额定输出及相应的准确度等级等参数。

（1）电压互感器型号命名含义。我国规定用汉语拼音字母组成电压互感器型号，按字母排列顺序，分别表示结构类型，绝缘方式及用途。电压互感器型号的意义如表1-28所示。

表1-28　电压互感器型号的意义

字母排列顺序	代 号 定 义
1	J－电压互感器　　HL－仪用电压互感器
2	D－单相　　S－三相　　G－串级结构
3	J－油浸式　　G－干式　　C－瓷箱式　　Z－浇注绝缘
4	F－胶封式　　J－接地保护　　W－三相五柱　　B－三柱带补偿线圈

（2）额定电压。作为电压互感器性能基准的一次绕组、二次绕组及零序绕组的工作电压称为额定电压。额定一次电压与额定二次电压之比称为额定电压比用不约分的分数表示。额定一次电压以6、10、15、35、110、220、330、500kV以及它的 $1/\sqrt{3}$ 倍数为标准值。额定二次电压以100V和 $100/\sqrt{3}$ V为标准值。零序电压线圈以100V和 $100/\sqrt{3}$ V为标准值。

（3）额定输出。电压互感器的额定输出是在额定二次电压及接有额定负荷的条件下，互感器供给二次回路的视在功率值（在规定功率因数下以伏安表示）。额定负荷是确定互感器准确级所依据的负荷值。

4.电压互感器误差特性

（1）一次电压对误差的影响。电压互感器的误差与一次电压的关系称为电压特性。当一次电压远低于额定电压时，铁芯磁感应强度低，比值差偏负，相位差偏正。随着一次电压增加，铁芯磁感应强度增加，比值差向正方向变化，相位差向负方向变化。当一次电压继续增大，铁芯磁感应强度超过某一数值（0.8~0.9 T）磁感应强度后，比值差向负方向变化，相位差向正方向变化。

（2）负荷对误差的影响。一般来说，电压互感器在负荷增大时，比值差向负方向变化，相位差则视不同情况，可能向正方向变化，也可能向负方向变化。电压互感器在负荷的功率因数减小时，比值差变化不大，方向可正可负，相位差则向正方向变化。

（3）电源频率对误差影响。铁心不饱和，对空载误差影响不大。由于绕组的漏抗与电源频率成正比，负载误差将随着增大而增大。在高压互感器中，漏电流也和频率成正比，也会影响互感器的误差。

5.电压互感器的选择

（1）额定电压的选择。电压互感器的额定电压是指加在三相电压互感器一次绕组上的线电压，选择时，电压互感器一次绕组额定电压 U_{1N} 应大于介入的被测电压 U_{1x} 的0.9倍，小于被测电压1.1倍，即

$$0.9U_{1x} \leq U_{1N} \leq 1.1U_{1x}$$

（2）准确度等级的选择。表1-29列出了电压互感器的准确度等级和允许的误差。作为电能计量用的电压互感器，应选用0.2或0.5级。

表1-29　电压互感器的准确度等级和允许的误差表

准确度等级	一次侧电压为额定电压的百分数（%）	允许误差		负载为额定导纳的百分数（%）
		比差（%）	角差（`）	
0.01	20	±0.02	±1.6	25~100
	50	±0.015	±0.5	
	80~120	±0.01	±0.3	
0.02	20	±0.04	±1.2	25~100
	50	±0.03	±0.9	
	80~120	±0.02	±0.6	
0.05	20	±0.15	±4	25~100
	50	±0.075	±3	
	80~120	±0.15	±2	
0.1	20	±0.2	±10	25~100
	50	±0.15	±7.5	
	80~120	±0.1	±5	
0.2	20	±0.4	±20	25~100
	50	±0.3	±15	
	80~120	±0.2	±10	

6. 常见电压互感器

电压互感器的型号可反映其类型，其含义如图1-31所示。

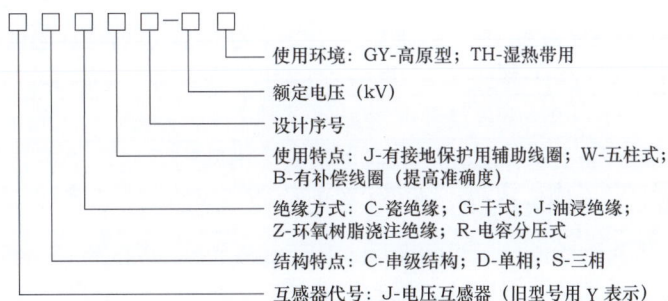

使用环境：GY-高原型；TH-湿热带用
额定电压（kV）
设计序号
使用特点：J-有接地保护用辅助线圈；W-五柱式；
B-有补偿线圈（提高准确度）
绝缘方式：C-瓷绝缘；G-干式；J-油浸绝缘；
Z-环氧树脂浇注绝缘；R-电容分压式
结构特点：C-串级结构；D-单相；S-三相
互感器代号：J-电压互感器（旧型号用Y表示）

图1-31　电压互感器的型号及对应含义

例如，JSJW-10，10/0.1/（0.1/3）kV，0.5，表示油浸三相五柱三绕组电压互感器，一次额定电压为10kV，两个二次绕组的额定电压分别为0.1kV和0.1kV/3。准确级为0.5级。

（1）浇注式电压互感器。JDZ-10型浇注式单相电压互感器铁芯为三柱式，一、二次绕组为同心圆筒式，连同引出线用环氧树脂浇注成型，并固定在底版上；铁芯外露，由经热处理的冷轧硅钢片取向迭装而成，为半封闭式结构，如图1-32所示。

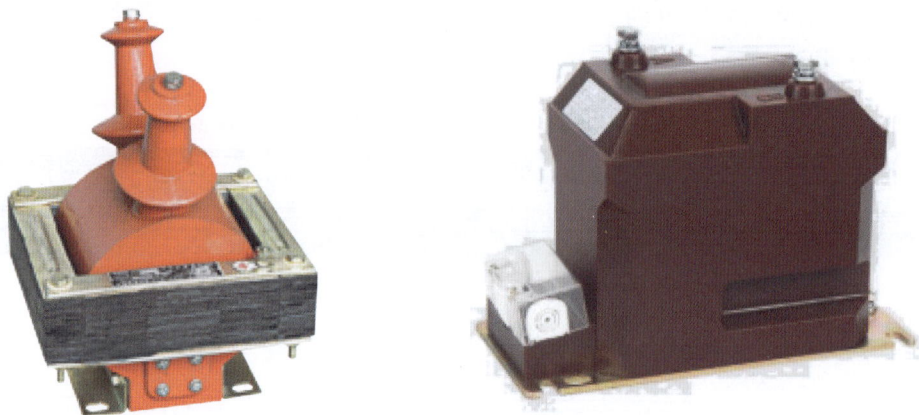

图 1-32　JDZ-10 型浇注式单相电压互感器

（2）油浸式电压互感器。铁芯的中间三柱分别套入三相绕组，两边柱作为单相接地时零序磁通的通路；一、二次绕组均为 YN 接线，其余绕组为开口三角形接线。油浸式电压互感器如图 1-33 所示。

（3）电容式电压互感器。电容式电压互感器结构简单，质量轻、体积小，成本低，而且电压越高效果越显著，此外，分压电容还可以兼作为载波通信的耦合电容。广泛应用于 110~500kV 中性点直接接地系统中，作电压测量、功率测量、继电防护及载波通信用，图 1-34 为 TYD220-220kV 电容式电压互感器。

图 1-33　油浸式电压互感器

图 1-34　TYD220-220kV 电容式电压互感器

7. 安全措施

在带电的电压互感器二次回路上工作时，应采取下列安全措施：

（1）严格防止电压互感器二次侧短路或接地。工作时应使用绝缘工作，戴手套，必要时，工作前停用有关的保护装置；

（2）二次侧接临时负载，必须装有专用的刀闸和熔断器。

三、专变采集终端

专变采集终端是对专用变压器（简称专变）用户用电信息进行采集的设备，可以实现电能表数据的采集、电能计量设备工况和供电电能质量监测，以及客户用电负荷和电能量的监控，并对采集数据进行管理和双向传输。

（一）分类和类型标识代码

专变采集终端按外形结构和 I/O 配置分为 I 型、II 型、III 型三种型式。

专变采集终端类型标识代码分类如表 1-30 所示。

表 1-30　专变采集终端类型标识代码分类说明

FK/FC	×	×	×	×	-××××××××
终端分类	上行通信信道	I/O 配置及路数		温度级别	产品代号
FK- 专变采集终端（控制型）FC- 专变采集终端（非控制型）	W- 230MHz 专网 G - 无线 G 网 C - 无线 C 网 J - 微功率无线 Z - 电力线载波 L - 有线网络 P - 公共交换电话网 T - 其他	配置：A- 交流模拟量输入 B- 基本型 D- 外接装置	路数：1~9-1~9 路控制输出 / 遥信输入、脉冲输入、电能表接口（厂站采集终端）；A~W-10~32 路控制输出 / 遥信输入、脉冲输入、电能表接口（厂站采集终端）×- 大于 32 路	1-C1 2-C2 3-C3 4-C×	由不大于 8 位的英文字母和数字组成。英文字母可由生产企业名称拼音简称表示，数字代表产品设计序号

建议选用的专变采集终端的类型如表 1-31 所示。

表 1-31　专变采集终端选型建议表

类型	类型标识	配置描述
专变采集终端 I 型	FK × A4 ×	大型壁挂式，有控制功能，上行通信信道可选用 230MHz 专网、GPRS 无线公网、CDMA 无线公网、4G 无线公网、以太网，配置交流模拟量输入，4 路遥信输入、4 路脉冲输入、4 路控制输出、2 路 RS-485，温度选用 C2 或 C3 级
	FK × B8 ×	大型壁挂式，有控制功能，上行通信信道可选用 230MHz 专网、GPRS 无线公网、CDMA 无线公网、4G 无线公网、以太网，配置 8 路遥信输入、8 路脉冲输入、4 路控制输出、2 路 RS-485，温度选用 C2 或 C3 级
专变采集终端 II 型	FK × B2 ×	中型壁挂式，有控制功能，上行通信信道可选用 230MHz 专网、GPRS 无线公网、CDMA 无线公网、4G 无线公网、以太网，配置 2 路遥信输入、2 路脉冲输入、2 路控制输出、2 路 RS-485，温度选用 C2 或 C3 级
	FK × B4 ×	中型壁挂式，有控制功能，上行通信信道可选用 230MHz 专网、GPRS 无线公网、CDMA 无线公网、4G 无线公网、以太网，配置 4 路遥信输入、2 路脉冲输入、4 路控制输出、2 路 RS-485，温度选用 C2 或 C3 级
专变采集终端 III 型	FK × A2 ×	小型壁挂式，有控制功能，上行通信信道可选用 230MHz 专网、GPRS 无线公网、CDMA 无线公网、4G 无线公网、以太网，配置交流模拟量输入、2 路遥信输入、2 路脉冲输入、2 路控制输出、2 路 RS-485，温度选用 C2 或 C3 级
	FC × A2 ×	小型壁挂式，无控制功能，上行通信信道可选用 230MHz 专网、GPRS 无线公网、CDMA 无线公网、4G 无线公网、以太网，配置交流模拟量输入、2 路遥信输入、2 路脉冲输入、2 路 RS-485，温度选用 C2 或 C3 级

（二）主要技术参数

执行标准：《Q/GDW 10373—2019 用电信息采集系统功能规范》《Q/GDW 10374—2019 用电信息采集系统技术规范》《Q/GDW 10375—2019 用电信息采集系统型式规范》《Q/GDW 10376—2019 用电信息采集系统通信协议》和《Q/GDW 10379—2019 用电信息采集系统检验规范》。主要技术参数如表 1-32 所示。

表 1-32　主要技术参数

专变采集终端Ⅲ型		
电源电压		（1）终端使用交流单相或三相供电； （2）Ⅲ型专变采集终端选配辅助电源； 额定电压：220V/380V，57.7V/100V，允许偏差 -20%~+20%
电流输入		1.5（6）A
精度等级		0.5S
功耗 （供电电源不连接到电压线路）	电压线路	10W，15VA
	电流回路	0.25VA
	辅助供电电源	10W，15VA
时钟误差		参比条件下，日计时误差：≤ ±0.5 s/d
温度范围		C2：-25℃~ +55℃； C3：-40℃~ +70℃
湿度范围		小于 95%
通信接口		（1）1路远程无线通信口，用于和主站远程通信，主要采用GPRS/CDMA/4G 网络； （2）1路本地 RS-232 维护口，适用于有线本地维护，9600bps、8 位数据位、1 位停止位、偶校验； （3）1路本地红外维护口，适用于本地红外维护，1200bps、8 位数据位、1 位停止位、偶校验。用本地红外设置参数时，必须先按下编程按键，编程允许后方可进行编程； （4）最大 3 路本地 RS-485 抄表口，共有 2 路本地 RS-485 接口，用于与多功能电能表及其他智能设备通信； （5）1路 USB 接口，用于现场维护、数据备份、参数设置等
遥信、脉冲输入		最大可选 5 路遥信 / 脉冲输入，其中最大可设置 2 路为脉冲输入口
控制、告警输出		终端具有 2 路控制输出，每路控制输出均带有一对常开和一对常闭触点。1 路告警输出，常开触点。 触点容量：AC 250V/10A，DC 30V/10A。 绝缘耐压：2000V

（三）结构及实物展示

1. 专变采集终端Ⅲ型外形及实物图

专变采集终端Ⅲ型采用塑料外壳，外壳尺寸：290 mm×180 mm×95 mm，变采集终端Ⅲ型外形如图 1-35 所示，变采集终端Ⅲ型实物图 1-36 所示。

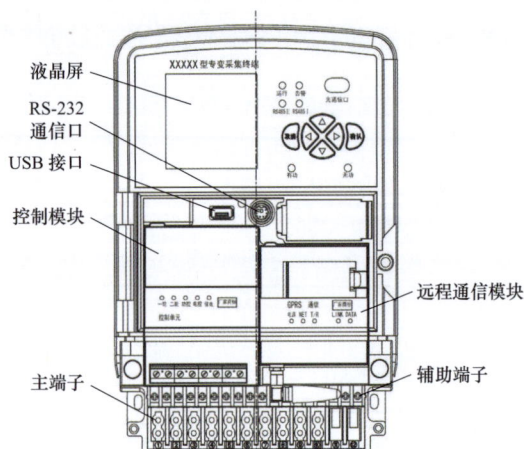

图 1-35　变采集终端Ⅲ型外形图

图 1-36　专变采集终端Ⅲ型外形及实物图

2.专变采集终端Ⅲ型液晶显示

专变采集终端Ⅲ型LCD显示主画面内容如图1–37所示。LCD显示界面信息的排列位置为示意位置，可根据需要调整。

菜单界面包括以下三方面。

（1）顶层显示状态栏：显示固定的一些状态（不参与翻屏轮显），如通信方式、信号强度、异常告警等。

（2）主显示画面：主要显示翻屏数据，如瞬时功率、电压、电流、功率因数等内容。

（3）底层显示状态栏：显示终端运行状态，如任务执行状态与主站通信状态等。

顶层状态各符号含义如表1–33所示。

图1-37 LCD显示主画面内容

表1-33 顶层状态各符号含义

符号	含义
Y₀₁₁	信号强度指示，最高是4个，最低是1格。 当信号只有1、2格时，表示信号弱，通信不是很稳定。信号强度为3、4格时信号强，通信比较稳定
G	通信方式指示： G – 采用GPRS通信方式 S – 采用SMS（短消息）通信方式 C – CDMA通信方式 L – 有线网络 W – 无线电台通信方式 T – 4G
!	异常告警指示，表示终端或测量点有异常情况。当终端发生异常时，该标志将和异常事件报警编码轮流闪烁显示
00	事件编号
0001	表示第几号测量点数据

专变采集终端Ⅲ型显示分成三类：轮显模式、按键查询模式、按键设置模式。其中按键查询模式和按键设置模式需要操作人员按键操作的。在当终端显示处于轮显模式中，按任意键可以进入按键操作方式，非轮显模式下终端显示主菜单界面示意如图1–38所示。

轮显模式。终端在默认情况下，可按选择的内容逐屏轮显，轮显周期值为8s。默认显示内容为：当前功率、电压、电流、功率因数、电量等（显示一次值或二次值，可设置）。

按键查询模式。终端处于轮显模式时，按任意键可以进入主菜单；然后按相应的查询按键进入查询模式。在按键查询显示模式下时，可通过按键操作进行翻屏，显示所有未被屏蔽的内容。停止按键1min后，终端恢复原显示模式。

按键设置模式。当终端处于轮显模式时，按任意键可以进入主菜单；然后按照设置按键进入设置模式。在按键设置显示模式下时，可设置与主站通信参数、测量点运行参数、密码、时间等参数。停止按键1分钟后，终端恢复原显示模式。

进入设置模式需要密码。菜单设置密码可修改，出厂默认为ASCII字符"000000"。

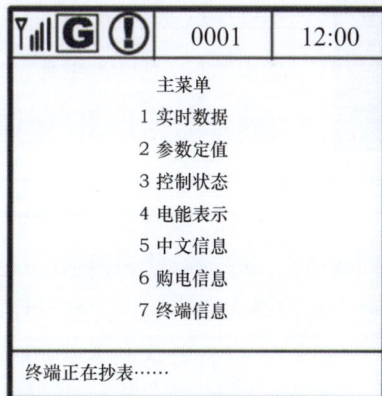

图1-38 主菜单示意图

显示菜单内容如表 1-34 所示。

表 1-34 **显示菜单内容表**

主菜单	实时数据	当前功率	当前总加组功率和当前各个分路脉冲功率
		当前电量	当日电量（有功总、尖、峰、平、谷、无功总） 当月电量（有功总、尖、峰、平、谷、无功总）
		负荷曲线	功率曲线
		开关状态	当前开关量状态
		功控记录	当前功控记录
		电控记录	当前电控记录
		遥控记录	当前遥控记录
		失电记录	失电及恢复时间
		交流采样信息	电压、电流、相角、功率因素、正向有功无功功率、反向有功无功功率
	参数定值	时段控参数	时段控方案及相关设置
		厂休控参数	厂休定值、时段及厂休日
		报停控参数	报停控定值、起始时间、结束时间、控制投入轮次
		下浮控参数	控制投入轮次、第1轮告警时间、第2轮告警时间、控制时间、下浮系数
		月电控参数	控制投入轮次、本月累计用电量、月电控电量定值、月电控定值浮动系数
		Kv Ki Kp	各路 Kv Ki Kp 配置
		电能表参数	局编号、通道、协议、表地址
		配置参数	行政区码、终端地址等
	控制状态		功控类：时段控解除 / 投入、报停控解除 / 投入、厂休控解除 / 投入、下浮控解除 / 投入。 电控类：月定控解除 / 投入、购电控解除 / 投入。 保电解除 / 投入
	电能表示数		电能表数据：局编号、正向有功电量总峰平谷示数，正反向无功示数、月最大需量及时间
	中文信息		信息类型及内容
	购电信息		购电单号、购电方式、购前电量、购后电量、报警门限、跳闸门限、剩余电量
	终端信息		行政区域代码、终端地址、软件版本

3. 专变采集终端Ⅲ型状态指示

运行灯——运行状态指示，红色，灯常亮表示终端主 CPU 正常运行，但未和主站建立连接，灯亮一秒灭一秒交替闪烁表示终端正常运行且和主站建立连接。

告警灯——告警状态指示，红色，灯亮一秒灭一秒交替闪烁表示终端告警。

RS-485 Ⅰ——RS-485 Ⅰ通信状态指示。红灯闪烁表示模块接收数据，绿灯闪烁表示模块发送数据。

RS-485 Ⅱ——RS-485 Ⅱ通信状态指示。红灯闪烁表示模块接收数据，绿灯闪烁表示模块发送数据。

（四）版本差异

版本差异如表 1-35 所示。

表 1-35　版本差异表

专变采集终端Ⅲ型		
版本	2009 版	2013 版	2020 版
外观	黑色端钮盒	白色端子座颜色；色卡号 PANTONE；Cool Gray 4 U	
铅封	穿线式	卡扣式	增加卡扣式电子铅封
互换性	无	增加集中器、采集器应可与多种标准通信单元匹配，完成数据采集的各项功能	支持
协议规约	Q/GDW 376.1—2009	Q/GDW 1376.1—2013	Q/GDW 10376.1—2019
	DL/T 645-2007	DL/T 645-2007，增加 DL/T 698.45-2017	DL/T 645-2007 和 DL/T 698.45-2017
存储容量	不小于 32M	不小于 64M	不小于 4GB
波特率	2400	2400 和 9600 均支持	9600
工作电源	终端使用交流单相或三相供电。三相供电时，电源出现断相故障，即三相三线供电时断一相电压，三相四线供电时断两相电压的条件下，交流电源能维持终端正常工作	Ⅲ型专变采集终端选配辅助电源。辅助电源供电电压为 100~240V，交直流自适应。主辅电源相互独立，互不影响，并可不间断自动切换	工作电源

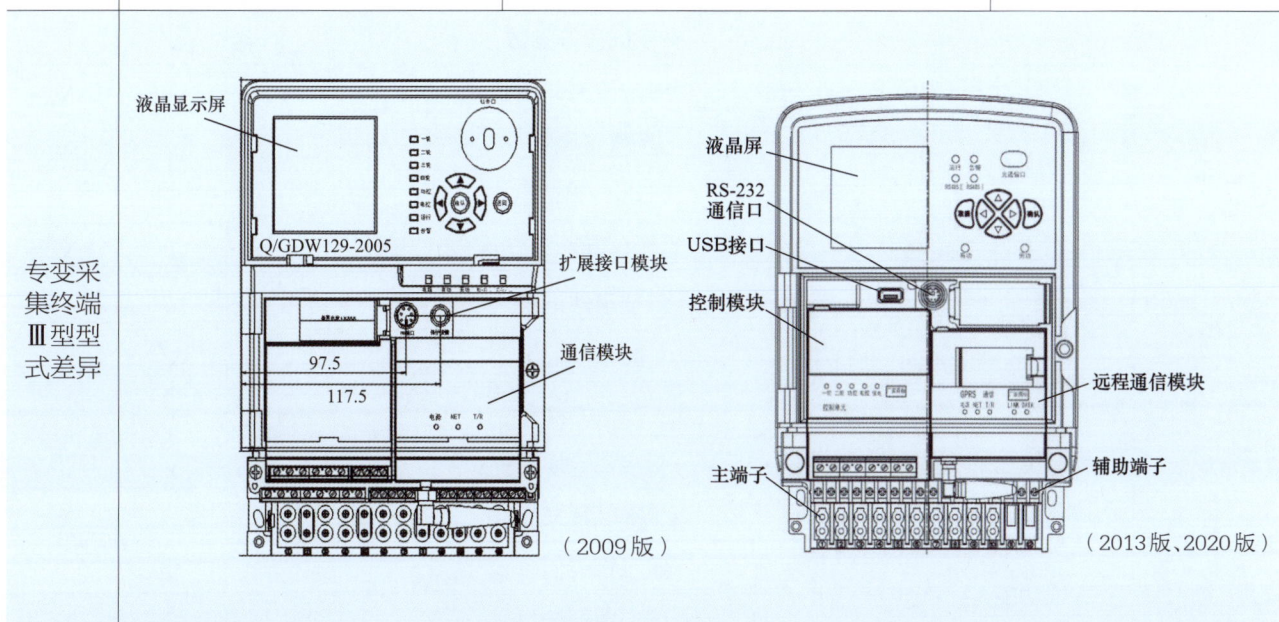

（五）功能要求

功能配置。专变采集终端的功能配置如表 1-36 所示，选配功能中交流模拟量采集可为异常用电分析和实现功率控制提供数据支持。

表 1-36　专变采集终端的必备功能和选配功能

序号	项　目		必备	选配
1	数据采集	电能表数据采集	√	
		状态量采集	√	
		脉冲量采集	√ *	
		交流模拟量采集		√
2	数据处理	实时和当前数据	√	
		历史日数据	√	
		历史月数据	√	
		电能表运行状况监测	√	
		电能质量数据统计	√	
3	参数设置和查询	时钟召测和对时	√	
		TA 变比、TV 变比及电能表脉冲常数	√	
		限值参数	√	
		功率控制参数		√
		预付费控制参数		√
		终端参数	√	
		抄表参数	√	
		费率时段等参数	√	
4	控制	功率定值闭环控制		√
		预付费控制		√
		保电／剔除	√	
		遥控		√
5	事件记录	重要事件记录	√	
		一般事件记录	√	
6	数据传输	与主站通信	√	
		与电能表通信	√	
		中继转发		√
7	本地功能	显示相关信息	√	
		用户数据接口		√
8	终端维护	自检自恢复	√	
		终端初始化	√	
		软件远程下载	√	
		断点续传	√	

＊有交流（电压、电流）模拟量采集功能的终端，脉冲量采集功能可以作为选配。

四、集中抄表终端

集中抄表终端（以下简称"终端"）是对低压用户用电信息进行采集的设备，包括集中器、采集器。

（一）集中器

集中器是指收集各采集终端或电能表的数据，并进行处理储存，同时能和主站或手持设备进行数据交换的设备。

1.分类和类型标识代码

集中器按功能分为集中器 I 型和集中器 II 型两种型式。集中器类型标识代码分类如表 1-37 所示。

表 1-37　集中器类型标识代码分类说明

DJ	×	×	×	×	- × × × ×
集中器分类	上行通信信道	I/O 配置 / 下行通信信道		温度级别	产品代号
DJ - 低压集中器	W - 230MHz 专网 G - 无线 G 网 C - 无线 C 网 J - 微功率无线 Z - 电力线载波 L - 有线网络 P - 公共交换电话网 T - 其他	下行通信信道： J - 微功率无线 Z - 电力线载波 L - 有线网络	1~9-1~9 路电能表接口； A~W-10~32 路电能表接口	1-C1 2-C2 3-C3 4-CX	由不大于 8 位的英文字母和数字组成。英文字母可由生产企业名称拼音简称表示，数字代表产品设计序号

2.建议选用类型

集中器 I 型：类型标识代码为 DJ × × × × - × × × ×。

上行通信信道可选用 230MHz 专网、GPRS 无线公网、CDMA 无线公网、以太网、光纤通信，下行通信信道可选用微功率无线、电力线载波、RS-485 总线、以太网等，标配交流模拟量输入、2 路遥信输入和 2 路 RS-485 接口，温度选用 C2 或 C3 级。

集中器 II 型：类型标识代码为 DJ × L × × - × × × ×。

上行通信信道可选用 GPRS 无线公网、CDMA 无线公网、以太网，下行信道可选用 RS-485 总线，可接入 3 路电能表，温度选用 C2 或 C3 级。

3.主要技术参数

执行标准：《Q/GDW 10375.2—2019 用电信息采集系统技术规范 第 2 部分：集中器》《Q/GDW 10374.2—2019 用电信息采集系统技术规范 第 2 部分：集中抄表终端》等标准规范，主要技术参数如表 1-38 所示。

表 1-38　主要技术参数表

	I 型	II 型
电源电压	3×220/380V，70% Un~130%Un 正常工作，在一相电压供电情况下正常工作	交流单相 220VAC±20%
电流输入	1.5（6）A	无
精度等级	有功功率：1 级，无功功率：2 级	无计量功能

续表

	Ⅰ型	Ⅱ型
功耗	整机静态功耗≤ 12VA； 整机最大功耗（短信及数据通信状态下）≤ 15VA	视在功率≤ 5VA、有功功率≤ 3W
时钟误差	≤ ±0.5s/ 天	
温度范围	−40℃ ~85℃	
湿度范围	RH10% ~ 85%	
通信接口	（1）1 路远程无线通信口，用于和主站远程通信，主要采用 GPRS/CDMA/4G 网络； （2）1 路本地 RS-232 维护口，适用于有线本地维护，9600bps、8 位数据位、1 位停止位、偶校验； （3）1 路本地红外维护口，适用于本地红外维护，1200bps、8 位数据位、1 位停止位、偶校验。用本地红外设置参数时，必须先按下编程按键，编程允许后方可进行编程； （4）2 路本地 RS-485 抄表口，共有 2 路本地 RS-485 接口，用于与多功能电能表及其他智能设备通信； （5）1 路载波 / 微功率无线通信口，模块化设计，不同方案更换模块盒即可，终端主板与接口模块通过 TTL 232 交换数据，实现控制、对时、抄读数据等； （6）1 路 USB 接口，用于现场维护、数据备份、参数设置等	（1）1 个红外通信接口（缺省波特率 1200bps）3 个抄表 RS-485 通信接口（缺省波特率 2400bps）； （2）1 个本地维护 RS-485 通信接口（缺省波特率为 57600bps）； （3）1 个 GPRS 模块通信接口； （4）1 个 USB 接口
遥信输入	最大可选 5 路遥信 / 脉冲输入，其中最大可设置 4 路为脉冲输入口	无

4. 功能及特点

（1）电能表数据采集。终端通过 RS—485 通信接口可以支持 8 块表的采集，按设定的终端抄表日或定时采集时间间隔采集电能表数据，包括有 / 无功电能示值、有 / 无功最大需量及发生时间、功率、电压、电流、电能表参数、电能表状态等信息。

终端抄表功能体现在两种方式：一是终端定时抄读电能表的正反向有功电量、四象限无功电量、电压、电流、有功及无功功率等；二是主站通过中继命令即时召测电能表数据。

（2）数据管理存储。集中器能按要求对采集数据进行分类存储，如日冻结数据、抄表日冻结数据、曲线数据、历史月数据等。

（3）电能表运行状况监测、记录。集中器监视电能表运行状况，电能表发生参数变更、时钟超差或电能表故障等状况时，按事件记录要求记录发生时间和异常数据。

集中器能根据设置的事件属性，将事件按重要事件和一般事件分类记录。事件包括参数变更、抄表失败、集中器停 / 上电，电能表时钟超差等。

（4）本地功能。有本地状态指示、本地维护接口、本地信息触发功能。

（5）通信功能。通过 GPRS 无线数据通信模块，以太网等多信道与主站通信。无线信道支持主站实时召读、定时上报等通信方式。支持主站对其进行远程在线软件下载升级，并支持断点续传方式。

（6）状态量采集。终端具有 5 路状态量输入。终端实时采集状态量状态，发生状态变化时做状态量变位记录。

（7）交流量采集。终端可选配内置交流采样，可采集三相电压、电流、有功功率、无功功率等数据，同时计算相应的电量。

（8）载波/微功率无线抄表。通过电力线载波/微功率无线可抄读载波/微功率无线表、采集器下的电能表数据，并进行存储，可通过主站下发拉/合闸命令控制用户用电。

（9）显示功能。终端提供160*160的点阵液晶显示屏，以点阵图形式背光显示。内置二级国标字库。在 –25℃—75℃条件下液晶显示器能正常工作。

终端具有两种显示方式。

1）按键方式。具有操作菜单，可通过按键查询数据。当按下按键后，终端进入按键方式状态，可以根据菜单显示更多的信息。停止按键1分钟后，恢复轮显方式。

2）轮显方式。具有轮显功能，显示的内容可设置。轮显页显示的内容：有功功率、有功总电量、有功分时段电量、功率因数、当前控制信息（指当前控制方式、相关定值、时间或时段、控制执行状态等）。

面板按键说明：终端面板设有↑、↓、←、→、确认、取消六个显示选择按键。

1）↑↓：表示翻屏，或修改数据。

2）←→：表示移动光标。

3）确认：表示进入光标选定的画面内容或（在设置终端地址画面中）保存所设内容。

4）取消：表示进入上级菜单画面。

5. 外形结构及实物展示

外形结构在外形尺寸、安装尺寸、接线端子、通信接口、铭牌、标志标识方面应符合相关规定的要求。

（1）集中器Ⅰ型外形及实物图。集中器Ⅰ型外形尺寸为290mm×180mm×95mm，集中器Ⅰ型外形如图1-39所示，集中器Ⅰ型实物图如图1-40所示。

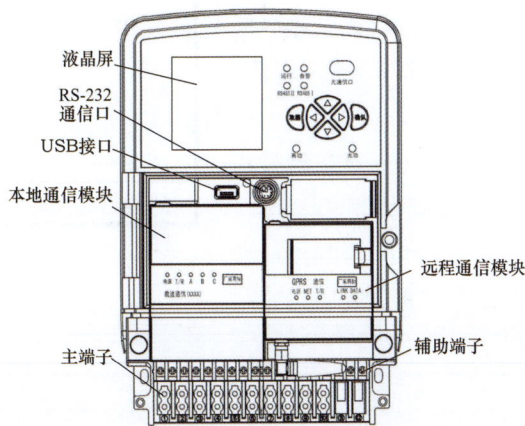

图1-39 集中器Ⅰ型外形图

图1-40 集中器Ⅰ型实物图

集中器Ⅰ型主界面示意图如图1-41所示。

1）菜单界面。

·顶层显示状态栏：显示固定的一些状态（不参与翻屏轮显），如通信方式、信号强度、异常告警等。

·主显示画面：主要显示翻屏数据，如瞬时功率、电压、电流、功率因数等。

·底层显示状态栏：显示集中器运行状态，如任务执行状态、与主站通信状态等。

2）顶层菜单各符号如表1-39所示。

图1-41 集中器Ⅰ型主界面示意图

表1-39 顶层菜单各符号含义

符号	含义
▼ı1ıl	信号强度指示，最高是4个，最低是1格。 当信号强度只有1格~2格时，表示信号弱，通信不是很稳定。信号强度为3格~4格时信号强，通信比较稳定
G	通信方式指示： G－采用GPRS通信方式 S－采用SMS（短消息）通信方式 C－CDMA通信方式 L－有线通信方式 W－无线电台通信方式 T－4G
⚠	异常告警指示，表示集中器或测量点有异常情况。当集中器发生异常时，该标志将和异常事件报警编码轮流闪烁显示
××××	第n号测量点数据（n取值范围为0001~2048）

3）菜单规范说明。集中器I型显示分成三类：轮显模式、按键查询模式、按键设置模式。其中按键查询模式和按键设置模式需要操作人员按键操作的。主菜单界面如图1-42所示。在主菜单中通过按键选择功能菜单，然后进入相应的功能子菜单再进行相应操作。

轮显模式。集中器在默认情况下，可按选择的内容逐屏轮显，轮显周期值为8s。默认显示内容为：通信参数、抄表统计信息、功率、电压、电流、功率因数、电量等。

按键查询模式。当集中器处于按键查询显示模式下时，可通过按键操作进行翻屏，显示所有未被屏蔽的内容。

按键设置模式。当集中器处于按键设置显示模式下时，可设置与主站通信参数、测量点运行参数、密码、时间等参数。进入设置模式需要密码，菜单设置密码可修改，出厂默认为ASCII字符"000000"。

显示菜单内容如表1-40所示。

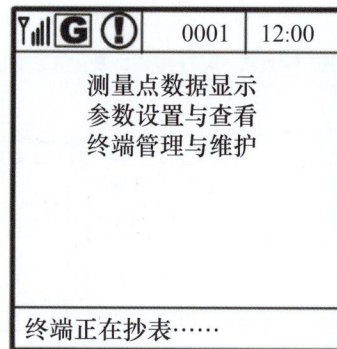

```
┌──────────────┬────────┐
│▼ıııl G ⚠    │ 0001 │ 12:00 │
├──────────────┴────────┤
│   测量点数据显示        │
│   参数设置与查看        │
│   终端管理与维护        │
│                        │
│                        │
│                        │
├────────────────────────┤
│ 终端正在抄表……        │
└────────────────────────┘
```

图1-42 主菜单示意图

表1-40 显示菜单内容

主菜单	测量点数据显示	正向有功电能示值、正向无功电能示值、反向有功电能示值、反向无功电能示值、四象限无功电能示值、电压、电流、有功功率、无功功率、功率因数、正向有功需量、反向有功需量	
	参数设置与查看	通信通道设置	信道类型设置、通信模式设置、通道详细设置
		电能表参数设置	测量点选择、电能表档案设置
		集中器时间设置	集中器时间设置
		界面密码设置	界面密码设置
		集中器编号	行政区域代码、集中器地址
	终端管理与维护	集中器版本、页面设置、现场调试、集中器重启、数据初始化、参数初始化、载波抄表管理、手动抄表、集中器数据	

（2）集中器Ⅱ型外形及实物图。集中器Ⅱ型外形尺寸为 160mm×112mm×71mm，集中器Ⅱ型外形如图1-43 所示，集中器Ⅱ型实物图如图 1-44 所示。

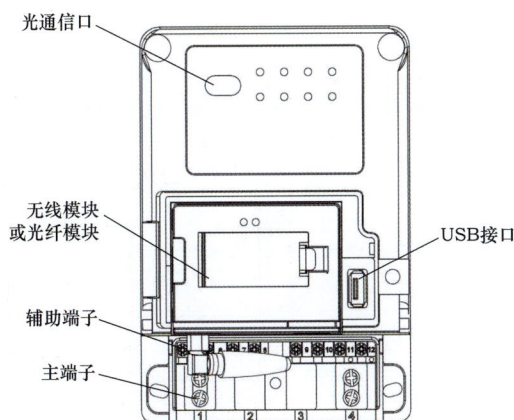

图 1-43　集中器Ⅱ型外形图　　　　图 1-44　集中器Ⅱ型实物图

6. 版本差异

Ⅰ型、Ⅱ型版本差异如表 1-41 所示。

表 1-41　Ⅰ型、Ⅱ型版本差异表

类别	Ⅰ型			Ⅱ型		
版本	2009 版	2013 版	2020 版	2009 版	2013 版	2020 版
外观	黑色端钮盒	白色端子座颜色；色卡号 PANTONE；Cool Gray 4 U	色卡号 PANTONE；Cool Gray 4 U	黑色接线端子座	白色端子座颜色；色卡号 PANTONE；Cool Gray 4 U	色卡号 PANTONE；Cool Gray 4 U
铅封	穿线式	卡扣式	增加卡扣式电子铅封	穿线式	卡扣式	增加卡扣式电子铅封
互换性	无	增加集中器、采集器应可与多种标准通信单元匹配，完成数据采集的各项功能	支持	不支持	增加通信模块互换性	支持
载波	窄带	增加 HPLC	HPLC	窄带	增加 HPLC	HPLC
协议规约	Q/GDW 376.1—2009	Q/GDW 1376.1—2013	Q/GDW 10376.1—2019	Q/GDW 376.1—2009	Q/GDW 1376.1—2013	Q/GDW 10376.1—2019
	DL/T 645-2007	DL/T 645-2007，增加 DL/T 698.45-2017	DL/T 645-2007 和 DL/T 698.45-2017	DL/T 645-2007	DL/T 645-2007，增加 DL/T 698.45-2017	DL/T 645-2007 和 DL/T 698.45-2017
存储容量	不小于 32M	不小于 64M	不小于 4GB	/	/	/
波特率	2400bps	2400bps&9600bps	9600bps	2400bps	2400bps&9600bps	9600bps

续表

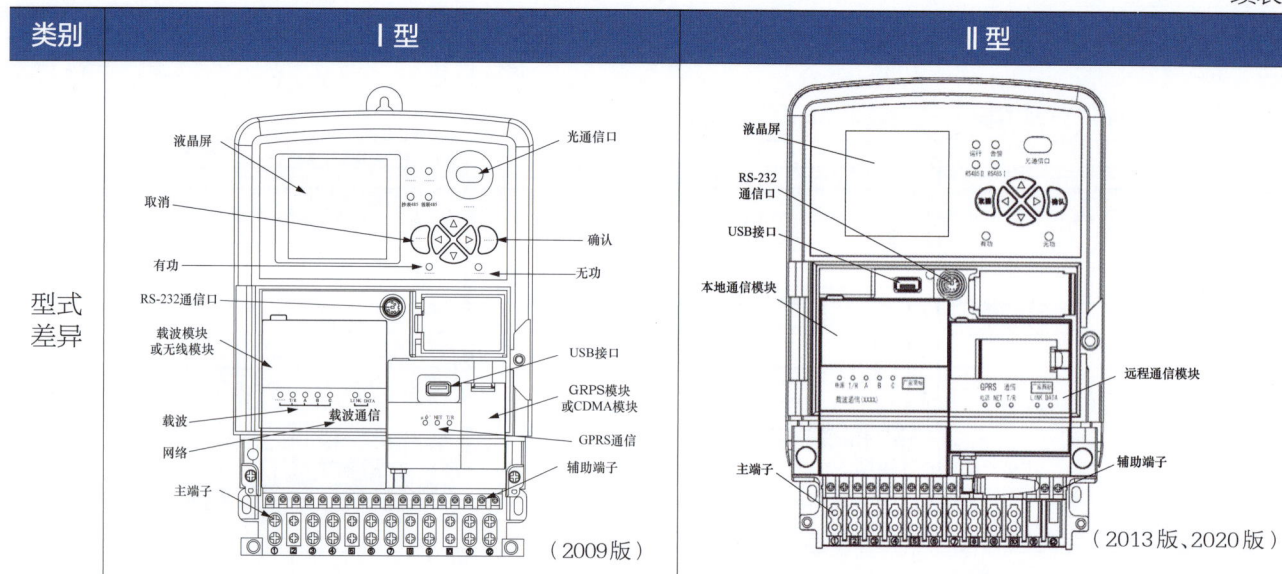

类别	Ⅰ型	Ⅱ型
型式差异	（液晶屏、取消、有功、RS-232通信口、载波模块或无线模块、载波、网络、主端子、光通信口、确认、无功、USB接口、GRPS模块或CDMA模块、GPRS通信、辅助端子、载波通信）（2009版）	（液晶屏、RS-232通信口、USB接口、本地通信模块、主端子、远程通信模块、辅助端子）（2013版、2020版）

（二）采集器

采集器是用于采集多个电能表电能信息，并可与集中器交换数据的设备。采集器依据功能可分为基本型采集器和简易型采集器。基本型采集器抄收和暂存电能表数据，并根据集中器的命令将储存的数据上传给集中器。简易型采集器直接转发低压集中器与电能表间的命令和数据。

1. 分类和类型标识代码

采集器按外形结构和 I/O 配置分为Ⅰ型、Ⅱ型两种型式，采集器类型标识代码分类说明如表 1-42 所示。

表 1-42　采集器类型标识代码分类说明

DC	×	×	×	×	- × × × ×
采集器分类	上行通信信道	I/O 配置 / 下行通信信道		温度级别	产品代号
DC—低压采集器	W—230MHz 专网 G—无线 G 网 C—无线 C 网 J—微功率无线 Z—电力线载波 L—有线网络 P—公共交换电话网 T—其他	下行通信信道： J—微功率无线 Z—电力线载波 L—有线网络	1~9—1~9 路电能表接口 A~W—10~32 路电能表接口	1—C1 2—C2 3—C3 4—CX	由不大于 8 位的英文字母和数字组成。英文字母可由生产企业名称拼音简称表示，数字代表产品设计序号

2. 建议选用类型

（1）采集器Ⅰ型：类型标识代码为 DC×××—××××。

上行通信信道可选用微功率无线、电力线载波、RS-485 总线、以太网，下行信道可选用 RS-485 总线，可接入 1~32 路电能表，温度选用 C2 或 C3 级。

（2）采集器Ⅱ型：类型标识代码为 DC××1×—××××。

上行通信信道可选用微功率无线、电力线载波，下行信道可选用 RS-485 总线，可接入 1 路电能表，温度选用 C2 或 C3 级。

3.主要技术参数

执行标准:《Q/GDW 10375.3-2019 用电信息采集系统技术规范 第 3 部分:采集器》《Q/GDW 10374.2-2019 用电信息采集系统技术规范 第 2 部分:集中抄表终端》等标准规范名主要技术参数如表 1-43 所示。

表 1-43　主要技术参数表

项目	I 型	II 型
电源电压	交流 220V±20%	
功耗（发射状态）	有功功耗:<5W 视在功耗:<10VA	有功功耗:<2W 视在功耗:<5VA
温度范围	−40℃～85℃	
湿度范围	相对湿度 10%～85%	
传输通道	220V 电力线载波或微功率无线信道	220V 电力线载波
通信连接方式	模块盒连接方式,载波或微功率无线方案更换只需更换相应方案模块盒即可;只能选其一	根据客户要求内置,支持国内主流的载波方案

4.功能及特点

功能及特点如表 1-44 所示。

表 1-44　功能及特点

采集器 I 型	实现了多块电能表对载波通信接口或微功率无线通信接口和 RS-485 总线方式的复用,具有优异的性能价格比,把分摊到每户的费用减少至最低,适用于大批量安装在城乡居民集中用户的表箱内
采集器 II 型	实现了 1~2 块电能表对载波通信接口和 RS-485 总线方式的复用,适用于安装在单户或两户城乡居民用户的表箱内

（1）采集器能通过上行信道接收集中器下发的电能表数据抄读和控制指令,并通过规约转换(上行信道通信规约转换为 RS-485 接口单相电子式电能表通信规约)实时转发给下连的 RS-485 电能表,然后将电能表的应答数据信息回送给集中器。

（2）采集器支持集中器对 RS-485 电能表所有数据抄读(含扩充数据标识集)、广播校时、拉合闸控制等指令的转发。

（3）每一个采集器能够下接 1~32 块 RS-485 电能表。

（4）采集器具有免设置功能,安装后,在确保连接正确的前提下,不需做任何设置操作,就能正常工作。当现场拆除或更换电能表时,也不需对采集终端做任何设置操作,就能正常工作。

（5）具有优良的电磁兼容特性,符合 IEEC 61000-4-4 Level 4 标准。

（6）面牌指示灯:面板有 2 个指示灯用于指示电源、装置异常状态。

（7）采用 RS-485 接口进行通信,一个采集器可以管理一个或多个 RS-485 接口电能表的数据传输,从而保证整个系统的兼容性。

（8）从系统的角度看,采集器相当于虚拟了 N 个 RS-485 的电能表,系统召读采集器中的数据相当于直接抄读系统中 RS-485 电能表。

5.外形结构及实物展示

外形结构在外形尺寸、安装尺寸、接线端子、通信接口、铭牌、标志标识方面应符合相关规定的要求。

（1）采集器 I 型外形及实物图。采集器 I 型外形尺寸为 160mm×112mm×71mm，采集器 I 型规范图如图 1-45 所示，采集器 I 型实物图如 1-46 所示。

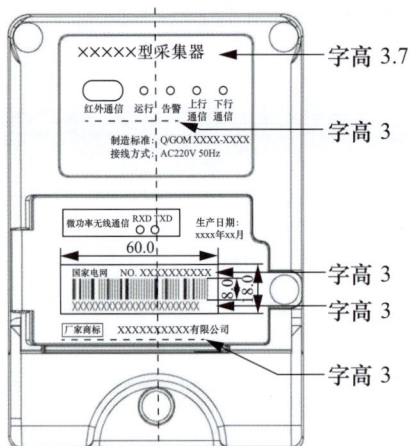

图 1-45　采集器 I 型规范图

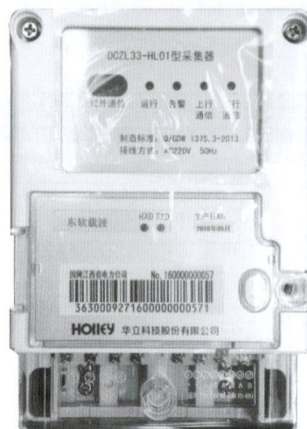

图 1-46　采集器 I 型实物图

注：未注字高 2.5mm

（2）采集器 II 型外形及实物图。采集器 II 型外形尺寸为 100mm×40mm×50mm，采集器 II 型规范图如图 1-47 所示，采集器 II 型实物图如图 1-48 所示。

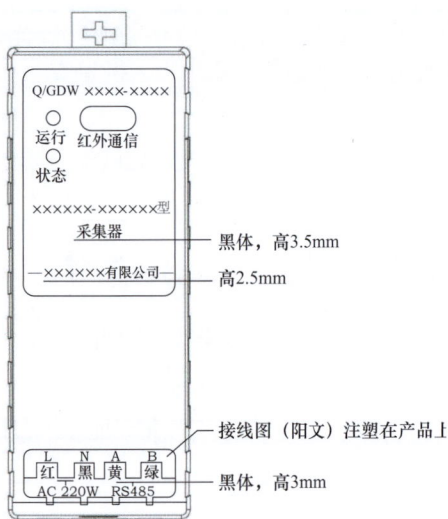

图 1-47　采集器 II 型规范图

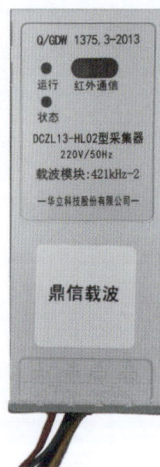

图 1-48　采集器 II 型实物图

注：未标注文字为黑体，高 2.5mm

6. 版本差异

版本差异如表 1-45 所示。

表 1-45　版本差异表

类别	II 型			I 型		
版本	2009 版	2013 版	2020 版	2009 版	2013 版	2020 版
外观	整体色卡号 PANTONE：Cool Gray 1 U			黑色端钮盒	接线端子座颜色：色卡号 PANTONE：Cool Gray 4 U	

续表

类别	Ⅱ型			Ⅰ型		
铅封	无			穿线式	卡扣式	增加卡扣式电子铅封
互换性	内置单一，不可换			不支持	支持	
载波	窄带	窄带；HPLC	HPLC	窄带	窄带；HPLC	HPLC
协议规约	DL/T 645-2007	DL/T 645-2007，增加 DL/T 698.45-2017	DL/T 698.45-2017	DL/T 645-2007	DL/T 645-2007，增加 DL/T 698.45-2017	DL/T 698.45-2017
波特率	2400bps	2400bps &9600bps	9600bps	2400bps	2400bps &9600bps	9600bps

五、通信模块

通信模块指用于电力用户用电信息采集系统主站与采集终端之间、采集终端与采集器之间、采集器/采集终端与电能表之间本地通信的通信设备。

（一）载波通信模块

载波通信模块采用电力线载波通信方式，用于集中器与采集器以及集中器与电能表之间通信的模块。低压电力线载波通信是利用电力线作为信息传输媒介进行语音或数据传输的一种特殊通信方式。该技术是把载有信息的高频信号（频率在10kHz~500kHz）以电流形式加载到电线或电缆上进行传输。接收端耦合器再把高频信号从电流中分离出来，经解调后还原原始数据。

1. 窄带载波

（1）优缺点分析。载波通信无须另外铺设通信线路，安装方便，可将电力通信网络延伸到低压用户侧，实现对用户电能表的数据采集，具有较强的适应性，在工程实施与安装环节有一定的成本优势。

但是载波通信存在信号衰减大、噪声源多、干扰强、受负载影响大等问题，通信的可靠性低，调试与运维难度较大。各厂家载波方案不兼容，不利于大规模居民集中抄表系统的推进。在技术层面上各厂家载波芯片方案不一致，各方案的设备间无法相互兼容，并限制了该技术的完善和发展。

（2）应用场景。载波通信适用于电能表位置较分散、布线较困难、用电负载特性变化较小的台区。主要采用全载波和半载波方式，其中全载方案集中器通过载波通信模块直接抄读载波电能表，适用于表计位置较分散的台区；而半载波方案则是通过采集器将载波信号转换为RS-485信号，适用于表计位置安装相对集中，且已安装有RS-485电能表的台区。

（3）技术特点。窄带载波通信主要采用FSK或PSK调制方式，传输速率不超过1000bps。不同厂家采用的技术有很大差别，主要体现在中心频率、调试方式、通信时间和通信速率等几个方面，主流厂家有青岛鼎信、青岛东软、深圳瑞斯康、北京福星晓程等厂家。以青岛鼎信为例，鼎信载波通信调制方式的调频FSK中心频点选择的是421kHz，跳时指的是选择工频同步过零点前后共3.3ms微分时间段内传输载波信号。充分考虑了工频过零时刻电网噪声小，421kHz的过零点时刻阻抗较稳定，衰减也较小。利用直序扩频技术扩展频谱以适应电网干扰，使得载波通信质量有显著提高。同时三相并发通信又覆盖了所有时段，避免了系统单相只使用1/3时间通信而造成对时间资源的浪费。

窄带单相模块和三相模块外观如图1-49所示；窄带单相模块和三相模块内部电路图如图1-50所示。

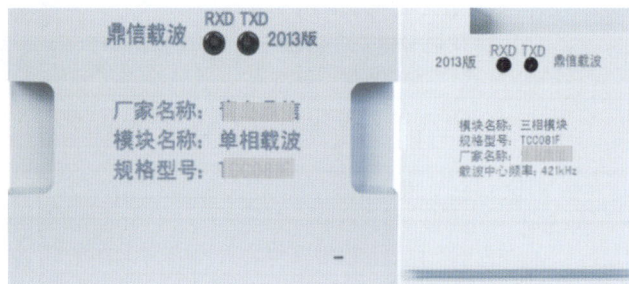

图 1-49 窄带单相模块和三相模块外观图

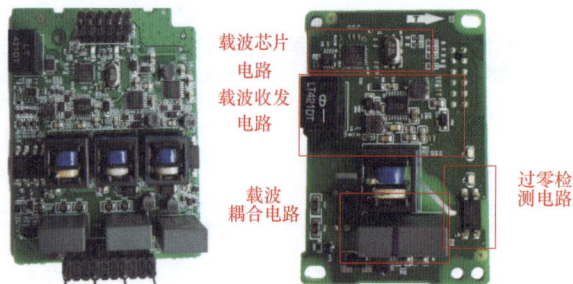

图 1-50 窄带单相模块和三相模块内部电路图

2. HPLC 宽带载波

HPLC 是高速电力线载波，也称为宽带电力线载波，是在低压电力线上进行数据传输的宽带电力线载波技术。宽带电力线载波通信网络则是以电力线作为通信媒介，实现低压电力用户用电信息汇聚、传输、交互的通信网络。宽带电力线载波主要采用了正交频分复用（OFDM）技术，频段使用 2MHz~12MHz。与传统的低速窄带电力线载波技术而言，HPLC 技术具有带宽大、传输速率高，可以满足低压电力线载波通信更高的需求。

（1）优缺点分析。采用 OFDM 技术，能有效抵抗多径干扰，使受干扰的信号仍能可靠接收，即使是在配电网受到严重干扰的情况下，也可提供高带宽并且保证带宽传输效率，传输速率可达 0.05~8Mbps，从而实现数据的高速可靠通信，具有通信速率高、抗干扰能力强等特点。可支撑全网远程在线升级、高频采集和相关深化应用。

（2）运用场景。HPLC 宽带载波技术具备高频数据采集、停复电主动上报、时钟精准管理、相位拓扑识别、台区自动识别、ID 统一标识管理、档案自动同步、通信性能监测和网络优化八大深化应用功能和场景，HPLC 宽带载波技术应用如图 1-51 所示。

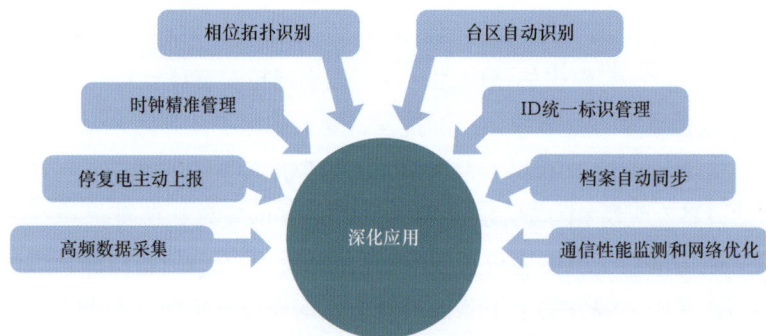

图 1-51 HPLC 宽带载波技术应用

（3）技术特点。HPLC 载波采用 OFDM 调制方式，将给定信道分成若干相互正交的子信道，将高速数据转成并行低速子数据流，在每个子信道上进行调制，各子信道数据并行传输，正交信号可以通过在接收端采用相关技术来分开，这样可减少子信道间的相互干扰，每个子信道上的信号带宽小于信道的相关带宽，因此每个子信道上可以看成平坦性衰落，从而可以消除码间串扰，而且由于每个子信道带宽仅是原信道带宽的一小部分，信道均衡变得相对容易，HPLC 宽带载波技术基本特点如图 1-52 所示。

国家电网发布统一的《低压电力线高速载波通信互联互通技术规范》系列标准，可实现各方案厂家载波通信协议互联互通，支持现场混装。

宽带单相模块和三相模块外观图如图 1-53 所示，宽带单相模块和三相模块内部电路如图 1-54 所示。

频谱利用率高	信道适应性强
基本特点	
抗干扰能力强	通信速度快

图1-52 HPLC宽带载波技术基本特点

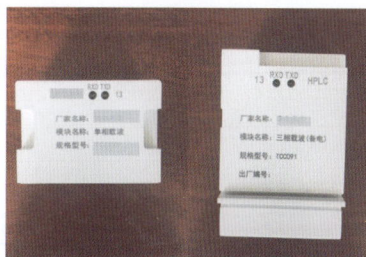

图1-53 宽带单相模块和三相模块外观图

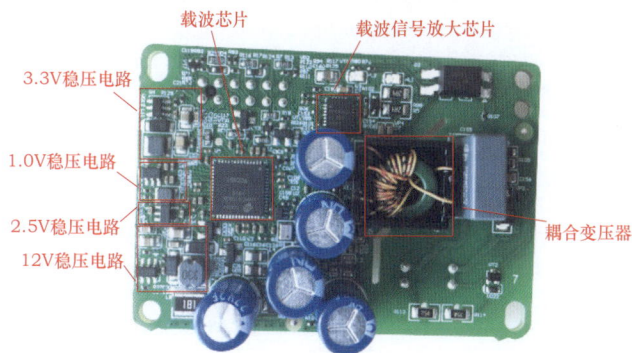

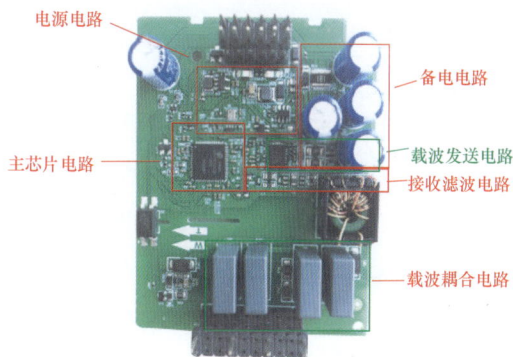

图1-54 宽带单相模块和三相模块内部电路

（二）终端通信模块

1.集中器/专变终端通信模块

（1）网络与参数。集中器通过GPRS/4G无线网络与主站进行通信，主要需要设置集中器中的设置参数F1、F3、F8、F16。在主站上用户可以一次设置多个参数，也可以设置单个参数。设置好以上参数后，需要等待集中器与主站建立连接。

通信模块向下兼容3G、2G网络，包含TDD_LTE、FDD_LTE、WCDMA、TDSCDMA、GPRS、EVDO、CDMA七种制式，上线可进行自行选择网络，并支持选择制式设置；可用于专变采集终端Ⅲ型、集中器Ⅰ型设备。该产品电磁兼容性能优良，允许热插拔，并能抵御高压尖峰脉冲、强磁场、强静电、雷击浪涌的干扰，且具有较强的温度自适应能力范围；支持TCP/UDP、PPP、FTP等内嵌协议。

（2）通信模块。集中器和主站通过以太网口进行通信，通过交换机和网线进行连接。主要是TCP客户端模式和TCP服务器模式两种。主站计算机网络IP和终端集中器IP要保持在同一个网段内。

（3）状态与指示。远程无线通信模块状态指示说明，远程无线通信模块指示灯如图1-55所示。

◆ 电源灯：模块上电指示灯，红色，灯亮表示模块上电，灯灭表示模块失电。

◆ NET灯：通信模块与无线网络链路状态指示灯，绿色。

◆ T/R灯：模块数据通信指示灯，红绿双色，红灯闪烁表示模块接收数据，绿灯闪烁表示模块发送数据。

◆ LINK灯：以太网状态指示灯，绿色，灯常亮表示以太网口成功建立连接。

◆ DATA灯：以太网数据指示灯，红色，灯闪烁表示以太网口上有数据交换。

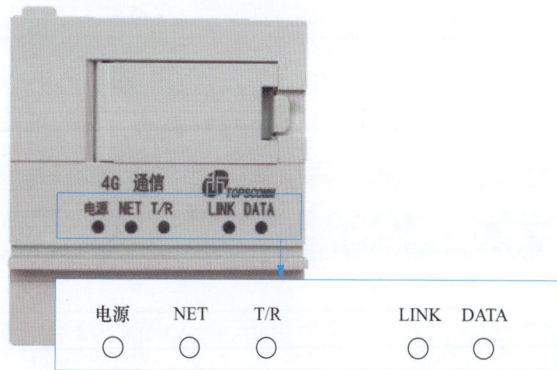

图1-55 远程无线通信模块指示灯

2.远程光纤通信模块状态指示说明

远程光纤通信模块状态指示灯示意图如图 1-56 所示。

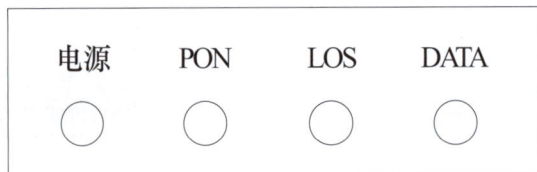

图 1-56　远程光纤通信模块指示灯示意图

◆ 电源灯：模块上电指示灯，红色，灯亮表示模块上电，灯灭表示模块失电。

◆ PON 灯：光纤模块注册指示灯，绿色，灯以亮一秒灭一秒交替闪烁表示模块正在注册，灯常亮表示模块注册成功。

◆ LOS 灯：光纤模块光路连接指示灯，红色，灯常亮表示光路不通，灯熄灭表示接收到光源。

◆ DATA 灯：光纤模块与本体通信指示灯，红绿双色灯，当光纤模块与本体之间采用串口通信时，红色闪烁表示模块接收数据，绿色闪烁表示模块发送数据；当光纤模块与本体之间采用以太网通信时，绿色常亮表示以太网成功建立连接，红色闪烁表示终端与模块之间有数据交换。

3.本地载波通信模块状态指示

集中器通过下行信道（载波模块）抄读下面挂载的各种表计，载波路由模块主要部分包括六个部分，分别为：与集中器（或上位机调试软件）通信的上行接口电路、路由模块的电源电路部分、路由的芯片电路部分、存储器电路部分、电力线载波通信电路部分及以太网口电路部分，载波通信模块指示灯如图 1-57 所示。

◆ 电源灯：模块上电指示灯，红色，灯亮表示模块上电，灯灭表示模块失电。

◆ T/R 灯：模块数据通信指示灯，红、绿双色，红灯闪烁表示模块接收数据，绿灯闪烁表示模块发送数据。

◆ A 灯：A 相发送状态指示灯，绿色，灯亮表示模块通过该相发送数据。

◆ B 灯：B 相发送状态指示灯，绿色，灯亮表示模块通过该相发送数据。

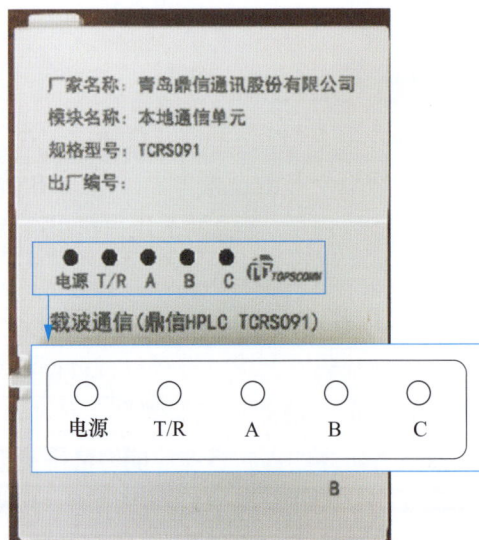

图 1-57　载波通信模块指示灯

◆ C 灯：C 相发送状态指示灯，绿色，灯亮表示模块通过该相发送数据。

以某厂家通信单元为例，智芯电能表载波通信单元指示灯状态显示说明如表 1-46 所示，智芯 II 型采集器指示灯状态显示说明如表 1-47 所示，智芯电能能表载波通信单元 TXD 灯亮故障分析如表 1-48 所示。

表 1-46　智芯电能表载波通信单元指示灯状态显示说明

工况	RXD（绿）灯、TXD 灯（红）	状态
启动阶段	TXD 灯（红）长亮 3s	正常
入网阶段	入网前：TXD 灯（红）亮 3s，灭 1s，周期轮循 入网后：RXD 灯（绿）、TXD 灯（红）全灭	正常
工作阶段	RXD 灯（绿）、TXD 灯（红），交替闪烁	正常

表 1-47　智芯Ⅱ型采集器指示灯状态显示说明

工况	运行灯（红）、状态灯（红绿双色）	状态
启动阶段	运行灯（红）快速闪烁，状态灯（红）闪烁每秒 2 次	正常
入网阶段	入网前：运行灯（红）亮 1s，灭 1s，周期轮循 状态灯（红）亮 2s，灭 1s 入网后：运行灯（红）亮 1s，灭 1s，周期轮循 状态灯常灭	正常
工作阶段	运行灯（红）亮 1s，灭 1s，状态灯红绿闪烁	正常

表 1-48　智芯电能表载波通信单元 TXD 灯亮故障分析

故障现象	原因分析	处理方法
电能表载波通信单元 TXD 灯亮 5 秒停 1 秒循环闪烁	台区档案错误	核查更新台区档案，确保档案正确
	通信单元安装异常	模块插装不可靠，接触不良等情况需重新插装
	通信单元未读到表地址	更换模块，确保设备无故障； 观察液晶屏左上角是否有 "-\/\-" 标志； 如无 "-\/\-" 标志，为电能表异常，需进一步排查

六、通信信道

用电信息采集系统通信信道包括远程通信信道和本地通信信道两部分，如图 1-58 所示。

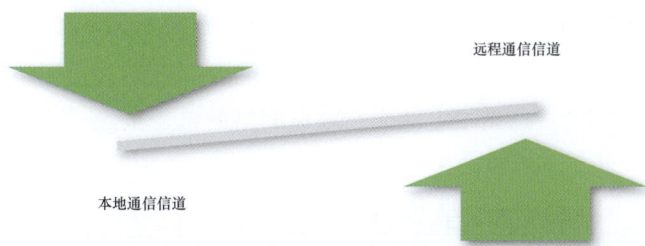

图 1-58　用电信息采集系统通信信道示意图

远程通信通道：指各类采集终端设备与采集系统主站之间的通信接入信道，一端连接采集系统主站，另一端连接专变采集终端或集中器，以及具备远程通信功能的智能电能表。可供选择的通信技术较多，包括无线公网、无线专网、光纤专网、中压电力载波等，可以是其中的一种通信方式，也可以是多种通信方式的组合。

本地通信通道：指各类采集终端与电能表之间的通信信道，本地通信常见的通信方式包括电力线载波通信技术、微功率无线技术和 RS-485 总线等。

（一）用电信息采集远程通信技术

远程通信信道实现主站系统与现场终端之间的数据传输通信功能。常见的用电信息采集系统的远程通信信道主要有光纤通信信道，GPRS、CDMA 等无线公用通信信道，230MHz 无线电传输通信专网，中压电力线载波等，主站可以同时支持各种通信信道类型，常见用电信息采集远程通信技术如图 1-59 所示。

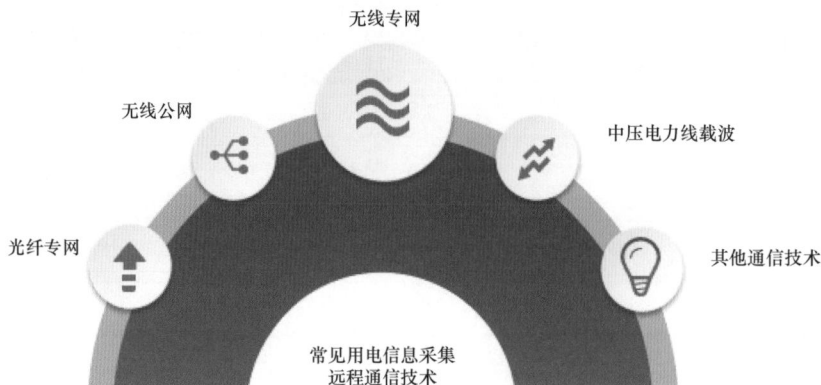

图 1-59　常见用电信息采集远程通信技术

　　某一种通信信道类型很难适应各种现场实际情况，为实现用电信息采集对象的全面覆盖，系统的建设通常需要因地制宜，根据用户的环境特性选择合适的信道，整个系统同时使用多种信道来完成系统的数据采集通信。

　　1. 光纤通信技术

　　光纤通信传输距离远，通信速率快，组网灵活，是一种理想的远程通信信道，但初期投资较大，国家电网公司骨干通信网已基本实现光纤化，拥有光缆总长度超过 100 万 km，主要采用 OPGW、ADSS 和普通光缆，终端通信接入网主要采用 EPON 技术，但光纤专网适宜的敷设范围主要在城市和城镇，广大农村地区还要靠其他信道解决。

　　(1) 通信技术原理。光纤通信是利用光波在光导纤维中传输信息的通信方式。光纤通信又分为有源光网络通信和无源光网络通信。有源光网络是指局端设备 (CE) 和远端设备 (RE) 之间，通过有源光传输设备相连，在节点和节点之间都需要经过"光—电—光"的转换。无源光网络 (PON) 作为一种新兴的宽带接入光纤技术，其在光分支点不需要节点设备，只需安装一个简单的光分支器即可。

　　(2) 适用范围和对象。基于配电网络敷设的光纤专网还需要变电站通信网络的续接，除了投资成本外，在适用范围上受到两个方面的制约：一是变电站光纤通信网络的覆盖范围；二是工程施工所能敷设的范围。在架空线路上铺设光缆成本很低，适合铺设在具有电力管道路径的线路上，铺设比较适合；在没有电力管道路径的线路上，需要综合考虑铺设的成本、难度等因素。

　　2. 无线公网通信

　　(1) 通信技术原理。无线公网通信信道是指由通信运营商建设和维护，主要为公众用户提供移动语音和数据服务的无线通信网络。用电信息采集系统 (简称用采) 的无线公网通信是指电力计量装置或终端通过无线通信模块接入到无线公网，再经由专用光纤网络接入到主站采集系统的应用，供电公司使用的无线公网主要有 GPRS、CDMA、4G 三种。

　　在 GSM 移动通信的发展过程中，GPRS 是移动业务和分组业务相结合的第一步，也是采用 GSM 技术体制和第二代移动通信技术向第三代移动通信技术发展的重要里程碑。GPRS 通过利用 GSM 网络中未使用的 TDMA 信道，提供中速的数据传输，突破了 GSM 只能提供电路交换的思维方式，通过对现有基站系统进行部分改造来实现分组。交换使用户在数据通信过程中并不固定占用无线信道，实现对信道资源的高效利用。

　　GPRS 和 GSM 共用相同的基站和频谱资源，只是在现有的 GSM 网络基础上增加一些硬件设备，对软件进行升级，就能面向用户提供移动分组的、端到端的、广域的无线 IP 连接。

　　CDMA 是在数字移动通信发展进程中出现的一种先进的无线扩频通信技术，具有频谱利用率高、话音质量好、保密性强、掉话率低、电磁辐射小、容量大、覆盖广等特点，可以大量减少投资，降低运营成本。CDMA 通信系统中，不同用户传输信息所用的信号不是靠频率不同或时隙不同来区分，而是用各自不同的编码序列来区分，或者说靠信号的不同波形来区分。如果从频域或时域来观察，多个 CDMA 信号是互相重叠的。接收机用相关器可以在多个 CDMA 信号中选出其中使用预定码型的信号。其他使用不同码型的信号因为和接收机本地产生的码型不同而不能被解调。

4G 通信技术并没有脱离以前的通信技术，而是以传统通信技术为基础，采用了一些新的通信技术，来提高无线通信的网络效率和功能。4G 关键技术包括信道传输抗干扰性强的高速接入技术、调制和信息传输技术高性能、小型化和低成本的自适应陈列智能天线；大容量、低成本的无线接口和光接口；系统管理资源；软件无线电、网络结构协议等。主要以正交频分复用（OFDM）为技术核心。OFDM 技术的特点是网络结构高度可扩展，具有良好的抗噪声性能和抗多信道干扰能力，可以提供比目前无线数据技术质量更高（速度高、时延小）的服务和更好的性能价格比。

（2）三种无线公网通信技术比较如表 1-49 所示。

表 1-49　三种无线公网通信技术比较表

内容	GPRS	CDMA	4G
通信速率	20kbps	53.6kbps	20Mbps
在线情况	永久在线	永久在线或远端唤醒	永久在线
网络分布	覆盖所有的市	覆盖大部分地市	覆盖所有的市
信道使用	与语音使用相同信道，容易受干扰	专用载频和信道，不易受干扰	不易受干扰
发展情况	技术成熟稳定但逐步退役	技术成熟稳定	技术成熟稳定
电网应用	使用较多	使用少	使用最多

（3）适用范围和对象。无线公网通信适用于各种地域范围广、分散度高、位置不确定、又要求建设和使用成本都十分低廉的数据采集应用场合，只要在应用环境中有无线公网的信号覆盖，就不受地理环境、气候、时间的限制。在实际应用中，无线公网信道平均响应时间不大于 5s，单次通信数据量大，可以通过主站软件和硬件的调整来满足接入终端数量增加和需要，具有很强的可扩展性，因此无线公网可以应用于居民集抄、专用配电变压器、发电厂等用电信息采集的组网。

3. 无线专网通信

（1）通信技术原理。无线专用通信信道主要指基于 230MHz 无线电数据传输通信技术的网络，230MHz 无线专用网络使用国家无线电管理委员会批准的电力负荷管理系统专用频点，230MHz 无线专网主站电台与终端使用一对频点，同一频点下的每个终端都可以接收到主站的无线信号，因此同一频点下终端需要独立的身份编号，终端识别信号后做出响应，完成通信。230MHz 无线自组网在同一个频点下是一个点对点的通信系统。随着我国通信工业的发展，无线公网基本实现地上地下全覆盖，各供电公司使用 230MHz 较少。

（2）适用范围和对象。从 230MHz 无线自组网技术的通道特性来看，230MHz 无线自组网技术适用于以平原或丘陵地带为主，且用户分布密度高的地区。由于 230MHz 的实时性与安全性，主要用于大用户负荷控制、负荷峰谷差大或负荷供应紧张的用户，以及特殊环境下的定向通信。

4. 中压电力线载波通信技术

（1）通信技术原理。中压电力线载波通信技术是在 10kV 或 35kV 中压电力线路上，加载经过调制的高频载波信号进行通信。中压电力线载波是电力系统特有的通信技术，网络结构和电网拓扑一致。在用电信息采集系统中，中压电力线载波可以作为采集终端或集中器至变电站的远程通信通道。

（2）适用范围和对象。中压电力线载波利用 10kV 架空线路或电缆进行数据传输，具有与配电线路同步到达用户，不需向运营商缴纳线路租用费用，专网专用安全性高的特点，作为用电信息采集远程信道，在部分地区有应用，主要用于公用变压器（简称公变）/专用变压器（简称专变）用户数据采集。

5.其他通信技术

（1）有线电视通信网。利用广播电视系统的有线电视通信网络作为用电信息采集远程通道，可充分利用公共通信网络资源，但受广播电视部门政策干预的影响较大，且各地有线电视通信网络的商业运营政策不统一，易受有线电视通信网络数字化双向通信改造进度的影响。应用起步较晚，在四川和山东有试点应用。

（2）双向工频通信技术。工频通信技术是国外新兴的配电网双向数字通信技术，是一种特殊的电力线通信技术。1978 年，美国科学家 Johnston R H 提出一种在电力线路上调制电压波形来实现信息传输的方法，形成单向工频通信的基本理论。1982 年 Mak S T 在此基础上提出了一套较完整的系统理论，即双向自动通信系统对上述方法的双向信号调制模型、传输模型和测试方法进行了研究和改进。双向工频通信技术就是在此理论基础上发展起来的一种特殊的电力线通信技术。

6.远程通信方式比较

几种远程通信方式比较如表 1-50 所示。

表 1-50　几种远程通信方式比较

传输方式	光纤专网	无线公网	无线专网	中压电力线载波
建设成本	光纤建设及硬件设备成本高	成本极低	成本较低	成本较低
运行维护	维护费用低，多重业务综合应用	第三方维护，按流量收费，运行成本高，受制于人	维护费用较低	维护费用高
容量	容量巨大	容量不受限制	容量有限	容量极低
可靠性	高速，高可靠性	速率较高，并发量大，可靠性较好	可靠性较好	可靠性较差
信息安全	专网运行，安全性高	公网的专线信道，安全性较差	无线专网运行，安全性高	专网运行，安全性高
影响因素	完全不受电磁干扰和天气影响	受具备信道容量影响	受电磁干扰、地形影响较大	受电网负荷和结构影响大
通信实时性	二层通信，网络实时性强	并发工作，具有传输延时，采集数据实时性高	单次通信快速，但轮循工作方式，速率低采集数据实时性差	轮循工作方式，实时性差

（二）用电信息采集本地通信技术

本地信道用于现场终端到表计的通信连接。高压用户在配电间安装专变采集终端到就近的计量表计，采用 RS-485 方式连接。而在低压用户中，在一个公用配电变压器（简称配变）下有大量电力用户，用电容量小，计量点分散，需要通过一个低成本的本地信道方式将信息集中，再进行远程传输到系统主站。在低成本解决方案中，低压电力线载波、微功率无线网络成为可选择方案。

电力线载波通信指利用电力线作为通信介质进行数据传输的一种通信技术，它是将所要传输的信息数据调制在适于电力线介质传输的低频或高频载波信号上，并沿电力线传输，接收端通过解调载波信号来恢复原始信息数据。利用低压电力线（220V/380V）传输载波信号的技术称为低压电力线载波通信，用电信息采集本地通信主要利用低压供电线路进行数据传输。电力线载波通信可分为电力线窄带载波通信和电力线宽带载波通信两类。

1. 低压窄带电力线载波

（1）通信技术原理。低压电力线窄带载波通信频率范围为 3k~500kHz。低压电力线窄带载波通信理想通信速率可达 100kb/s 以上，考虑到低频噪声分布、不同应用的频带划分、抗干扰通信技术，以及调制方式等因素，实际应用速率在 10 kib/s 以下。电力线室带载波通信主要用于用电信息采集、智能家居能源管理、楼宇自动化监控和路灯控制等领域。低压电力线窄带载波通信技术用于用电信息采集系统，应用时间较早，规模最大。近年来，随着低压电力线载波通信技术逐步完善，国内有十余家企业专注于技术开发和应用，采用的技术主要有扩频加窄带频移键控、扩频加窄带相移键控、正交频分复用等。由于大部分芯片厂家采用各自的企业标准，频率选择、调制方式、传输技术及组网技术各有特点，难以实现互操作。

（2）适用范围和对象。电力线宽带载波通信特点是通信速率高、实时性强抗干扰能力强、传输可靠性高，相对于窄带载波通信传输距离较短，适用于对通信实时性和通信带宽要求较高的通信业务应用。20 世纪 90 年代中后期，低压电力线宽带载波通信技术得到了迅速的发展。

在国内，电力线宽带接入已经有了多年的运营实践，在用电信息采集方面也有了大量的应用。我国多家公司的产品在电力线宽带接入和基于电力线宽带的用电信息采集等方面都有了较为成熟的应用。在用电信息采集领域，电力线宽带载波更侧重于向高通信可靠性、低功耗、低成本、智能路由、快速自组网方向发展。当前部分电力线宽带载波方案已经满足模块化安装至电能表的要求业务上，电力线宽带载波向智能用电服务、智能楼宇、智能家居等领域拓展应用，承载多种业务。

2. 微功率无线通信技术

（1）通信技术原理。微功率无线通信技术容易统一无线电频率、调制方式、调制频偏、数据，传输速率等参数，方便实现互联互通。应用于用电信息采集的微功率无线通信技术采用自组织网络构架，其发射功率不大于 50mW，工作频率为公共计量段 470~510MHz，符合《微功率（短距离）无线电设备的技术要求》（信部无〔2005〕423 号）的规定用电信息采集微功率无线通信系统，具有 7 级中深度，在低功率发射的情况下，开阔场地点对点通信距离可达 300m，在实际的居民用电环境中通过多级中继路由，有效通信覆盖半径达到 300~1000m。

（2）适用范围和对象。适用于测量点相对比较分散的场合，如：城市或农村一户一表的情况；对集中装表的场合，每个计量表箱内安装一个无线采集器；在电网质量恶劣无法为载波提供良好的信道的情况下；在用户负载变化大，载波信道不稳定的场合；作为电力线载波通信的补充。

3. RS-485 总线通信技术

（1）通信技术原理。在用电信息采集系统范畴中，RS-485 将专变采集终端、载波采集器、无线采集器，或集中器与电能表之间采用两线制建立连接，是实现数据通信的符合 TIA/EIA-485 串行通信标准的总线协议。电能表、专变采集终端、载波采集器、无线采集器、Ⅰ型集中器、Ⅱ型集中器均配备有 RS-485 接口。电能表的 RS-485 接口处于弱电端子排，占用两个端子，分为 A 和 B；集中器配备有两路 RS-485 接口，其中一路是抄表用，另一路是上行 / 维护用；Ⅰ型集中器配备有两路 RS-485 接口，其中一路用于接台区总表，另一路用于级联在使用过程中需要按照 A-A 与 B-B 的方式组成总线式网络。

（2）适用范围和对象。RS-485 在用电信息采集系统中已经有多年的应用，已经非常成熟，适用于表箱内采集设备和表计的连接；专变采集终端和电能表之间的通信；集中器和台区关口表的通信等。

4. 本地通信方式比较

几种本地通信方式比较如表 1-51 所示。

表 1-51　几种本地通信方式表

本地网络技术类别	低压窄带载波	低压宽度载波	微功率无线通信	RS-485 总线
通信可靠性	可靠性较好，但与电网特性相关变化	可靠性较高	可靠性较高	
传输速率	通常为 300bit/s 以上，1200bit/s 以下；单帧有效数据载荷小，支持三相多功能表大数据量困难	大于 512bit/s	上万 bit/s；单帧有效数据载荷可达 1600bit/s 以上，可支持三相多功能表大数据量	1200bit/s-9600bit/s
通信实时性（基于一次采集成功率）	一般	较好	较好	较好
安装、调试和运维	电力线即为通信线，安装方便；电网信号质量好时调试和维护量较小	电力线即为通信线，安装方便，但由于通信距离受限，可能需要加装中继	无需布线，无线组网较易实现智能化，安装、调试和运维量较小	建筑物内各用户之间或现场楼群之间铺设通信线，对已建成社区安装工作量较大
影响因素	受负载特性及特性随时间变化的影响，需要组网优化	高频信号衰减较快，在长距离通信中需要中继组网	天线有被人为损坏的可能	线路易受损，故障定位和恢复困难

第三节　用电信息采集系统介绍

一、建设历程

用电信息采集系统（简称采集系统）是对电力用户的用电信息进行采集、处理和实时监控的系统，实现用电信息自动采集、计量异常监测、电能质量监测、用电分析和管理、相关信息发布、分布式能源监控、智能用电设备信息交换等功能。采集系统是智能电网的重要组成部分，是营销业务应用重要的数据支撑平台。采集系统以"互联网+"设计指导思想，充分运用大数据、云计算和人工智能等前沿技术，实现海量电能表数据快速采集、高效入库、海量数据存储与计算，具有强大的数据处理与分析能力。

采集系统是由国家电网公司统一规划，各网省公司根据国家电网标设和各省实际情况进行二级部署。国网安徽电力于 2010 年 10 月启动采集系统建设工作，上线后实现了线上自动化抄表、计量装置远程控制、档案信息电子化等功能。2017 年 4 月 21 日完成新架构升级改造，新升级系统使用先进的分布式架构和大数据分析计算技术，在数据集成、数据存储、实时计算、分析挖掘等多个层面进行了提升。

经过十余年的发展，现行采集系统已具备"全采集""全覆盖"功能。在采集数据方面，高压专变用户具备电能、电压等示值、负荷曲线 96 点数据采集以及重要事件的实时上报能力，低压用户在应用高速载波通信（HPLC）技术的基础上，实现了 15 分钟电能、电压等示值、负荷曲线 96 点数据采集。采集系统支撑公司营销、交易、发展、调度、运检、互联网等多个专业部门，提供数据共享服务，日均共享原始数据 1 亿余条、分析统计数据超 3000 万条，有效支撑营销电费发行、市场化交易用户清分结算、配网运行状态监测与调度、供电电压质量监测等 40 余项业务应用。

随着新能源、微电网、互动式设备的大量接入，居民用电需求的快速增长，采集数据已从"电量"数据扩展到"电力"数据采集，从"单一"数据扩展到"全量"数据采集，从"定时"单次采集逐步转变为"实时高频"采集，从"日频次"采集逐步提升至"分钟级"采集、实时上报，现有的采集系统难以支持海量数据采集的业务需求。同时，电力现货市场化交易、负荷动态预测、源网荷储协同互动等高频实时数据采集需求不断增加，各类传感器设备日益增多，催生设备状态实时感知、故障实时诊断、负荷精准调节、台区用能优化秒级控制等电网数字化新业务，对现行的系统采集能力提出了更高的要求。在与其他业务部门及系统进行数据共享时，采集系统与各专业系统共享的接口多，交互的数据量巨大，受传统计算框架限制，对万亿字节（TB）级别的海量数据实时处理能力有限，系统架构弹性扩展能力不足，在服务实时性业务时，时延较大，在分析处理的时效性上捉襟见肘。且现行采集系统是基于密钥体系进行安全防护，措施较单一，没有建立系统性的灾备体系，当遭受国家级网络攻击或重大灾难时，系统无法进行正常的数据采集和共享。

面临新政策、新形势、新业务、新要求、新挑战，现行采集系统亟须优化架构和功能设计，全面提升智能化、数字化水平，实现设备全面感知、需求侧实时响应、用户友好互动等功能，以满足政府外需、公司数字化转型内需、用户用能软需、新兴营销业务支撑刚需等四大需求。

在国家电网公司市场营销部的统一部署和指导下，国网安徽电力作为国家电网公司第一批试点建设的六家省公司之一，以"两级部署、多级应用、统一数模、透明管控"为建设原则，于2021年5月份正式启动采集2.0建设工作。新一代用电信息采集系统聚焦"全量数据按需采集、设备状态动态感知、台区能源柔性控制、客户需求应用互动、数据灵活高效共享"五大核心业务功能，围绕主营业务场景，以"感知数据总入口、控制指令总出口"为定位，充分利用5G、北斗通信与大数据、人工智能、数字孪生等技术手段，设计弹性扩展、平滑升级、稳定可靠的新架构，支持用户侧能源设备的广泛接入，满足海量终端设备的"即插即采即用"，有效整合能源运行数据和用电行为数据，推动营销业务数字化发展，繁荣数字化生态。进一步筑牢采集数据基础，向下支持新型设备安全接入，向上支撑业务应用需求不断拓展。高标准开展系统性能和功能设计，提升实时数据采集、处理和高效共享能力，支撑台区用能优化、源网荷储设备协同调度及客户用能信息高效分析诊断，面向不同岗位人员、不同专业需求、不同类型客户提供定制化服务。同时，遵循总部建设规范，打造采集2.0坚实基座，完成标准微应用开发上线，实现总部侧主站与省侧主站高效协同。考虑安徽特色需求，面向不同业务场景配置个性化任务，打造采集系统功能应用新场景，实现客户侧用能全面感知、实时交互，满足国网安徽电力能源互联网建设与发展新形势。用电信息采集系统建设历程如图1-60所示。

图1-60 用电信息采集系统建设历程图

二、系统架构

（一）物理架构

现行采集系统主站新架构包括采集层、通信层、存储与计算层、综合应用层和数据发布层。采集层由各类终端、智能电能表等设备组成；通信层由网关、前置、入库服务、任务管理等模块组成；存储与计算层由大数据平台、Oracle关系数据库等组成；应用层由Web、系统监控、后台服务程序等模块组成；数据发布层由统一数据发布平台、采集与营销系统接口组成。具体架构图如图1-61所示。

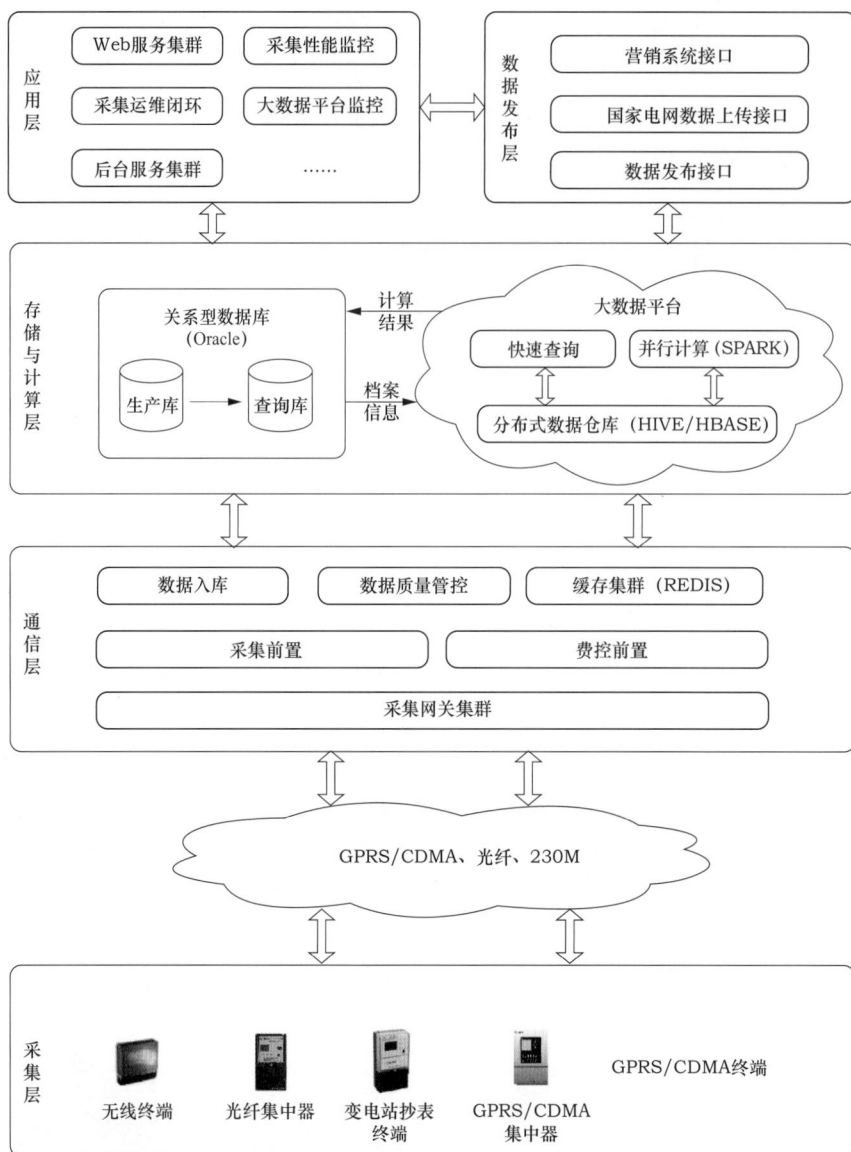

图 1-61　现行采集系统物理架构图

新一代用电信息采集系统（以下简称采集 2.0）基于"1+27"部署模式，总部侧包括"一个基座、一个商城、两个平台"，其中，基座包括基础资源层、数据直采层（关口数据）、数据汇聚层、综合服务层，为两个平台与一个商城提供基础支撑；应用商城主要包括微应用统一管理以及微应用商城的统一管理；管控平台主要包括标准化管控、微应用管控以及业务指标管控；应用平台为总部拓展衍生面向电网、用户服务以及社会与政府服务的业务应用。省侧划分为生产调控层、业务应用层以及运维管理平台，生产调控层主要包括"一个中心、一个平台"即生产调控中心与采集平台，其中，生产调控中心由调控基座、调控策略管理、调度控制执行、调控效果评估等组成；采集平台主要面向设备数据感知与采集以及系统间数据采集，实现数据统一汇聚。业务应用层包括"一个基座、一个平台"即省侧基座与微应用平台，其中，基座包括基础资源层、核心能力层、综合服务层以及统一交互层；微应用平台主要包括面向总部侧下载部署的标准化微应用以及各省申报后的差异化微应用。运维管理平台主要包括系统运行监控、故障定位、主动告警以及资源统一管理。安全防护架构综合考虑总部侧与省侧部署架构，实现网络安全、数据安全、控制安全、应用安全以及交互安全。

同时采集 2.0 按应用场景划分为通信接入层、数据存储层、计算分析层、高级应用层，多层级高标准满足技术要求。通信接入层基于新一代通信技术，实现物联接入动态拓展、海量设备并发通信、集群规模弹性伸缩，满足全量数据的定制化与分钟级采集、设备秒级控制等高频采集需求。数据存储层基于分布式实时数据仓库、离线数据仓库、新型关系型和非关系型数据库，构建面向多源异构、结构化、非结构化的存储模式，通过数据生命周期管理和灵活的存储策略实现"冷、温、热"数据分离，提高系统数据应用效率。计算分析层基于流式计算、分布式并行计算和交互式计算等技术，实现海量数据实时计算、批量快速处理，强化Web端交互统计，满足不同业务不同场景对计算频率的需求。高级应用层基于人工智能、数字孪生、大数据处理等技术，实现实时分析、智能互动、智慧应用，支撑实时停电分析、负荷柔性调节、主动需求响应、千人千面人机交互等业务；基于统一的微服务架构和容器技术实现应用的定制化和业务个性化，从而满足各类系统差异化数据共享需求。具体架构图如图 1-62 所示。

图 1-62 采集 2.0 系统架构图

（二）业务架构

现行采集系统业务架构设计上划分四大功能部分，分别是流处理子系统、分布式存储与并行计算系统子系统、数据挖掘子系统、业务全景展现与发布子系统，采集系统业务架构图如图 1-63 所示。

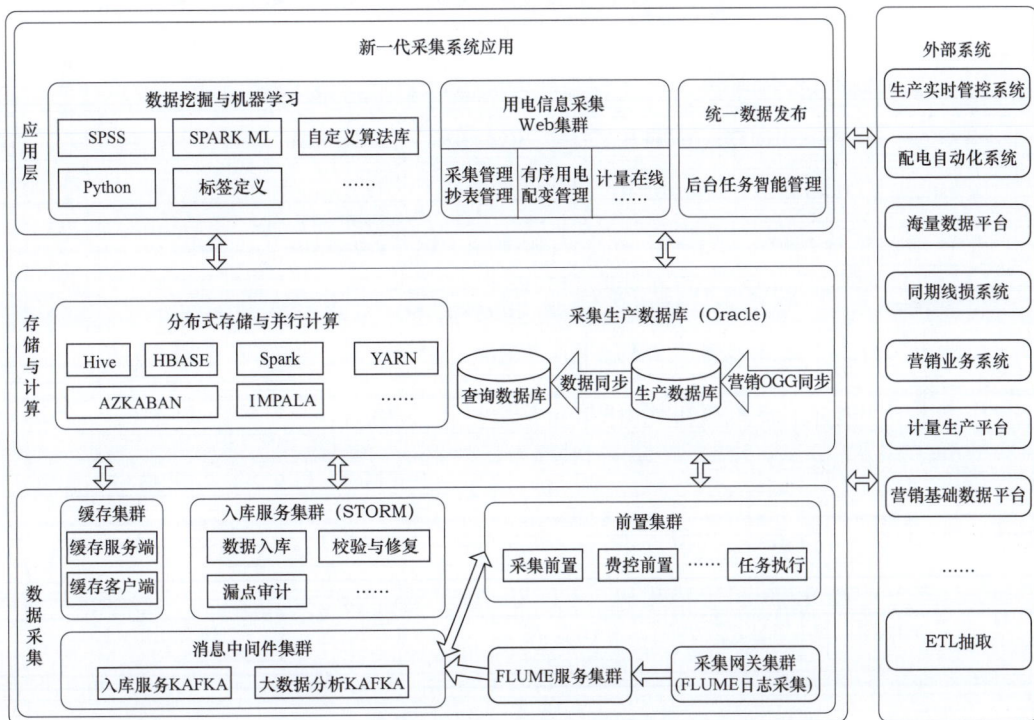

图 1-63 采集系统业务架构图

流处理子系统：由日志获取、消息队列、流处理和缓存组件组成。实现功能包括配电网停上电事件实时分析与推送、抄表失败明细实时刷新、负荷数据异常实时校验、日冻结抄表数据实时校验、全量报文入库等功能。

分布式存储与并行计算系统子系统：由分布式数据库＋全文检索＋分布式数据仓库＋数据分析引擎＋分布式计算框架组件组成，解决海量数据快速存储和高效统计查询，实现高频、跨时段、多维度的快速统计，解决各类管控指标统计效率慢、计量在线监测运行时间长等问题。

数据挖掘子系统：由算法库＋模型库＋数据预处理模块组件组成，实现电能表整体运行状态评价与健康度分析、防窃电分析、采集运维质量预控与工作效能分析等功能。

业务全景展现与发布子系统：基于微服务和大数据全景可视化技术，通过对 Web 模块按业务进行拆分，实现功能敏捷开发和快速迭代。

（三）功能架构

现行采集系统在功能架构设计上主要包含五个部分，分别是网关、前置、入库服务、数据存储与计算、展现层，采集系统功能架构图如图 1-64 所示。

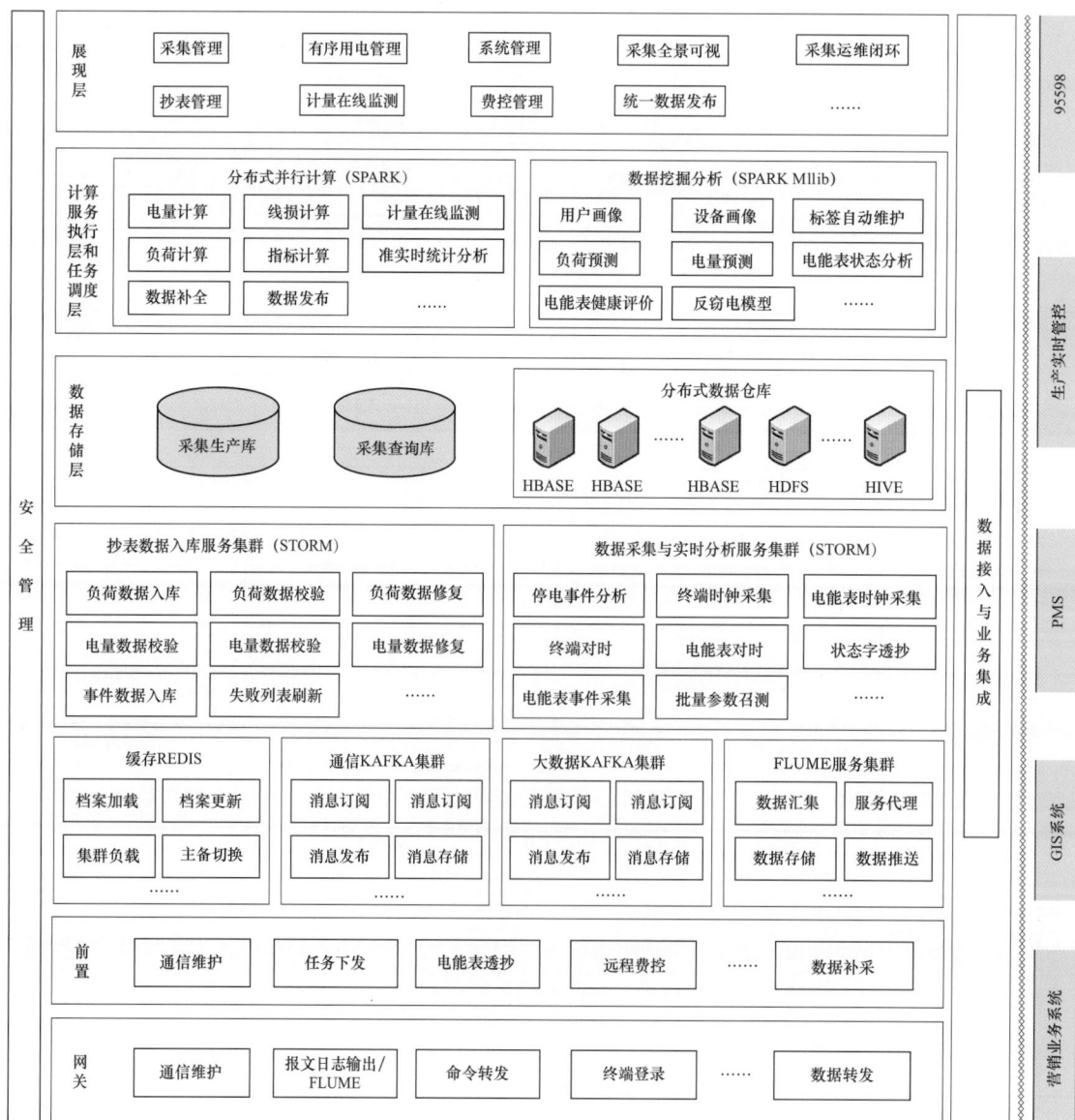

图 1-64　采集系统功能架构图

网关：执行的任务包括终端登录、数据转发、报文日志输出、通信维护、命令转发等。

前置：负责执行系统任务，包括采集类任务、控制类、参数类任务。其中采集类任务有 Web 数据召测；控制类任务有远程复电、远程停电、预购电；参数类任务有终端参数下发、终端时钟召测下发、电能表时钟召测与下发等。

入库服务：入库服务架构由消息中间件集群、日志抓取组件、缓存、流处理和后台任务程序组成。入库服务程序分为抄表数据入库服务集群、数据采集与实时分析服务集群，其中入库服务集群实现日冻结电能示值、功率曲线、电压曲线、电流曲线、需量、电压合格率、准实时负荷及终端与电能表事件数据入库；数据采集与实时分析服务集群实现电能表状态字、时钟、事件和终端时钟及参数等数据入库。

数据存储与计算：从功能上可划分为数据存储层、计算服务执行层和任务调度层，支持海量采集数据存储、任务调度、分钟级全量计算，后台计算服务，实现任务流动态配置，执行日志实时记录/展示，后台定时计算任务全自动化运行。

展现层：新一代采集系统的布局按照业务进行模块化展示，提炼采集系统中的核心功能模块，精简冗余功能，外部通过统一登录门户访问，各模块作为独立系统应用，具备各自主页及相应菜单功能项，使得用户操作更加便捷直观。

三、工作原理

（一）数据采集原理

集中器按照抄表任务，通过 RS-485 接口或无线载波方式自动向各计量表计抄取各类数据信息并存储，用电信息采集系统根据不同用户生成数据采集策略，完成数据采集。其中，数据采集前，需完成档案下装、采集策略配置等工作，将用户信息与表计数据进行匹配，确保数据的一致性、时效性。

1.数据通信原理

数据通信是通信技术和计算机技术相结合而产生的一种新的通信方式。它的通信方式是指通信的双方或多方之间的工作形式和信号传输的方式。如果要在两地间传输信息必须有传输信道，根据传输媒体的不同，分为有线数据通信与无线数据通信，但它们都是通过传输信道将数据终端与计算机联结起来，而使不同地点的数据终端实现软、硬件和信息资源的共享。

（1）数据通信系统。一个完整的数据通信系统，一般由以下几个部分组成：数据终端设备、通信控制器、通信信道、数据通信设备，如图 1-65 所示。

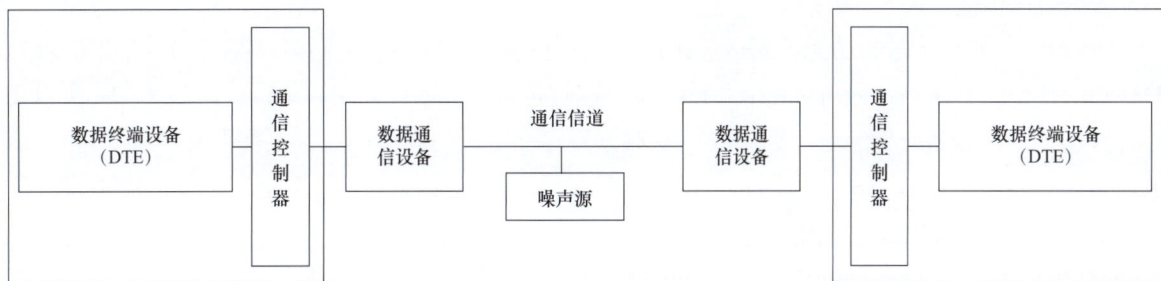

图 1-65　数据通信系统

数据终端设备——英文名称为 Data Terminal Equipment（DTE），即数据的生成者和使用者，它根据协议控制通信的功能。最常用的数据终端设备就是网络中的微机。

通信控制器——它的功能除进行通信状态的连接、监控和拆除等操作外，还可接收来自多个数据终端设备的信息，并转换信息格式。

通信信道——它是信息在数据通信设备之间传输的通道。如电话线路等模拟通信信道、专用数字通信信道、宽带电缆和光纤等。

数据通信设备——英文名称为 Data Communication Equipment（DCE），它的功能是把通信控制器提供的数据转换成适合通信信道要求的信号形式，最大限度地保证传输质量。

（2）通信过程。数据在通信线路上进行传输。通常来说，从源结点到目的结点之间的数据通信需要经过若干中间结点的转接。常用的交换技术有电路交换、报文交换和分组交换。下面以电路交换为例介绍其原理。

电路交换经过三个过程。

1）电路建立。在传输任何数据之前，要先经过呼叫过程建立一条端到端的电路。若 H1 站要与 H3 站连接，典型的做法是，A 结点选择经 B 结点的电路，并告诉 B 它还要连接 C 结点；B 再呼叫 C，建立电路 BC。最后，结点 C 完成到 H3 站的连接。这样 A 与 C 之间就有一条专用电路 ABC。

2）数据传输。电路 ABC 建立以后，数据就可以从 A 发送到 B，再由 B 交换到 C；C 也可以经 B 向 A 发送数据。在整个数据传输过程中，所建立的电路必须始终保持连接状态。

3）电路拆除。数据传输结束后，由某一方（A 或 C）发出拆除请求，然后逐节拆除到对方结点。

（3）主要技术指标。数据通信的主要技术指标是衡量数据传输的有效性和可靠性的参数。有效性主要由数据传输数据速率、调制速率、传输延迟、信道带宽和信道容量来衡量。常用的数据通信的技术指标有以下几种。

1）信道带宽：信道可以不失真地传输信号的频率范围。传输模拟信号时，单位为赫（Hz），传输数字信号时，单位为比特/秒（bit/s），简记为 bps。

2）数据传输速率（bps）：数据传输速率是指信道在单位时间内可以传输的最大比特数。局域网的带宽一般为 10Mbps、100Mbps、1000Mbps，而广域网的带宽一般为 64kbps、2Mbps、155Mbps、2.5Gbps 等。

3）差错率/误码率：描述信道或者数据通信系统质量的一个指标，是指数据系统正常工作状态下信道上传输比特总数与其中出错比特数的比值。

4）传输延迟：是指由于各种原因的影响，而使系统信息在传输过程中存在着不同程度的延误或滞后的现象。

计算机网络中传输的信息都是数字数据，计算机之间的通信就是数据通信方式，数据通信是计算机和通信线路结合的通信方式。根据所允许的传输方向，数据通信方式可分成单工通信、半双工通信、双工通信三种方式。

（3）数据通信传输方式。

1）并行传输。并行传输指的是数据以成组的方式，在多条并行信道上同时进行传输。常用的就是将一个字符代码的几位二进制码，分别在几个并行行道上进行传输。例如，采用 8 单位代码的字符，可以用 8 个信道并行传输，一次传送一个字符，因此收、发双方不存在字符的同步问题，不需要加"起""止"信号或者其他信号来实现收、发双方的字符同步，这是并行传输的一个主要优点。但是，并行传输必须有并行信道，这带来了设备上或实施条件的限制。

2）串行传输。串行传输是构成字符的二进制代码在一条信道上以位（码元）为单位按时间顺序逐位传输的方式。按位发送，逐位接收，同时还要确认字符，所以要采取同步措施。速度虽慢，但只需一条传输信道，投资小，易于实现，是数据传输采用的主要传输方式。也是计算机通信采取的一种主要方式。

3）异步传输。异步传输是字符同步传输的方式，又称起止式同步。当发送一个字符代码时，字符前面要加一个"起"信号，长度为 1 个码元宽，极性为"0"，即空号极性；而在发完一个字符后面加一个"止"信号，长度为 1、1.5（国际 2 号代码时用）或 2 个码元宽，极性为"1"，即传号极性。接收端通过检测起、止信号，即可区分出所传输的字符。字符可以连续发送，也可单独发送，不发送字符时，连续发送止信号。每一个字符起始时刻可以是任意的，一个字符内码元长度是相等的，接收端通过止信号到起信号的跳变（"1""0"）来检测一个新字符的开始。该方式简单，收、发双方时钟信号不需要精确同步。缺点是增加起、止信号，效率低，使用于低速数据传输中。

4）同步传输。同步传输是位（码元）同步传输方式。该方式必须在收、发双方建立精确的位定时信号，以便正确区分每位数据信号。在传输中，数据要分成组（或称帧），一帧含多个字符代码或多个独立码元。在发送数据前，在每帧开始必须加上规定的帧同步码元序列，接收端检测出该序列标志后，确定帧的开始，建立双方同步。接收端 DCE 从接收序列中提取位定时信号，从而达到位（码元）同步。同步传输不加起、止信号，传输效率高，使用于 2400 bit/s 以上数据传输，但技术比较复杂。

2.档案下装原理

现场完成勘查、终端电能表安装后，在营销业务系统中完成相关计量设备档案的维护，通过新装、更换、拆除、其他类调试流程与采集平台进行信息交互，采集系统通过 OGG 与 Webservice 服务实时获取档案信息，生成采集系统档案并下发档案参数，完成档案下装工作。

新装调试流程触发条件：业扩新增。

更换调试流程触发条件：采集设备发生故障或者计量设备轮换。

拆除调试流程触发条件：并户、销户、批量销户、计量装置故障等业务项，根据相关的政策、管理规定确定需要拆除。

其他调试流程触发条件：迁址、换表、换 TA/TV、增容、减容、增容恢复、减容恢复、报停及报停恢复、计量装置故障等业务项，根据相关的政策、管理规定确定需要进行档案更新调试。

系统交互信息内容包括：终端装 / 拆单、终端调试单、用户档案信息、表计资产、终端资产、计量关系信息等。

当营销平台完成档案流程推送后，采集系统会自动将档案下装至终端并匹配相关采集策略。对于自动下装失败的档案，可通过页面手动再次下装档案；对于有个性化采集需求的电能表，可通过增加采集任务模板，自定义优化采集策略，档案下装流程图如图1-66所示。

3.数据流向原理

智能电能表通过电流互感器、电压互感器将电流、电压信号转换为可用于电子测量的小信号，并将电压互感器和电流互感器得到的模拟信号转换为数字积分数字信号，然后提供频率与电能成正比的脉冲信号。智能电能表原理图如图1-67所示。

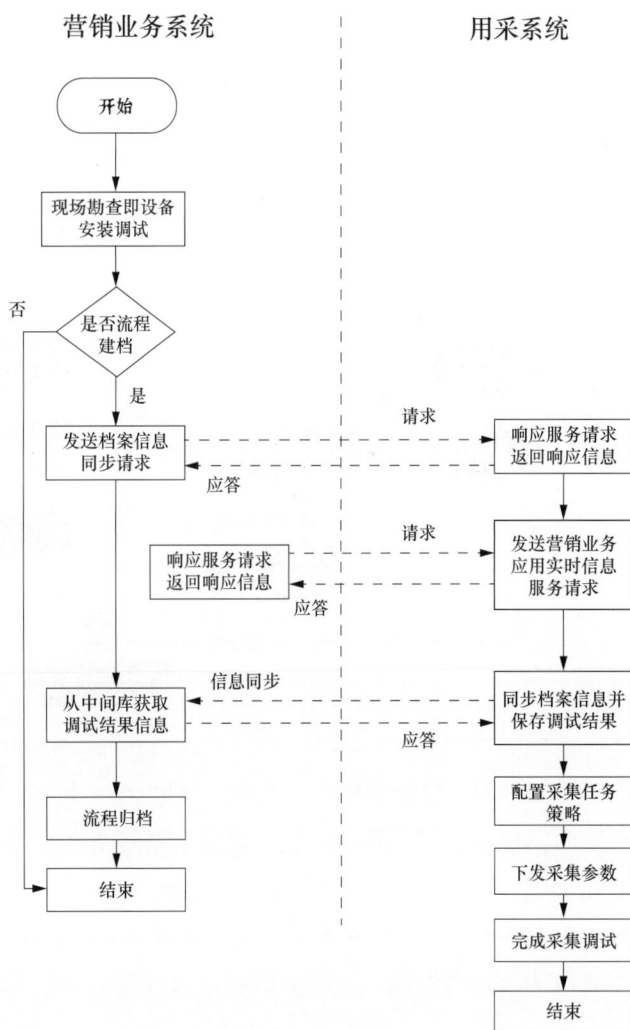

图 1-66 档案下装流程图

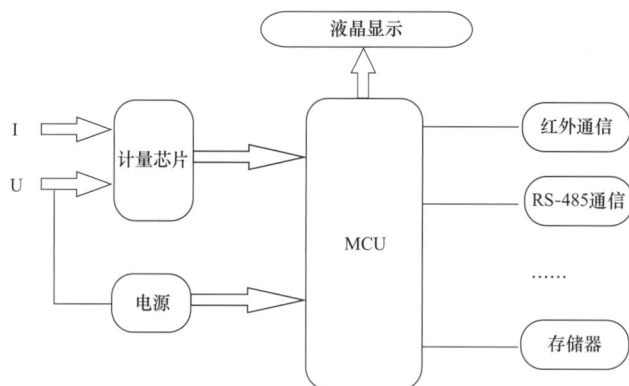

图 1-67 智能电能表原理图

采集系统从营销业务应用系统同步系统档案，根据不同用户类型下发数据采集参数、进行采集任务管理，通过网关、前置实现主站—终端实时通信；自定义制定采集策略，与电能表基于 RS-485 线、电力载波、无线微功率等本地通信信道进行数据传输，并以存储模块将用户信息和数据存储在终端中；当终端收到主站发出的数据请求指令时，终端存储模块对接收到的信息进行分析，提取相关数据，基于 GPRS、光纤专网等远程通信信道将数据传输给主站。

主站通过流处理子系统实现停上电事件实时分析与推送、抄表失败明细实时刷新、负荷数据异常实时校验、日冻结抄表数据实时校验、全量报文入库；通过分布式存储与并行计算系统子系统实现海量数据快速存储和高效统计查询，保证数据实时性、准确性，数据流向示意图如图 1-68 所示。

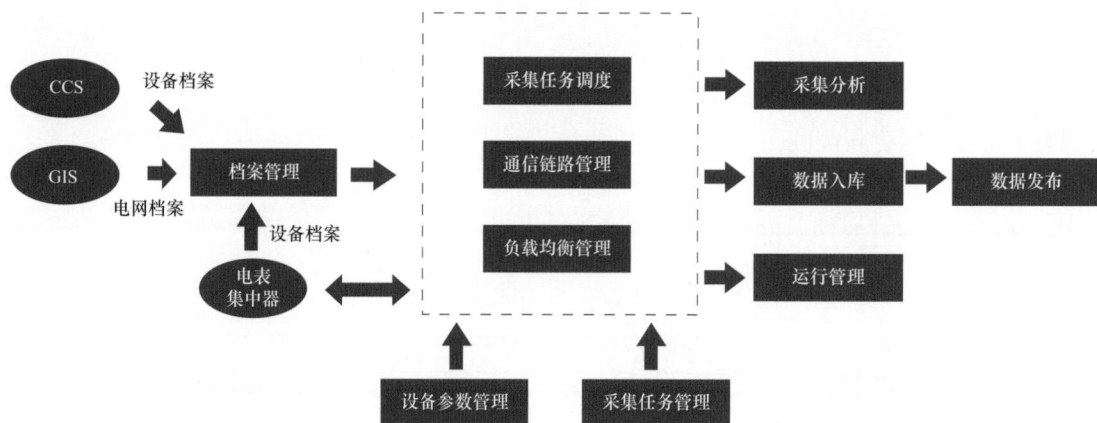

图 1-68 数据流向示意图

（二）设备控制原理

为实现设备安全防护功能及确保数据安全性，满足安全防护要求，对电能表进行设置、控制类操作时，操作指令均需通过纵向加密装置（加密机）采用公开密钥体制进行相互间身份认证。当对表计进行设置操作时，首先通过加密装置对设置用户的身份基于数据包的 IP 地址进行验证，根据配置的安全策略，丢弃没有通过身份认证的数据包，解密通信双方进行了安全保护的数据包（加密、认证），对通过安全处理的数据包转发给表计。表计进行操作数据回传时，加密装置先检查回传用户是否具有权限回传相关数据，对于无权限用户，禁止其通信，对于有权限用户，对网络通信进行安全保护（加密、认证），回传通信给需求方。

加密装置主要功能模块由主处理模块、密钥协商模块、加密报文模块、IP 报文过滤模块、安全管理模块、双机备份模块、设备监控模块组成。

主处理模块功能：负责数据包的过滤、安全规则匹配、数据包加密、数据包封装、网络数据包接收和发送、内存管理、文件系统管理功能。

密钥协商模块功能：负责装置间数据密钥的协商，其过程包括装置身份认证、会话密钥交换，并支持双机备份工作模式下的密钥协商。

加密报文模块功能：处理数据包时，采用特定协议号进行封装处理，除了对原有的数据包进行加密，还要在原有数据包前面根据隧道封装一个新 IP 头。

IP 报文过滤模块功能：对进出系统的所有数据包实施基于安全策略的检查，数据包的过滤检查有入、转发和出三次检查。根据安全规则的设置，对通过的 IP 数据包的协议类型、协议选项、源 / 目的地址、源 / 目的端口等过滤条件判断，并做相应的处理。处理种类包括对数据包的允许、丢弃、加 / 解密。

安全管理模块功能：包括本地管理和远程管理。本地管理主要包括设备初始化、设备配置（包括管理员认证、证书导入、IP 地址配置、各种规则添加等），为用户提供一个可视化的串口管理界面，能够让用户直观的配置装置；远程管理模块主要接受管理中心的远程查询和管理（包括日志查询、规则查询、设备状态查询、隧道管理、规则管理等），对处理结果进行加密并返回给管理中心。

双机备份模块功能：实现装置双机备份功能，通过装置及其相关网络设备的冗余，增加网络接入环节的可靠性。

设备监控模块功能：主要负责监控装置内部各个进程的运行状况和加密卡的工作状态，如发现异常，立即告警。

安徽现场对表计进行的操作，主要分为费控操作和时钟操作。

1. 费控拉合闸原理

根据业务管理要求，停复电业务流程从营销系统发起，用采系统接到营销系统费控业务流程后，针对一个集中器下多块电能表要执行费控任务时，采用排队机制，即集中器对一块电能表下发费控指令后，需收到该电能表反馈确认指令或执行超时后，才会对下一块电能表执行费控指令，用采系统在 3 次费控执行失败后，不再继续自动下发费控指令，运维人员可通过用采系统人工选择失败电能表执行远程费控指令，远程无法费控需通过掌机现场费控。

费控操作开始执行时，终端读取 ESAM 信息（包括 ESAM 序列号、对称密钥版本、会话时效门限、当前计数器等信息）、主站证书、终端证书后与加密机数据交互，进行身份认证工作，认证通过后，再通过加密机获取表 ESAM 信息与电能表建立应用链接开展安全对话，最后发送操作请求指令。指令操作成功后再通过读取电能表开关状态，确认费控最终执行结果，费控操作流程如图 1-69 所示。

2. 时钟召测与对时原理

对终端、电能表时钟根据需求制定策略，执行批量巡检计划，并对巡检发现时钟超差的设备进行对时及对时后召测验证，所有执行过程及结果作为时钟管理应用数据分析依据，电能表时钟巡检流程如图 1-70 所示。

主站对终端设备时钟自动对时：一是主站自动对校时清单内的终端进行校时，当日完成校时。二是面向对象协议终端通过精准校时方式自动校准时钟，将终端与主站的时钟偏差值保持在 10s 以内，校时周期不大

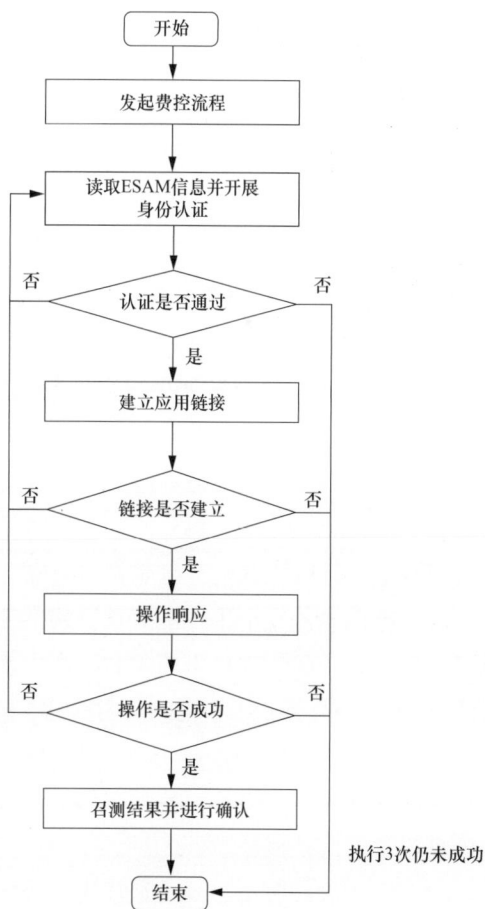

图 1-69 费控操作流程

于 12h。三是当 2013 版和面向对象协议终端发生停复电后，主动向主站发送停、上电事件，主站召测终端时钟判断是否超差，并执行自动校时。

主站对电能表设备时钟自动对时：主站根据电能表版本、时钟偏差、终端上报的电能表时钟超差事件和电能表生成的时钟故障事件（2020 版电能表），生成校时清单，按照校时策略，对电能表自动校时。校时时刻应尽量避免在每日零点、整点时刻附近，避免影响电能表数据冻结。校时策略如下。

（1）2009 版电能表校时策略：主站对时钟偏差在 5~30min 的电能表自动执行分段广播校时；对分段校时失败、时钟处于乱码状态或时钟偏差大于 30min 的电能表启动现场校时。

（2）2013 版电能表 /20 版电能表校时策略：主站对时钟超差（市场化交易户表时钟偏差超过 1min、其他电能表时钟偏差超过 5min）的电能表进行自动远程点对点校时。

（3）发生停上电电能表校时策略：立即自动校时。发生停上电的判断依据为台区终端上报的停上电事件、电压回路异常（断相）事件、HPLC 等通信单元上报的停电事件和电能表掉电记录等。

（三）数据分析原理

制订异常数据研判模型，对前置采集的数据通过在线研判和离线分析，对数据进行

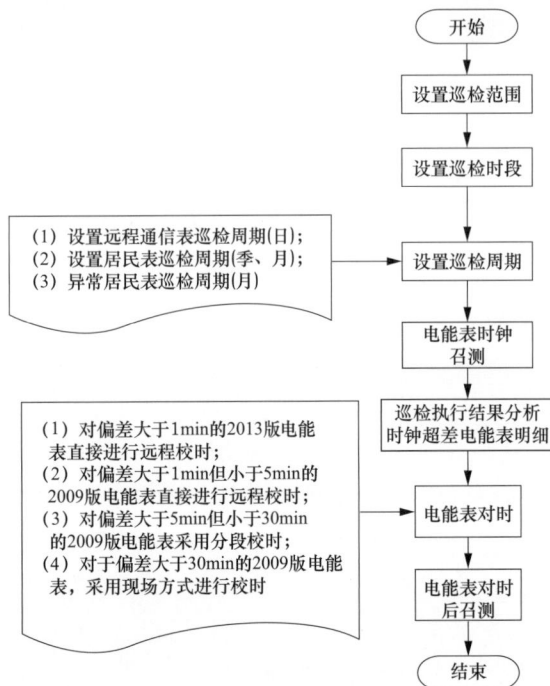

图 1-70　时钟巡检流程

深度挖掘。其中，在线研判对入库基值数据的有效性、准确性进行分析；离线分析整合示值类数据、负荷数据、档案数据、事件数据进行综合研判，生成研判结果。并依规则对研判异常的数据进行展示、告警、派单、运维、监控。数据分析及流程如图 1-71 所示。

安徽现场数据分析，主要包括停复电数据分析和计量异常在线监测分析。

1. 停复电相关研判规则

停复电事件的生成包括电能表和采集终端停电、上电事件的生成。

（1）电能表停复电事件生成及研判推送规则。电能表停电事件发生源有两种：①电能表供电电压低于电能表临界电压（60% 参比电压）后，产生掉电记录，存储在电能表内部，集中器按日采集后，取决于通信协议的不同，分主动上送和主站每月全事件采集；② HPLC 电能表模块（STA）通过感知工频过零信号变化，产生停电事件，基于模块超级电容主动上传至集中器主模块（CCO），CCO 在汇聚去重后，通过集中器主动上报至采集主站。采集主站在收到停 / 上电信息后，结合采集回来的负荷数据进行研判，确认为合理停 / 上电信息正常后对外推送。

（2）电能表停复电事件推送规则。由于非 HPLC 电能表并不是主动上送停电事件，不满足配网全景智慧管控平台要求的实时抢修任务，目前用采系统只将 HPLC 模块生成的停电事件推送至供服系统。为了确保事件推送及时性，在上报的停电事件报文中，停电时间与服务器时间相差在 10min 以内且在等待 3min 后无复电事件上报，将该条停电事件推送至供服系统，确保推送的有效性与及时性，同时将 3 天以内的复电事件全量推送至供服系统。

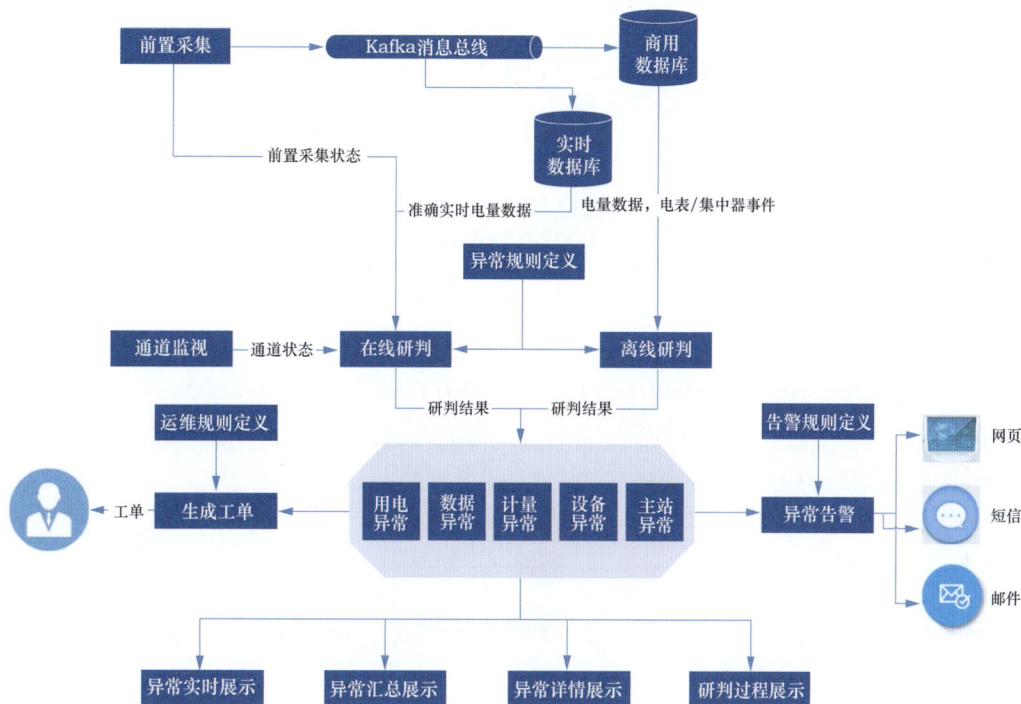

图 1-71 数据分析及流程图

（3）电能表停复电事件有效性判定规则。用采系统在第二天会对推送的停复电事件进行有效性研判，同时满足：①复电报文中有完整的停、复电时间，且停电时长大于 0 且小于 3 天；②停电期间不应存在负荷曲线；③当天停复电次数应小于 7 次以下；④停电时间＜复电时间＜入库时间，视为事件有效，其他视为事件无效。

（4）终端停复电事件生成及研判推送规则。根据国家电网采集终端技术协议要求，采集终端事件记录根据紧急或重要程度分成 4 个等级，而停电事件等级划分为 1 级事件，采集策略为主动上报，具体生成规则为：当供电电压低于终端正常工作临界电压（60% 参比电压），电流小于额定电流 5%，且持续时间大于 10s 以上，终端会生成停电事件，主动上送用采主站。

（5）终端停复电事件推送规则。为了保证事件真实有效，排除新装、更换、调试等因数造成的无效停电事件上送，用采主站在收到终端上送的停电事件后，3min 以内如无复电事件产生，会将该条事件推送至供服系统；收到终端上送的复电事件会全量推送。

（6）终端停复电事件有效性判定规则。用采系统在第二天会对推送的停复电事件进行有效性研判，同时满足：①复电报文中需有完整的停、复电时间，停电时间减去运行时间大于 3d；②上报的事件属性标志为事件正常，事件有效；③上电时间减去停电时间大于 3min 且小于等于 3d；④停电期间不应存在负荷曲线；⑤停电时间＜复电时间＜入库时间，视为事件有效，其他视为事件无效。

2. 计量异常相关研判规则

为提升计量在线监测软件各类异常分析的准确性、实时性和可靠性，国网安徽电力在用电信息采集系统大数据平台上，接入营销业务、PMS、电能质量在线监测省侧主站、营配贯通等数据，通过数据挖掘算法，研究建立计量装置和采集设备异常分析诊断数学模型，基于 SOA 系统架构、分布式缓存平台、分布式框架的多维分析技术，按异常类型分为配电异常、用电异常、计量异常、采集异常等模块，便于用户针对性地开展运维工作。

（1）SOA 系统架构。面向服务的体系结构（service-oriented architecture，SOA）是一个组件模型，它将应用程序的不同功能划分为服务，通过这些服务之间定义良好的接口和规约，接口是采用中立的方式进行定义的，这种具有中立的接口定义的特征称为服务之间的松耦合，它独立于实现服务的硬件平台操作系统和编程语言，这使得在系统中的各种服务可以以一种统一和通用的方式进行交互。

在基于 SOA 的架构体系中，具体应用程序的功能是由一些松散耦合并且具有统一接口定义的服务组件组合构建起来的。WebService 的规范、协议和面向对象的 SOA 架构的基本原则和定义非常一致，因此面向服务的设计可以采用 WebService 技术和规范来实现 SOA 架构的应用接口，面向服务的设计还可以采用 JMS、MQ 等技术实现。由于服务的定义和实现是分开描述的，即松散耦合的，可以很方便地保证系统的灵活性。

用电信息采集涉及的功能应用很复杂，组件之间的关系和调用也非常密切，为了减少组件之间调用的性能和安全等方面的开支，无须将所有的组件都采用服务的方式进行发布和部署，根据面向服务的核心思想，可以将需要对外开放、需要重用的业务应用采用服务的组件方式进行。

采用组件的业务应用，可以将所有对外提供接口访问的业务应用按照服务的方式进行封装，同时为了保证各种业务服务对象能够被其他服务对象灵活调用，组件的服务发布应采用类似计算及硬件体系的总线方式进行服务的部署，因此可以采用企业服务总线（Enterprise Service Bus，即 ESB）作为面向服务的 SOA 架构的基础，通过 ESB 企业服务总线完成异构环境中的服务、消息以及基于事件的应用交互，并且具有适当的服务级别和可管理性。

（2）分布式缓存平台。利用缓存服务为海量数据提供高速缓存，避免直接对数据库的频繁访问，实现常用数据的高速访问。通过数据分区、节点互备份等技术实现数据的可扩展性和高效性，满足对海量数据的存储和高速访问。分布式缓存平台示意图如图 1-72 所示。

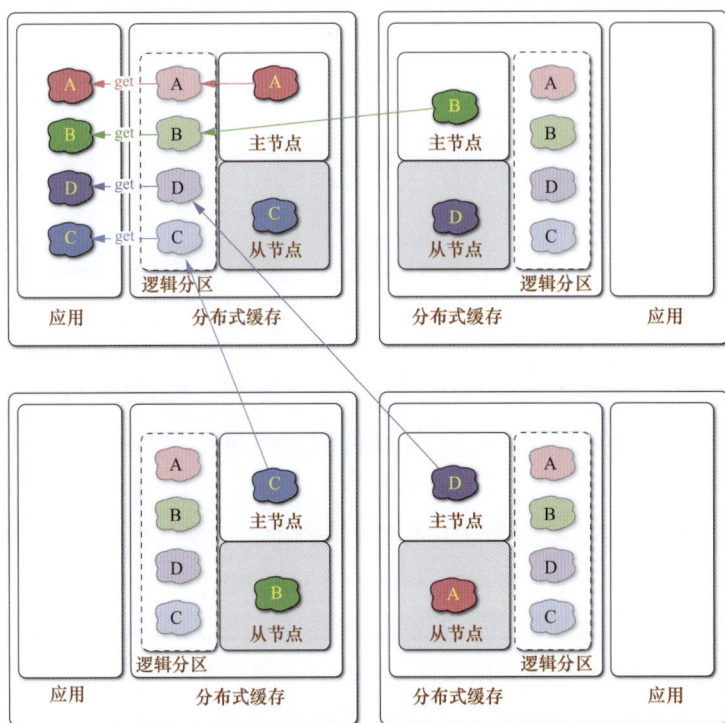

图 1-72　分布式缓存平台示意图

（3）分布式框架的多维分析技术。引用了分布式系统架构，采用分布式文件系统提高容错能力和高吞吐量的海量数据存储，提供并行计算处理的软件框架的基础架构，建立计量设备异常多维分析模型，实现对离散数据的统计、计算及分析。

四、任务策略

任务策略分为主站采集终端任务策略、用户采集任务策略、终端采集电能表任务策略、电能表数据冻结策略。

（一）主站采集终端任务策略

采集数据项策略：主要包括日冻结示值、月冻结示值、分钟冻结负荷数据、实时负荷数据、重要事件类数据、操作记录类数据。其中 376.1 规约协议下终端电能表的采集数据项通过配置采集任务模板，实现采集数据项控制和采集时间设置，主站根据采集任务模板，定时下发相应采集任务；698.45 规约协议下终端电能表的采集数据项由设备出厂默认，并由终端以主动上报方式上报采集数据。

数据补召策略：主站实时监测采集结果，生成采集失败列表，采用 kafka 消息队列 +strom 流处理技术对海量数据实时校验、实时刷新、批量入库；利用 spark 并行计算系统实现高频、跨时段、多维度的快速统计，动态更新失败列表。同时依据采集失败列表制订后台定时补召任务，对补召时间、补召频次自定义进行设置。安徽主站相关采集策略及补召设置如表 1-52 所示。

表 1-52　安徽主站相关采集策略及补召设置表

用户类型	采集数据项	首采时间	数据补召时间及频次
专变用户	（1）冻结数据：日冻结正/反向有功总电能示值及四费率、无功四象限示值及四费率、需量、电流、电压、功率、功率因数、正/反向有功电能示值曲线数据、电压合格率等。 （2）实时数据：电流、电压、功率、功率因数、正/反向有功电能示值曲线数据等。 （3）事件数据：终端停电事件、编程事件、数据清零事件等重要事件	376.1 终端正向有功总示值首采时间：01：00。 376.1 终端反向有功总示值首采时间：01：30。 376.1 终端电流首采时间：2：20。 376.1 终端电压首采时间：1：30。 376.1 终端功率首采时间：2：00。 面向终端数据采集时间：4：00 前完成主动上报	（1）示值类数据：从 5-22 点，每隔 1 小时召测 1 次。 （2）负荷曲线类数据：从 8-22 点，每隔 1 小时召测 1 次
公变用户	（1）冻结数据：日冻结正/反向有功总电能示值及四费率、电流、电压、功率、功率因数、正/反向有功电能示值曲线数据、电压合格率等。 （2）实时数据：电流、电压、功率、功率因数、正/反向有功电能示值曲线数据等。 （3）事件数据：终端停电事件、编程事件、数据清零事件等重要事件	376.1 终端正向有功总示值首采时间：01：00。 376.1 终端反向有功总示值首采时间：01：30。 376.1 终端电流首采时间：2：20。 376.1 终端电压首采时间：1：30。 376.1 终端功率首采时间：2：00。 面向终端数据采集时间：4：00 前完成主动上报	（1）示值类数据：从 5-22 点，每隔 1 小时召测 1 次。 （2）负荷曲线类数据：从 8-22 点，每隔 1 小时召测 1 次
低压用户	非 HPLC 用户 （1）冻结数据：日冻结正/反向有功总电能示值及四费率数据。 （2）事件数据：编程事件、数据清零事件等重要事件。 HPLC 用户 （1）冻结数据：日冻结正/反向有功总电能示值及四费率、电流、零线电流、电压、功率、功率因数、正/反向有功电能示值曲线数据等。 （2）事件数据：电能表停电事件、编程事件、数据清零事件等重要事件	非 HPLC 用户 正向有功总示值首采时间：03：00。 反向有功总示值首采时间：04：20。 HPLC 用户 正向有功总示值首采时间：03：00。 反向有功总示值首采时间：04：20。 电流首采时间：4：00 前完成主动上报。 电压首采时间：4：00 前完成主动上报。 功率首采时间：4：00 前完成主动上报	（1）示值类数据：从 5-22 点，每隔 1 小时召测 1 次。 （2）负荷曲线类数据：暂不补召
关口用户	直采用户：采集数据项与专变用户采集数据项一致。 间采用户：冻结数据包括采集日冻结正/反向有功总电能示值及四费率数据、组合无功 1、组合无功 2、无功四象限示值及四费率、需量数据	直采用户 首采时间与专变用户一致。 间采用户 正向有功总示值首采时间：01：05。 反向有功总示值首采时间：02：05。 组合无功 1 首采时间：03：01。 组合无功 2 首采时间：04：01。 第一象限首采时间：06：50。 第二象限首采时间：07：50。 第三象限首采时间：08：50。 第四象限首采时间：09：50。 正向有功需量首采时间：10：45	正向有功总示值：2：20、4：20、5：20、9：20、14：20、15：20、17：20、21：20。 反向有功总示值：2：50、4：50、5：50、9：50、14：50、15：50、17：50、21：50

（二）用户采集任务策略

376 协议中采用大类号 + 小类号组合表示，而 698 用户类型字段为 unsigned，取值范围 1 ~ 255，面向对象通信协议在配置采集档案时的用户类型，可参考 376 系列用户类配置情况进行定义，用户类型与大小类号映射如表 1-53 所示。

表 1-53　用户类型与大小类号映射表

序号	用户大类号	备注	用户类型	备注
1	A、B、I 类	大型 / 中小型专变用户 / 高压分布式电源用户	1	大型 / 中小型专变等用户三相表
			2	大型 / 中小型专变等用户单相表
			3	大型 / 中小型专变等用户水表
			4	大型 / 中小型专变等用户气表
			5	大型 / 中小型专变等用户热表
			6-10	预留
2	C、D、E 类	三相一般工商业 / 单相 / 居民用户	11	C、D、E 用户三相表
			12	C、D、E 用户单相表
			13	C、D、E 预付费用户表
			14	不支持冻结负荷记录电能表
			15	预留
3	F 类	公用配变考核计量点	16	公变考核计量点（16 号类型为工表考核计量点）
			17-20	预留
4	G 类	关口计量点用户	21	关口计量点用户
			22-25	预留
5	H 类	专线用户	26	专线用户
			27-30	预留
6	J 类	多表采集	31	C、D、E 用户水表
			32	C、D、E 用户气表
			33	C、D、E 用户热表
			34-35	预留
7	K 类	380、220V 光伏 / 其他微网发电用户	36	微网发电用户三相表
			37	微网发电用户单相表
			38-40	
8	保留		41-105	
9	保留		106	交采计量点
10	保留		107-255	

1. 专变三相表采集任务策略

（1）日冻结采集数据项。采集数据项包括：20210200（冻结时标）、00100200（正向有功电能）、

00110200（A 相正向有功）、00120200（B 相正向有功）、00130200（C 相正向有功）、00200200（反向有功电能）、00210200（A 相反向有功）、00220200（B 相反向有功）、00230200（C 相反向有功）、00300200（组合无功 1 总电能）、00700200（第三象限无功电能）、00800200（第四象限无功电能）、10100200（正向有功最大需量及发生时间）、10200200（反向有功最大需量及发生时间）、21310202（A 相电压合格率）、21320202（B 相电压合格率）、21330202（C 相电压合格率）、00400200（组合无功 2 总电能）、00500200（第一象限无功电能）、00600200（第二象限无功电能）。

（2）负荷曲线 96 点采集数据项。采集数据项包括：20210200（冻结时标）、20000200（电压）、20010200（电流）、20040200（有功功率）、20050200（无功功率）、200A0200（功率因数）、20010400（零线电流）、20170200（有功需量）、20180200（无功需量）、00100201（正向有功总电能）、00200201（反向有功总电能）、00300201（组合无功 1 总电能）、00400201（组合无功 2 总电能）、00500201（第一象限无功总电能）、00600201（第二象限无功总电能）、00700201（第三象限无功总电能）、00800201（第四象限无功总电能）。

（3）月冻结采集数据项。采集数据项包括：20210200（冻结时标）、00100200（正向有功电能）、00110200（A 相正向有功）、00120200（B 相正向有功）、00130200（C 相正向有功）、00200200（反向有功电能）、00210200（A 相反向有功）、00220200（B 相反向有功）、00230200（C 相反向有功）、00300200（组合无功 1 总电能）、00700200（第三象限无功电能）、00800200（第四象限无功电能）、10100200（正向有功最大需量及发生时间）、10200200（反向有功最大需量及发生时间）、21310202（A 相电压合格率）、21320202（B 相电压合格率）、21330202（C 相电压合格率）、00400200（组合无功 2 总电能）、00500200（第一象限无功电能）、00600200（第二象限无功电能）。

（4）准实时采集数据项。采集数据项包括：40000200（日期时间）、20000200（电压）、20010200（电流）、20040200（有功功率）、20050200（无功功率）、20060200（视在功率）、200A0200（功率因数）、20010400（零线电流）、20170200（有功需量）、20180200（无功需量）、00100200（正向有功电能）、00200200（反向有功电能）、00300200（组合无功 1 总电能）、00400200（组合无功 2 总电能）、00110200（A 相正向有功）、00120200（B 相正向有功）、00130200（C 相正向有功）、00210200（A 相反向有功）、00220200（B 相反向有功）、00230200（C 相反向有功）。

2.专变单相表采集任务策略

（1）日冻结采集数据项。采集数据项包括：20210200（冻结时标）、00100200（正向有功电能）、00200200（反向有功电能）。

（2）负荷曲线 96 点采集数据项。采集数据项包括：20210200（冻结时标）、20000200（电压）、20010200（电流）、20040200（有功功率）、200A0200（功率因数）、20010400（零线电流）、00100201（正向有功总电能）、00200201（反向有功总电能）。

3.公用配变考核计量点三相表采集任务策略

（1）日冻结采集数据项。采集数据项包括：20210200（冻结时标）、00100200（正向有功电能）、00110200（A 相正向有功）、00120200（B 相正向有功）、00130200（C 相正向有功）、00200200（反向有功电能）、00210200（A 相反向有功）、00220200（B 相反向有功）、00230200（C 相反向有功）、21310202（A 相电压合格率）、21320202（B 相电压合格率）、21330202（C 相电压合格率）。

（2）负荷曲线 96 点采集数据项。采集数据项包括：20210200（冻结时标）、20000200（电压）、20010200（电流）、20040200（有功功率）、20050200（无功功率）、200A0200（功率因数）、20010400（零线电流）、00100201（正向有功总电能）、00200201（反向有功总电能）。

（3）月冻结采集数据项。采集数据项包括：20210200（冻结时标）、00100200（正向有功电能）、00110200（A 相正向有功）、00120200（B 相正向有功）、00130200（C 相正向有功）、00200200（反向有功电能）、00210200（A相反向有功）、00220200（B相反向有功）、00230200（C相反向有功）、21310202（A相电压合格率）、21320202（B相电压合格率）、21330202（C相电压合格率）。

（4）准实时采集数据项。采集数据项包括：40000200（日期时间）、20000200（电压）、20010200（电流）、20040200（有功功率）、20050200（无功功率）、20060200（视在功率）、200A0200（功率因数）、20010400（零线电流）、00100200（正向有功电能）、00200200（反向有功电能）、00110200（A相正向有功）、00120200（B相正向有功）、00130200（C相正向有功）、00210200（A相反向有功）、00220200（B相反向有功）、00230200（C相反向有功）。

4.用户三相表采集任务策略

（1）日冻结采集数据项。采集数据项包括：20210200（冻结时标）、00100200（正向有功电能）、00110200（A相正向有功）、00120200（B相正向有功）、00130200（C相正向有功）、00200200（反向有功电能）、00210200（A相反向有功）、00220200（B相反向有功）、00230200（C相反向有功）、00500200（第一象限无功电能）、00600200（第二象限无功电能）、00700200（第三象限无功电能）、00800200（第四象限无功电能）、10100200（正向有功最大需量及发生时间）、10200200（反向有功最大需量及发生时间）、00300200（组合无功1总电能）、00400200（组合无功2总电能）。

（2）负荷曲线96点采集数据项（HPLC电能表）。采集数据项包括：20210200（冻结时标）、20000200（电压）、20010200（电流）、20040200（有功功率）、20050200（无功功率）、200A0200（功率因数）、20010400（零线电流）、00100201（正向有功总电能）、00200201（反向有功总电能）、00500200（第一象限无功电能）、00600200（第二象限无功电能）、00700200（第三象限无功电能）、00300200（组合无功1总电能）、00400200（组合无功2总电能）、20170200（有功需量）、20180200（无功需量）。

5.用户单相表采集任务策略

（1）日冻结采集数据项。采集数据项包括：20210200（冻结时标）、00100200（正向有功电能）、00200200（反向有功电能）。

（2）负荷曲线96点采集数据项（HPLC电能表）。采集数据项包括：20210200（冻结时标）、20000200（电压）、20010200（电流）、20040200（有功功率）、200A0200（功率因数）、20010400（零线电流）、00100201（正向有功总电能）、00200201（反向有功总电能）。

（三）终端采集电能表任务策略

采集数据项根据主站下发的采集任务模板，进行不同数据项抄读；终端抄表时间、数据补召策略由终端程序内定，出厂自定义，不可更改。重要事件类数据需要终端以主动上报方式上报主站。相关事件上报标识如表1-54所示，三相电能表重要事件如表1-55所示，单项电能表重要事件如表1-56所示。

表1-54 终端重要事件表

序号	对象标识（OI）	事件名称	上报标识	有效标识
1	3100	终端数据初始化	不上报	关闭
2	3101	终端版本变更	上报	开启
3	3102	参数丢失	不上报	关闭
4	3103	参数变更	不上报	关闭
5	3104	状态量变位	上报	开启
6	3105	电能表时钟超差	上报	开启

续表

序号	对象标识（OI）	事件名称	上报标识	有效标识
7	3106	终端停／上电	上报	开启
8	3107	直流模拟量越上限	不上报	关闭
9	3108	直流模拟量越下限	不上报	关闭
10	3109	消息认证错误	不上报	关闭
11	310A	设备故障记录	不上报	关闭
12	310B	电能表示度下降	上报	开启
13	310C	电能量超差	不上报	关闭
14	310D	电能表飞走	上报	开启
15	310E	电能表停走	上报	开启
16	310F	抄表失败	上报	开启
17	3110	月通信流量超门限	不上报	关闭
18	3111	发现未知电能表	上报	开启
19	3112	跨台区电能表事件	上报	开启
20	3113	补抄失败	不上报	关闭
21	3114	终端对时事件	不上报	开启
22	3115	遥控跳闸记录	不上报	关闭
23	3116	有功总电能量差动越限	不上报	关闭
24	3117	输出回路开关接入状态量变位记录	上报	开启
25	3118	终端编程记录	不上报	关闭
26	3119	终端电流回路异常	上报	开启
27	311A	电能表在网状态切换事件	不上报	关闭
28	311B	终端对电能表校时记录	不上报	关闭
29	311C	电能表数据变更监控记录	不上报	关闭
30	3200	功控跳闸记录	不上报	关闭
31	3201	电控跳闸记录	不上报	关闭
32	3202	购电参数设置记录	不上报	关闭
33	3203	电控告警事件记录	不上报	关闭
34	3003	电能表断相事件	上报	开启
35	300F	电能表电压逆向序	上报	开启
36	3010	电能表电流逆向序	上报	开启

表 1-55　三相电能表重要事件

方案编号：1	上报方式：立即上报	存储深度：15	用户类型：1、10、11、16、21、26、36
采集方式： 根据通知采集 指定事件数据	301B0200（开表盖） 302A0200（恒定磁场干扰） 30130200（电能表清零） 30110200（电能表掉电）		关联对象属性描述符： 20220200（事件记录序号） 201E0200（事件发生时间） 20200200（事件结束时间）

表 1-56　单项电能表重要事件

方案编号：2	上报方式：立即上报	存储深度：15	用户类型：2、11、12、13、14、37
采集方式： 根据通知采 集指定事件 数据	301B0200（开表盖） 30130200（电能表清零） 30110200（电能表掉电）		关联对象属性描述符： 20220200（事件记录序号） 201E0200（事件发生时间） 20200200（事件结束时间）

（四）电能表数据冻结策略

1. 单相智能电能表冻结策略

单相表中冻结类（包括分钟冻结、小时冻结、日冻结等）采集数据项（电压、电流、有功功率等）应支持分相抄读，即用数据标识：20000201（A 相电压）、20010201（A 相电流）、20040201（A 相功率）等也能采集到相应分项数据。

负荷记录内容包括电压、电流、零线电流、有功功率、功率因数。冻结内容包括正向有功总电能、反向有功总电能、电压、电流、零线电流、有功功率、功率因数。

2. 三相智能电能表冻结策略

负荷记录内容包括：A、B、C 相电压，A、B、C 相电流，频率，总及 A、B、C 相有功功率，总及 A、B、C 相无功功率，总及 A、B、C 相功率因数，正向有功总电能，反向有功总电能，组合无功 1 总电能，组合无功 2 总电能，第一象限无功总电能，第二象限无功总电能，第三象限无功总电能，第四象限无功总电能，当前有功需量，当前无功需量。

冻结内容包括：总及 A、B、C 相有功功率，总及 A、B、C 相无功功率，正向有功电能，反向有功电能，组合无功 1 电能，组合无功 2 电能，四象限无功电能，当前正向有功需量及发生时间，当前反向有功需量及发生时间（备注：整点冻结数据按照规约只包括正向有功总电能、反向有功总电能）。

日冻结数据可存储上 62 次日冻结数据，冻结数据内容须符合日冻结模式字要求，并支持数据块抄读，出厂默认按每日 0 时 00 分日冻结填充数据。

第二章

计量及采集
设备安装调试

第一节　采集策略制定

由于设备迭代，现场运行设备版本较多，不同版本的电能表、采集设备不能全兼容，在进行故障、增容、新装、轮换等业务时需注意新增设备之间及新增设备和原台区之间采集策略的兼容性、经济性和延续性。

一、常用载波采集策略

依据目前运行的各版本电能表、采集设备，根据协议类型、信道技术列举了十一种贯通、混装、兼容的采集策略方案。

方案一：采用"窄带、半载"的采集策略。集中器、采集器为376.1协议，电能表为645协议（2009、2013版），上行通道为无线（GPRS、3G）、光纤，下行通道为窄带、RS-485串行通信。此方案为2018年前安装运行的台区采用的两大采集策略之一，多用于集中式安装电能表的台区，两级伞形布局，原则上一个台区低压关口处安装一台集中器，每个集中式表箱安装一台采集器，之间通过窄带载波通信，采集器和电能表之间通过RS-485通信。主要优势：对集中式安装的电能表较为适用，不需每只电能表配置载波模块，节约成本；采集器相位易调整，便于采集故障消缺。主要缺点：采集器、电能表之间需增加RS-485通信线的布设，增加了施工成本，施工工艺也会影响采集成功率，增加了故障点；由于加装采集器，载波通信的相位为采集器相位，无法判断电能表所属相位。

方案二：采用"窄带、全载"的采集策略。集中器为376.1协议，电能表为645协议（2009、2013版），上行通道为无线（GPRS、3G）、光纤，下行通道为窄带载波通信。此方案为2018年前安装运行的台区采用的另一个采集策略，多用于分散安装电能表的台区，一级伞形布局，原则上一个台区低压关口处安装一台集中器，每只电能表配置载波模块，之间通过窄带载波通信。主要优势：适用于分散安装的电能表，每只电能表内置载波模块，不需另外加装采集器及布设连接RS-485通信线，原有表箱无须改造，安装简便，节约了一定成本。同时因每只电能表配置载波模块，可以通过载波实现电能表所属相位的判断。缺点：对于集中式安装的表箱采用全载方式，增加了成本；同时电能表的相位就是载波通信的相位，相位不易调整，造成采集载波相位选择性下降，增加了采集消缺的处理难度。

方案三：采用新协议的"窄带、半载"的采集策略。集中器为698协议，采集器为376.1协议，电能表为645协议（2013版），上行通道为无线（3G、4G）、光纤，下行通道为窄带、RS-485串行通信。此方案为应采集需求变化、数据需求增加，在宽带载波未投用前试点使用的采集策略。设备安装布局同方案一的半载方式。主要优势：采用698面向对象的通信协议，便于采集功能配置，大幅增加了采集数据项（电量和事件等），便于分析使用。主要缺点：由大幅增加采集数据项，而载波仍然为窄带，通信速率低，通道数少，实际效果不好，不能支撑大数据量的传输需求。

方案四：采用新协议的"窄带、全载"的采集策略。集中器为698协议，电能表为645协议（2013版），上行通道为无线（3G、4G）、光纤，下行通道为载带载波通信。此方案为方案三的全载版，优缺点同方案三。

方案五：采用旧协议的"宽带、半载"的采集策略。集中器、采集器为376.1协议，电能表为645协议（2013版），上行通道为无线（GPRS、3G、4G）、光纤，下行通道为宽带、RS-485串行通信。此方案为不更换集中器、采集器主设备，只把原窄带载波模块更换为宽带载波模块，适用2013版集中器、采集器、电能表的半载台区组网方案。适用于原窄带通信不好，提升采集率的处理方案。主要优势：不需更换集中器、采集器，只更换载波模块，成本低，操作简便，对窄带通信效果不好的台区有一定的效果。主要缺点：由于采集的主设备未更换，协议未变，不能进行大数据采集，且只适用于2013版采集设备和电能表，使用有一定的局限性，同厂家兼容性较好，不同厂家有一定的不兼容性。

方案六：采用旧协议的"宽带、全载"的采集策略。集中器为376.1协议，电能表为645协议（2013版），上行通道为无线（GPRS、3G、4G）、光纤，下行通道为宽带载波通信。此方案为不更换集中器、电能表主设备，只把原窄带载波模块更换为宽带载波模块，适用 2013 版集中器、电能表的全载台区组网方案。为方案五的全载版，优缺点同方案五。

方案七：采用新协议的"宽带、半载"的采集策略。集中器、采集器为 698 协议，电能表为 698 协议，上行通道为无线（4G）、光纤，下行通道为宽带、RS-485 串行通信。此方案为 2018 年（1813 批次开始供货）后的"完成体"——集中器、采集器、电能表全部为 698 协议、"宽带、半载"台区组网方案。软（协议）硬（宽带载波）最优组合，弥补了方案三（四）载波信道不具备、协议具备，无法实现多数据采集"供小于求"的情况；也使方案五（六）载波信道具备、协议不具备，无数据传输"供大于求"的冗余通道，有了用武之地。主要优势：698 协议、宽带载波完全满足了新需求下对采集大数据的需求，满足了低压用户实时负荷曲线采集需求及对时等深化应用。同时宽带载波方案较窄带，频率更高、具有多个工作频段，使抗干扰性更好，采集效果更优。主要缺点：此"宽带、半载"方案，由于采集数据量大幅增加，采集器所带电能表较窄带（32 只）减少到 12 只以内。同时由于是半载方式，电能表相位也无法通过载波方式获得。同时宽带载波虽然大幅提升了频率，但在功率一定的情况下，使传输距离较窄带有所缩短。

方案八：采用新协议的"宽带、全载"的采集策略。集中器为 698 协议，电能表为 698 协议，上行通道为无线（4G）、光纤，下行通道为宽带载波通信。此方案为 2018 年（1813 批次开始供货）后的"完成体"——集中器、电能表全部为 698 协议、"宽带、全载"台区组网方案。是具备方案七的全载版。主要优势：除方案七满足大数据采集的需求外，由于是每只电能表内置载波模块，实现了通过载波方式辨别电能表相位的功能，也实现了电能表网络拓扑功能等一些扩展功能。主要缺点：每只电能表内置载波模块，成本较采集器方式有所增加。

方案九：采用的"宽带、半载"的采集策略。集中器 698 协议，采集器 376.1 协议、电能表 645 协议，上行通道为无线（4G）、光纤，下行通道为宽带、RS-485 串行通信。此方案为不更换主设备，只更换 HPLC 模块，适用 698 集中器、2013 版采集器、电能表的半载台区组网方案，主要优点：在原有窄带集中器无备货、2g 停用、避免重复浪费、电能表暂无法更换的情况下，采取的折中改造方案。满足数据可靠采集、远程参数修改（改电能表时段等）的需求，成本较低。后续电能表更换为 698 协议时，集中器不需更换。主要缺点：因电能表仍然是 645 协议，大数据采集不如 698 协议的电能表。

方案十：采用的"宽带、半载"的采集策略。集中器 698 协议，采集器 698 协议、电能表 645 协议，上行通道为无线（4G）、光纤，下行通道为宽带、RS-485 串行通信。此方案为不更换主设备，只更换 HPLC 模块，适用 698 集中器、采集器，2013 版电能表的半载台区组网方案，同方案九，主要区别在于采集器协议为 698 协议，对于原为 2 型采集器等无法只更换载波模块情况下的改造方案。

方案十一：采用的"宽带、全载"的采集策略。集中器 698 协议，电能表 645 协议，上行通道为无线（4G）、光纤，下行通道为宽带载波通信。此方案为不更换主设备，只更换 HPLC 模块（如方案三中的集中器），适用 698 集中器，2013 版电能表的全载台区组网方案，此为方案九的全载版。

以上列举的目前安徽所使用的主流载波采集组网策略，在现场安装前，需了解所在台区的原采集方案，轮换台区、新装台区也需了解电能表、采集设备是否匹配，避免造成无法采集的情况。

二、常用组网方案配置

表 2-1　常用组网方案配置表

方案	集中器	信道	采集器	信道	表	说明
方案一	（376.1）协议	←窄带→	（376.1）协议	←RS-485→	645 协议	（1）"窄带、半/全载"台区组网方案。
方案二	（376.1）协议	←　　窄带　　→			645 协议	（2）2018 年前台区方案。

方案	集中器	信道	采集器	信道	表	说明
方案三	698 协议	窄带	（376.1）协议	RS-485	645 协议	（1）采用 698 协议集中器"窄带、半/全载"的台区组网方案。
方案四	698 协议	窄带			645 协议	（2）698 初始试点台区方案
方案五	（376.1）协议	HPLC	（376.1）协议	RS-485	645 协议	（1）2013 版集中器、采集器、电能表，采用 HPLC 载波模块的半/全载台区组网方案。
方案六	（376.1）协议	HPLC			645 协议	（2）窄带效果不好台区的处理方案
方案七	698 协议	HPLC	698 协议	RS-485	698 协议	（1）"宽带、半/全载"台区组网方案。
方案八	698 协议	HPLC			698 协议	（2）2018 年后（1813 批次开始）普遍使用的"完成体"方案
方案九	698 协议	HPLC	（376.1）协议	RS-485	645 协议	（1）698 集中器、2013 版/698 协议采集器、2013 版 645 协议电能表，采用 HPLC 载波模块的半/全载台区组网方案。
方案十	698 协议	HPLC	698 协议	RS-485	645 协议	
方案十一	698 协议	HPLC			645 协议	（2）2013 版电能表台区采集改造方案

三、面向对象协议集中器安装方案

2018 年后省计量中心配送至各单位集中器都为面向对象通信协议集中器，而主站层面是基于 376.1 与面向对象协议共同开发的，涉及该集中器的安装方案为：

面向对象协议集中器 + 面向对象规约电能表，如图 2-1 所示；

面向对象协议集中器 +645 规约电能表，如图 2-2 所示；

面向对象协议集中器 + 面向对象规约电能表 +645 规约电能表，如图 2-3 所示。

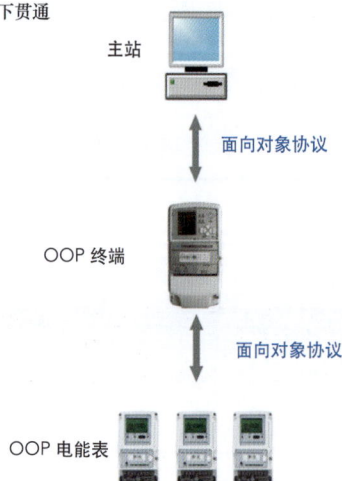

图 2-1　上下贯通示意图

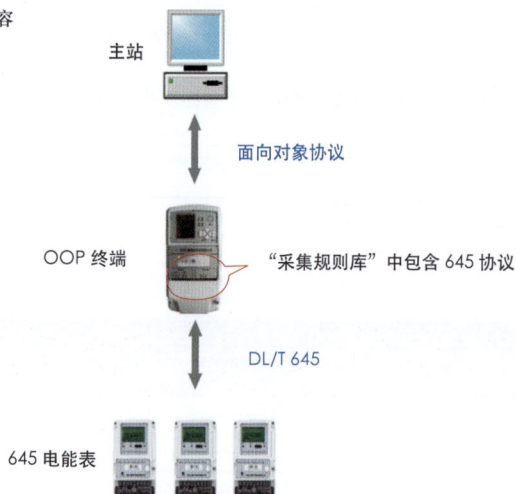

图 2-2　兼容示意图

备注：决不允许 376.1 协议集中器 + 面向对象规约电能表进行采集，如图 2-4 所示。

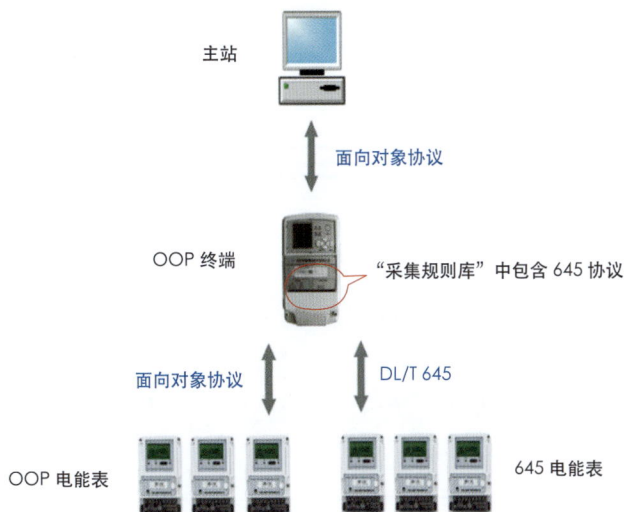

图 2-3　混装方案示意图　　　　　　　图 2-4　不可行方案示意图

第二节　设备安装

一、计量设备安装

（一）装表接电的意义

装表接电工作是电力营销部门工作的重要环节，各用电单位电气设备新建、改（扩）建等竣工后，都必须经过装表接电人员安装电能计量装置后才能接电。装表接电是业扩报装全过程的终结。装表接电工作质量、服务质量的好坏直接关系双方的经济效益。正确的装表接线，是保证安全、准确及公正计收电费的根本保证。

电能表是用于计量电能的电气仪表。凡是有用电的地方，都应有电能表。单相电能表主要用于单相供电的小容量的用电计量，如居民用户、普通商业、非工业户的用电计量。一般以 30kW 为界，大于 30kW 的应使用三相表供电。三相电能表主要用于三相供电的，用户用电设备在 100kW 及以下或需用变压器容量在 50kVA 及以下者，采用低压三相四线制供电。对于高压用户，采用三相四线或者三相三线制接线。

（二）装表接电工作的主要内容

装表接电工作的主要内容如下：

（1）负责新装、增装、改装及临时用电计量装置的装、拆、移、换工作，确保计量装置接线正确、可靠运作；

（2）负责接户线和进户线的装、拆、移、换、维护、检修更换改造工作，确保供电安全运行；

（3）负责互感器和电能表的需要计划、事故更换及现场检查；

（4）负责计量装置的定期轮换工作；

（5）妥善保管及传递工作票、封印，填写电能表底数准确，做好原始记录、资料、月报统计与分析；

（6）负责向表库领退电能表和互感器，并健全必要的领退手续。

（三）装表接电工的主要职责

（1）负责新装、增装、改装及临时用电计量装置的设计、图纸审核、检查验收及接电验收工作；

（2）负责互感器和电能表的事故更换及现场检查；

（3）负责套表计量安装及管理工作；

（4）负责计量装置的定期轮换工作；

（5）负责电能表和互感器的管理；

（6）定期做下一周期的电能表和互感器的需用计划；

（7）负责向表库领退电能表和互感器，并健全必要的领退手续；

（8）定期核对计量装置的接线、倍率、运行情况。

（四）装表接电工艺规范

1. 电能表、采集终端安装

水平中心线距地面距离 800~1800mm，中心线向各方向的倾斜度不大于 1°，轮换现场至少固定 2 个螺丝。

2. 互感器安装

互感器须固定在支架上；同一组互感器的极性应一致；低压互感器接地电阻不大于 4Ω 时，允许互感器底座不再另行接地。

3. 电能计量装置电能表的配置

负荷电流为 60A 及以下时，宜采用直接接入式电能表；负荷电流为 60A 以上时，宜采用经电流互感器接入式的接线方式。

4. 电能表额定容量的选择

电能表的额定容量的大小应根据用户用电负荷的大小来进行选择。用电负荷的上限应不超过电能表的额定容量；下限不应低于电能表允许误差规定的负荷电流值。

5. 接线盒安装

应水平放置，电压连接片开口向上，接线盒的端子标志要清晰正确；并应套标识管。

6. 导线扎束

应采用塑料捆扎带，扎线尾线应修剪平整；导线转弯弧度不得小于线径的 2 倍。

7. 接线要求

中华人民共和国电力行业标准《DL/T 825—2002 电能计量装置安装接线规则》要求如下。

（1）按待装电能表端钮盒盖上的接线图正确接线。

（2）装表用导线颜色规定：A、B、C 各相线及 N 中性线分别采用黄、绿、红及黑色。接地线用黄绿双色。这是符合国家标准《GB/T 2681—1981 电工成套装置中的导线颜色》规定。

（3）三相电能表端钮盒的接线端子，应遵循"一孔一线""孔线对应"原则。禁止在电能表端钮盒端子孔内同时连接两根导线，以减少在电能表更换时接错线的概率。

（4）三相电源相序应按正相序装表接线。因三相电能表在接线图上已标明正相序，而且在室内检定时也是按正相序检定，特别是感应式无功电能表若是在逆相序电源下将会出现倒走。

（5）对经互感器接入式的三相电能表，为便于日常现场检表和不停电换表处理需要，建议在电能表前端加装试验接线盒。互感器二次回路的连接导线应采用铜质单芯绝缘线。

（6）对电流二次回路，导线截面应按电流二次回路额定电流负载计算确定，并且不小于 4mm^2；对电压二次回路，导线截面应按允许的电压降计算确定，并且不小于 2.5mm^2。

（7）三只低压电流互感器二次绕组宜采用不接地形式（固定支架应接地），因低压电流互感器的一次、二次绕组的间隔对地绝缘强度要求不高，二次不接地可减少电能表受雷击放电的概率。

（8）严禁在电流互感器二次绕组与电能表相连接的回路中有接头，必要时应采用电能表试验接线盒、电流型端子排等过渡连接。电流互感器二次回路严禁开路。

（9）若低压电流互感器为穿芯式时，应采用固定单一变比量程，以防止发生互感器倍率差错。

（10）采用合适的螺丝批，拧紧端钮盒内所有螺丝，确保导线与接线柱间的电气连接可靠。

（11）检查接线步骤如下：

1）检查电能表、互感器、终端、接线盒接线是否正确、规范、牢固；

2）检查接线盒电流、电压连接片是否在运行位置；

3）检查连接互感器、电能表、接线盒的导线有无漏铜现象，螺丝不能压导线绝缘层；

4）检查所有紧固件是否拧紧，手动再拧一遍；

5）封印；

6）电能表封印、接线盒封印（要两边都要封）；

7）送电后检查计量装置；

8）检查电压、电流、相序、电能表起度、时间、采集设备是否正常，拍照。

8.接线工艺要求

导线必须横平竖直，折弯处不能采用工具，以免伤到绝缘层，如图 2-5 所示。

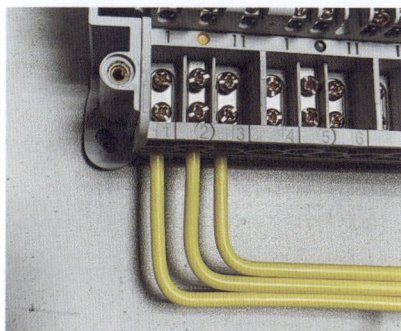

图 2-5 导线摆放示意图

剥线的长度要适合（剥削长度 2cm 左右），如图 2-6 至图 2-8 所示；两个螺丝都要能压到金属部分，且金属无外漏，如图 2-9、2-10 所示。

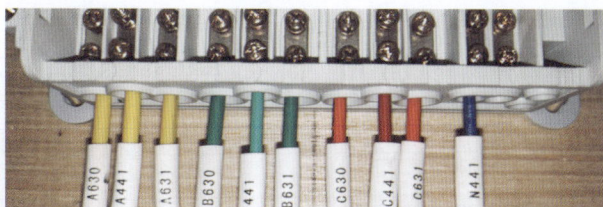

图 2-6 剥线长度示意图

图 2-7 剥线长度示意图

图 2-8 剥线长度示意图

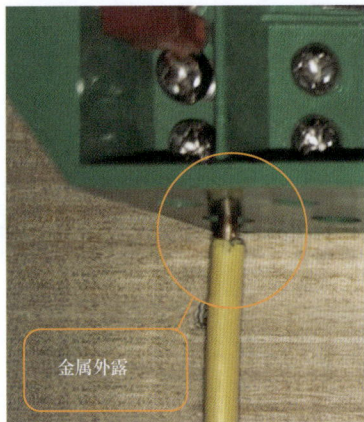

图 2-9 金属外露显示图

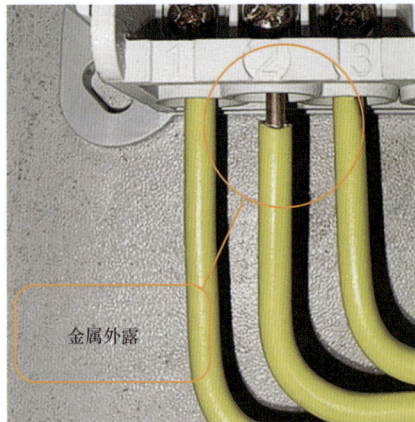

图 2-10 金属外露显示图

剥线的长度要适合，一般 2cm 左右，两个螺丝都要能压到金属部分，如图 2-11 所示，不能压到绝缘皮上，如图 2-12 所示。

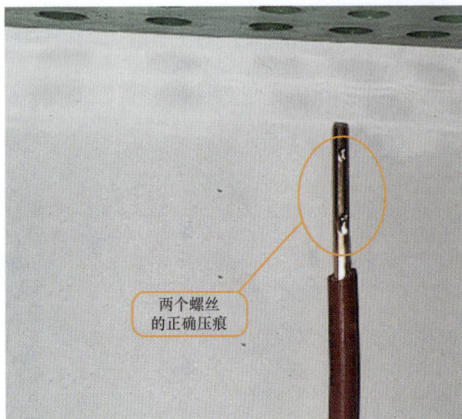

图 2-11 螺丝压到金属部分示意图

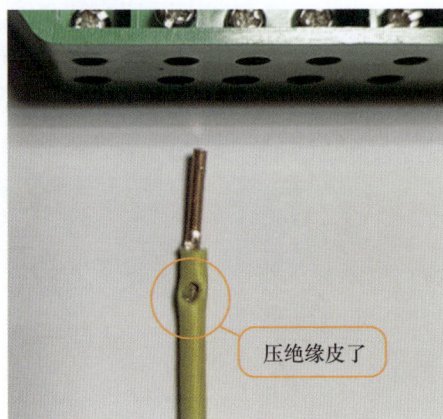

图 2-12 压绝缘皮显示图

互感器二次接线，应用尖嘴钳将导线弯成闭合圆圈，紧线时，圆圈开口的方向应与螺丝旋紧的方向一致，即顺时针方向，逆时针闭环圆圈如图 2-13 所示，顺时针闭环圆圈如图 2-14 所示。

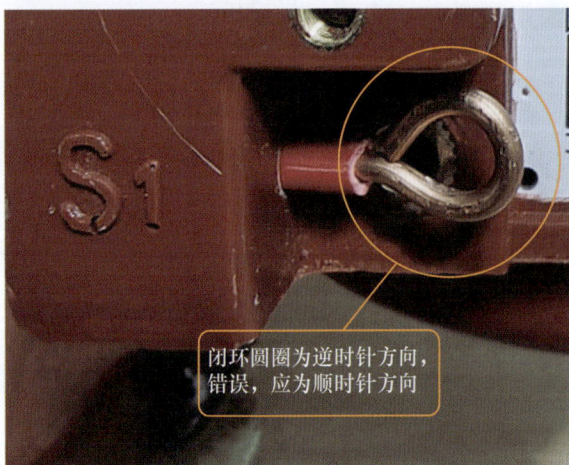

图 2-13 闭环圆圈为逆时针示意图

图 2-14 顺时针闭合圆圈示意图

9. 电器元件连接

电能表、采集设备必须一个空位连接一根导线，与互感器连接的导线应留有余度，接线盒进线端导线应留有余度，如图 2-15 所示。

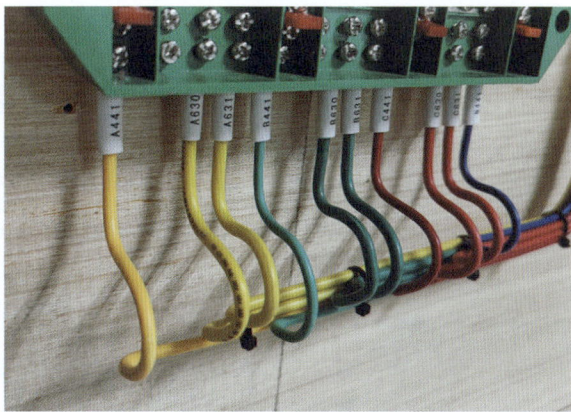

图 2-15　电器元件连接示意图

10. 低压计量接线注意事项

（1）单相电能表新装接线时应分清相零线，正确分析该电能表是否单进单出，才安装接线，接线时先接负载后接电源。

（2）应按正相序接线。因为三相电能表都按正相序校验的。若实际使用时接线相序与校验时的相序不一致，便会产生附加误差。

（3）中性线即零线不能接错，否则电压元件将承受比规定值大 $\sqrt{3}$ 倍的线电压。

（4）与中性对应的端钮一定要接牢，否则可能因接触不良或断线产生电压差，引起较大的计量误差。

（5）单相电能表的零线接法是将零线剪断，再接入电能表的 3、4 端子。

（6）三相四线有功电能表零线接法是零线不剪断，两种电能表零线采用不同接法。是因为三相四线电能表若零线剪断接入或在电能表里接触不良，容易造成零线断开事实，结果会使负载中点和电源中点不重合，负载上承受的电压出现不平衡，有的过电压、有的欠电压，因此设备不能正常工作，承受过电压的设备甚至还会被烧毁。

（7）操作过程中，注意工器具的操作方式，防止短路。

（五）电能计量装置的配置原则

电能计量装置的配置应该符合 DL/T 448—2016 的相关规定。

1. 电能计量装分类

运行中的电能计量装置按计量对象重要程度和管理需要分为五类（Ⅰ、Ⅱ、Ⅲ、Ⅳ，Ⅴ）。分类细则及要求如下。

（1）Ⅰ类电能计量装置。220kV 及以上贸易结算用电能计量装置 500kV 及以上考核用电能计量装置，计量单机容量 300MW 及以上发电机发电量的电能计量装置。

（2）Ⅱ类电能计量装置。110（66）kV~220kV 贸易结算用电能计量装置，220kV~500kV 考核用电能计量装置。计量单机容量 100MW~300MW 发电机发电量的电能计量装置。

（3）Ⅲ类电能计量装置。10kV~110（66）kV 贸易结算用电能计量装置，10kV~220kV 考核用电能计量装置。计量 100MW 以下发电机发电量、发电企业厂（站）用电量的电能计量装置。

（4）Ⅳ类电能计量装置。380V~10kV 电能计量装置。

（5）Ⅴ类电能计量装置。220V 单相电能计量装置。

2. 准确度等级

各类电能计量装置配置准确度等级要求如下。

（1）各类电能计量装置应配置的电能表、互感器准确度等级应不低于表 2-1 所示值，各类电能计量装置配置准确度等级如表 2-2 所示。

表 2-2　各类电能计量装置配置准确度等级

电能计量装置类别	准确度等级			
	电能表		电力互感器	
	有功	无功	电压互感器	电流互感器
Ⅰ	（0）2S	2	（0）2	（0）2S
Ⅱ	（0）5S	2	（0）2	（0）2S
Ⅲ	（0）5S	2	（0）5	（0）5S
Ⅳ	1	2	（0）5	（0）5S
Ⅴ	2	—	—	（0）2S

注　（1）根据 IR46 国际建议，2020 版智能电能表等级指数用 A 级、B 级、C 级、D 级表示，代替原有 2 级、1 级、0.5S 级、0.2S 级的表示方法。
　　（2）发电机出口可选用非 S 级电流互感器。

（2）电能计量装置中电压互感器二次回路电压降应不大于其额定二次电压的 0.2%。

3. 电能计量装置接线方式

电能计量装置的接线应符合 DL/T 825 的要求。

（1）接入中性点绝缘系统的电能计量装置，应采用三相三线有功、无功或多功能电能表。

（2）接入非中性点绝缘系统的电能计量装置，应采用三相四线有功、无功或多功能电能表。

（3）接入中性点绝缘系统的电压互感器，35kV 及以上的宜采用 Yy 方式接线；35kV 以下的宜采用 V/v 方式接线。接入非中性点绝缘系统的电压互感器，宜采用 Yoyo 方式接线，其一次侧接地方式和系统接地方式相一致。

（4）三相三线制接线的电能计量装置，其 2 台电流互感器二次绕组与电能表之间应采用四线连接。三相四线制接线的电能计量装置，其 3 台电流互感器二次绕组与电能表之间应采用六线连接。

（5）在 3/2 断路器接线方式下，参与"和相"的 2 台电流互感器，其准确度等级、型号和规格应相同，二次回路在电能计量屏端子排处并联，在并联处一点接地。

（6）低压供电，计算负荷电流为 60A 及以下时，宜采用直接接入电能表的接线方式；计算负荷电流为 60A 以上时，宜采用经电流互感器接入电能表的接线方式。

（7）选用直接接入式的电能表其最大电流不宜超过 100A。

4. 电能计量装置配置原则

（1）贸易结算用的电能计量装置原则上应设置在供用电设施的产权分界处。发电企业上网线路、电网企业间的联络线路和专线供电线路的另一端应配置考核用电能计量装置。分布式电源的出口应配置电能计量装置，其安装位置应便于运行维护和监督管理。

（2）经互感器接入的贸易结算用电能计量装置应按计量点配置电能计量专用电压、电流互感器或专用二次绕组，并不得接入与电能计量无关的设备。

（3）电能计量专用电压、电流互感器或专用二次绕组及其二次回路应有计量专用二次接线盒及试验接线盒。电能表与试验接线盒应按一对一原则配置。

（4）Ⅰ类电能计量装置、计量单机容量 100MW 及以上发电机组上网贸易结算电量的电能计量装置和电网企业之间购销电量的 110kV 及以上电能计量装置，宜配置型号、准确度等级相同的计量有功电量的主副两块电能表。

（5）35kV 以上贸易结算用电能计量装置的电压互感器二次回路，不应装设隔离开关辅助接点，但可装设快速自动空气开关。35kV 及以下贸易结算用电能计量装置的电压互感器二次回路，计量点在电力用户侧的应不装设隔离开关辅助接点和快速自动空气开关等，计量点在电力企业变电站侧的可装设快速自动空气开关。

（6）安装在电力用户处的贸易结算用电能计量装置，10kV 及以下电压供电的用户，应配置符合《GB/T 16934—2013 电能计量柜》规定的电能计量柜或电能计量箱；35kV 电压供电的用户，宜配置符合《GB/T 16934—2013 电能计量柜》规定的电能计量柜或电能计量箱。未配置电能计量柜或箱的，其互感器二次回路的所有接线端子、试验端子应能实施封印。

（7）安装在电力系统和用户变电站的电能表屏，其外形及安装尺寸应符合《GB/T 7267—2015 电力系统二次回路保护及自动化柜（屏）基本尺寸系列》的规定，屏内应设置交流试验电源回路以及电能表专用的交流或直流电源回路。电力用户侧的电能表屏内应有安装电能信息采集终端的空间，以及二次控制、遥信和报警回路的端子。

（8）贸易结算用高压电能计量装置应具有符合《DL/T 566—1995 电压失压计时器技术条件》要求的电压失压计时功能。

（9）互感器二次回路的连接导线应采用铜质单芯绝缘线，对电流二次回路，连接导线截面积应按允许的电压降计算确定，至少不应少于 2.5mm²。

（10）互感器额定二次负荷的选择应保证接入其二次回路的实际负荷在 25%~100% 额定二次负荷范围内。二次回路接入静止式电能表时，电压互感器额定二次负荷不宜超过 10VA，额定二次电流为 5A 的电流互感器额定二次负荷不宜超过 15VA，额定二次电流为 1A 的电流互感器额定二次负荷不宜超过 5VA。电流互感器额定二次负荷的功率因数应为 0.8~1.0；电压互感器额定二次负荷的功率因数应与实际二次负荷的功率因数接近。

（11）电流互感器额定一次电流的确定，应保证其在正常运行中的实际负荷电流达到额定值的 60% 左右，至少应不小于 30%。否则，应选用高动热稳定电流互感器，以减小变比。

（12）为提高低负荷计量的准确性，应选用过载 4 倍及以上的电能表。

（13）经电流互感器接入的电能表，其额定电流宜不超过电流互感器额定二次电流的 30%，其最大电流宜为电流互感器额定二次电流的 120% 左右。

（14）执行功率因数调整电费的电力用户，应配置计量有功电量、感性和容性无功电量的电能表；按最大需量计收基本电费的电力用户，应配置具有最大需量计量功能的电能表；实行分时电价的电力用户，应配置具有多费率计量功能的电能表；具有正、反向送电的计量点应配置计量正向和反向有功电量以及四象限无功电量的电能表。

（15）交流电能表外形尺寸应符合 GB/Z 21192—2007 的相关规定。

（16）计量直流系统电能的计量点应装设直流电能计量装置。

（17）带有数据通信接口的电能表通信协议应符合 DL/T 645 及其备案文件的要求。

（18）Ⅰ、Ⅱ类电能计量装置宜根据互感器及其二次回路的组合误差优化选配电能表；其他经互感器接入的电能计量装置宜进行互感器和电能表的优化配置。

（19）电能计量装置应能接入电能信息采集与管理系统。

（六）装表接电前准备

1. 前期查勘

安装前，须联系客户，进行安装现场实地查勘，并确定电能计量装置安装时间。批量轮换，提前一周在更换小区显著位置，张贴轮换通知，并取得物业 / 社居委的同意支持。检查计量装置是否符合相关要求。

2. 配表

目前除抢修外，新装、批量轮换、故障、审校、零散新装增容均是先配后领。

3. 领表、打印装拆单

批量领表时要注意，要用周转箱，要有防护，不能露天运输，注意防震。使用装拆单时，因有用户重要信息，要注意信息不能外泄，不能随意丢弃。

4. 人员的准备

工作负责人（安全监护人）组织工作班人员学习作业指导书，使全体工作人员熟悉工作内容、进度要求、作业标准、安全注意事项。工作班人员需要具备作业准入资质，具有计量外勤工作的基本技能。全体工作人员了解现场作业环境条件，分析可能遇到的问题，提出有效的预防措施。

5. 工器具及材料的准备

单芯铜质绝缘线若干，RS-485 线，安装工具一套（活动扳手、平口螺丝刀、十字螺丝刀、剥线钳、尖嘴钳、电工刀等），照明工具（不建议用手机照明，发生人身电弧灼烧的事件）。

6. 个人防护用品

包括安全帽、工作服、手套、绝缘鞋等。

7. 工作票

工作负责人要明白工作任务和工作人员，工作人员要明确工作内容和危险点。

（七）表计设备安装接线

1. 单相电能表

单相电能表不经过互感器直接接入，单相电能表例图如图 2-16、2-17 所示。

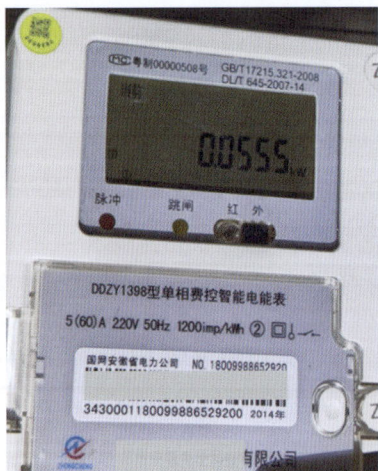

图 2-16 单相电能表例图　　　　图 2-17 单相电能表例图

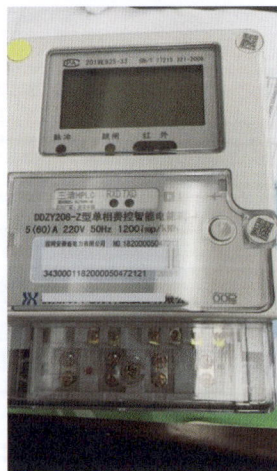

单相电能表结构示意图及接线图如下图所示：保证电能表带电，单相表的进户的火线、零线一定要接，单相表的进户线一般是电源端子的 1 号和 3 号端子，图 2-18 为单相电能表电路图，单相电能表接线图如图 2-19、2-20 所示。

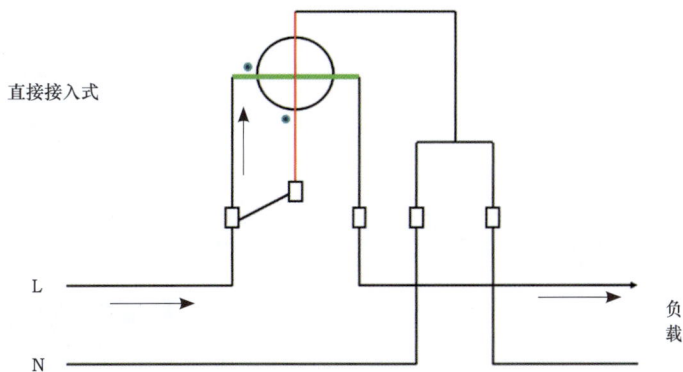

图 2-18 单相电能表电路图

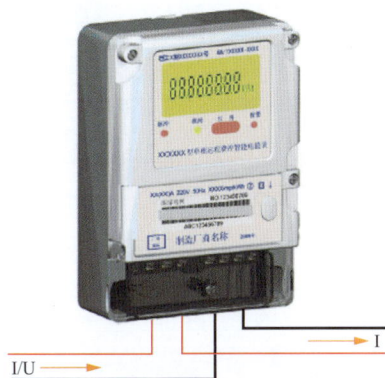

图 2-19 单相电能表接线示例图

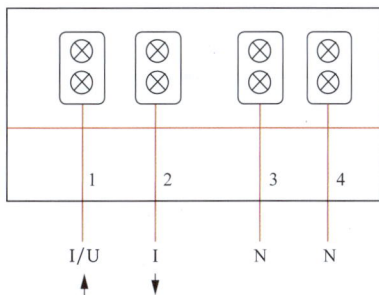

图 2-20 单相电能表接线示意图

计算公式如下：

$$P = UI\cos\phi \tag{2-1}$$

2. 三相四线电能表

（1）直接接入式三相四线电能表。直接接入式三相四线接线方式应用于中性点有效接地系统，如低压400V配网系统，需要测三路电压和三路电流值即可测得三相电路总的功率值，由于线路为低压线路可直接接入电能表，当电流值小于60A时，直接接入。直接接入式三相四线低压电能表如图2-21所示。

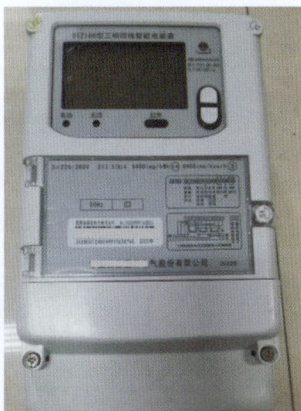

图 2-21 直接接入式三相四线低压电能表

直接接入式三相四线电能表电路图如图2-22所示：保证三相表各相均接电，三相火线应该接电能表的1，3，5端子，零线接7号端子，现在应以实际表尾上的标记为准，图2-23为三相电能表接线示例图，图2-24为三相电能表接线示意图。

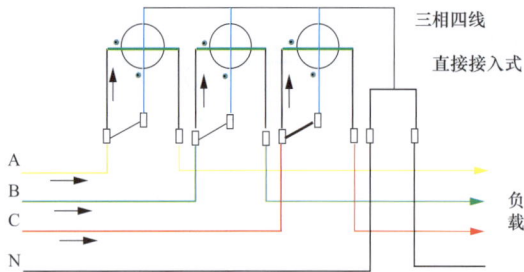

图 2-22 三相电能表电路图

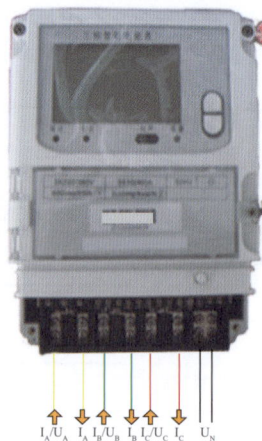

图 2-23 三相电能表接线示例图

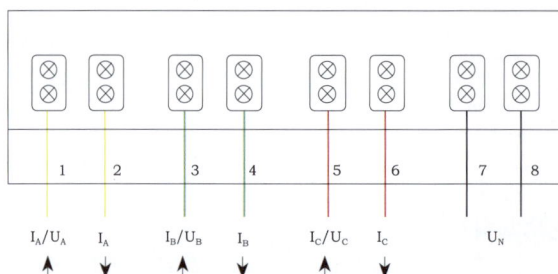

图 2-24 三相电能表接线示意图

电能有功功率计算公式如下：

$$P = \dot{P}_A + \dot{P}_B + \dot{P}_C = U_A I_A \cos\phi_A + U_B I_B \cos\phi_B + U_C I_C \cos\phi_C \qquad (2-2)$$

（2）经电流互感器接入式三相四线低压电能表。经电流互感器接入式三相四线低压电能表接线方式应用于中性点有效接地系统，如低压 400V 配网系统，需要测三路电压和三路电流值即可测得三相电路总的功率值，当电流值大于 60A 时，需经电流互感器二次回路接入，图 2-25 为经电流互感器接入式三相四线低压电能表例图，图 2-26 为计量联合接线盒实物图。

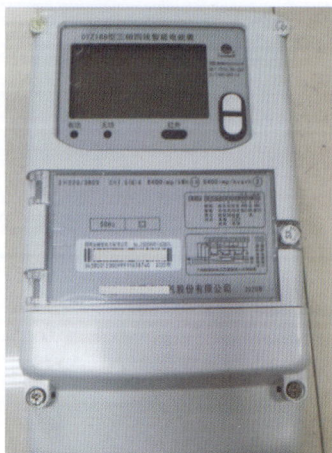

图 2-25 经电流互感器接入式
三相四线低压电能表例图

图 2-26 计量联合接线盒实物图

经电流互感器接入式三相四线低压电能表结构示意图及接线图如图 2-27 所示。

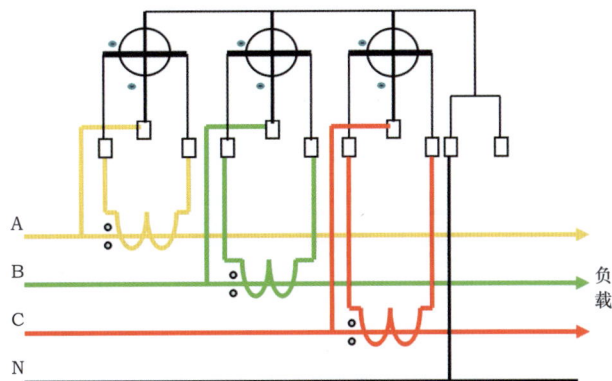

图 2-27　经 TA 接三相四线正确接线图

电能有功功率计算公式如下：

$$P = \dot{P}_A + \dot{P}_B + \dot{P}_C = U_A I_A \cos\phi_A + U_B I_B \cos\phi_B + U_C I_C \cos\phi_C \tag{2-3}$$

（3）三相四线高压电能表。三相四线高压电能表接线方式应用于中性点有效接地系统，如 110kV 及以上电力系统，需要测三路电压和三路电流值即可测得三相电路总的功率值，因此线路中需接入三组 TA 和三组 TV，图 2-28 为三相四线高压电能表例图，三相四线高压电能表电路图如图 2-29 所示。

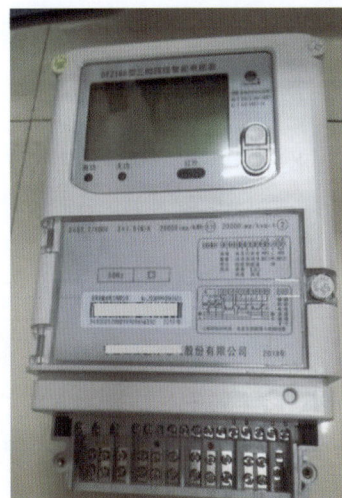

图 2-28　三相四线高压电能表例图

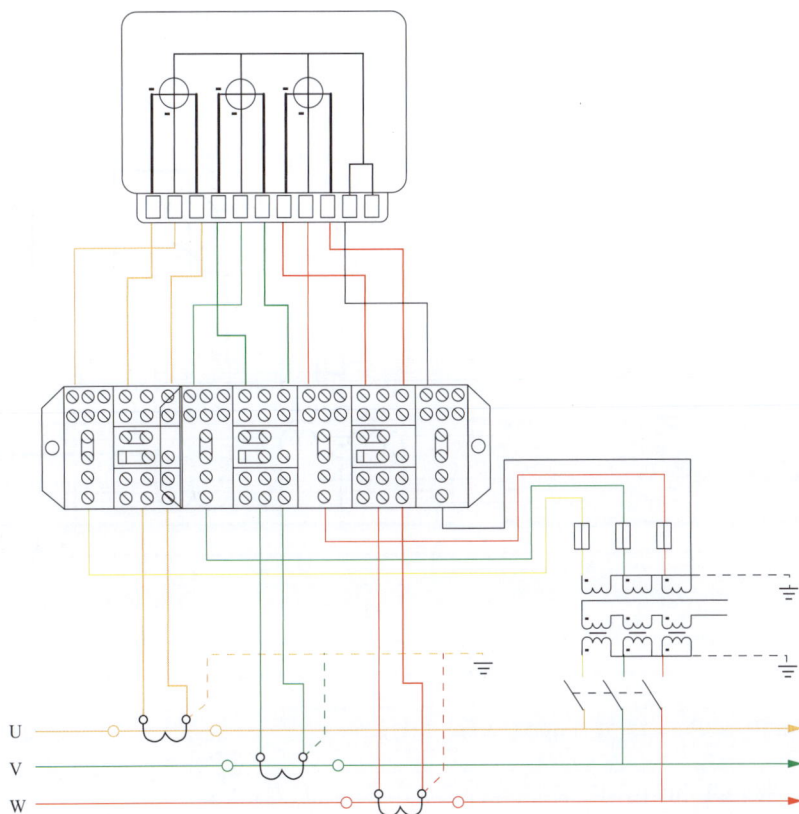

图 2-29　三相四线电能表电路图

电能有功功率计算公式如下：

$$P = \dot{P}_A + \dot{P}_B + \dot{P}_C = U_A I_A \cos\phi_A + U_B I_B \cos\phi_B + U_C I_C \cos\phi_C \tag{2-4}$$

三相感性负荷均衡时，三相四线电能表的向量图如图 2-30 所示。

3.三相三线电能表

三相三线接线方式广泛应用于中性点非有效接地系统，如 10kV~35kV 配网系统，只需要测两路线电压和两路电流值即可测得三相电路总的功率值，因此线路中只需接入两组 CT 和两组 PT，图 2-31 为三相三线高压电能表例图，图 2-32 为三相三线高压电能表接线例图，图 2-33 为三相三线电能表原理例图。

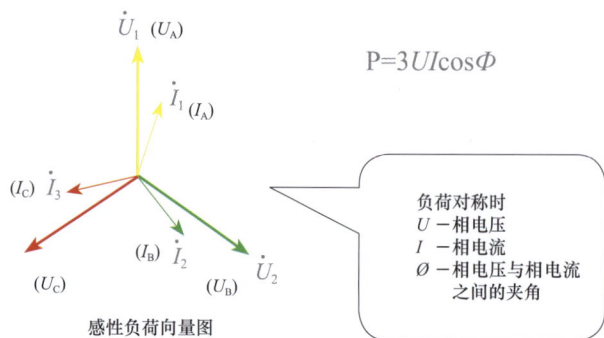

图 2-30　三相四线电能表的向量图

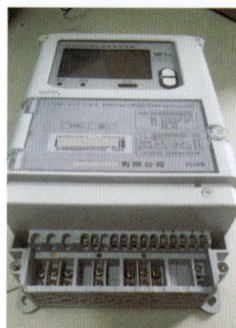

图 2-31　三相三线高压电能表例图

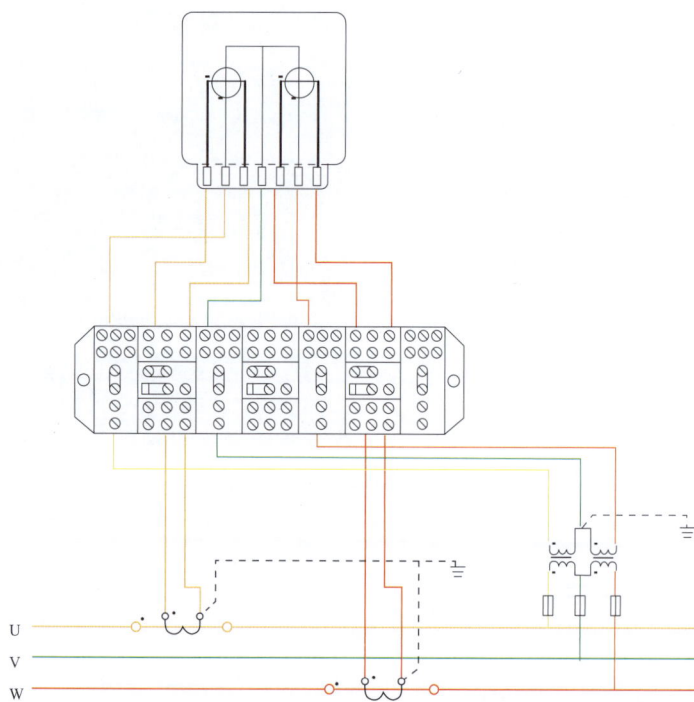

图 2-32　三相三线高压电能表接线例图

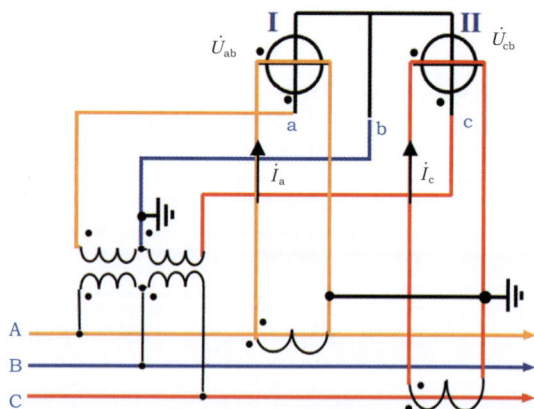

图 2-33　三相三线电能表原理例图

电能有功功率计算公式如下：

$$P = P_1 + P_2 = \dot{P}_{AB} + \dot{P}_{CB} = U_{AB}I_A \cos\phi_{AB} + U_{AB}I_C \cos\phi_{CB} \tag{2-5}$$

三相三线电能表之所以只需接入两组 CT 和两组 PT 能准确计量，其推导过程如下：

由于

$$\dot{I}_A + \dot{I}_B + \dot{I}_C = 0 \text{（基尔霍夫电流定律）} \tag{2-6}$$

$$P = P_A + P_B + P_C = \dot{U}_A \dot{I}_A + \dot{U}_B \dot{I}_B + \dot{U}_C \dot{I}_C$$

$$= \dot{U}_A \dot{I}_A + \dot{U}_B(-\dot{I}_C - \dot{I}_A) + \dot{U}_C \dot{I}_C$$

$$= (\dot{U}_A - \dot{U}_B)\dot{I}_A + (\dot{U}_C - \dot{U}_B)\dot{I}_C = U_{AB} I_A \cos\phi_{AB} + U_{CB} I_C \cos\phi_{CB}$$

对于三相负荷均衡时，有

$$\begin{aligned} P &= U_{ab} I_a \cos(30° + \varphi) + U_{cb} I_c \cos(30° - \varphi) \\ &= UI(\cos 30° \cos\varphi - \sin 30° \sin\varphi \\ &\quad + \cos 30° \cos\varphi + \sin 30° \sin\varphi) \\ &= 2UI\cos 30° \cos\varphi \\ &= \sqrt{3} UI \cos\varphi \end{aligned}$$ （2-7）

其三相三线电能表三相负荷均衡时的向量图如图 2-34 所示。

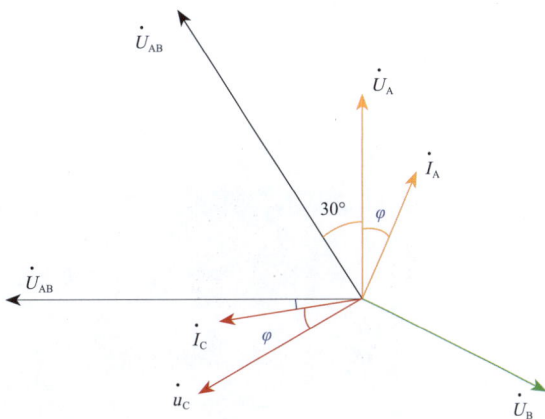

图 2-34 三相三线电能表向量图

4.数字化电能表

数字化电能表，是具有高准确度、智能型电能计量产品，产品依据 DB43/T 558—2010 数字化电能表标准，参照 GB/T 17215.211—2006、GB/T 17215.322—2008、DL/T 614—2007、DL/T 645—2007、IEC 61850-9-1、IEC 61850-9-2、IEC 61850-8-1 和电能表特殊要求等相关电能表标准。

工作原理：由数字协议处理模块、高精度 DSP 计量模块微处理器、温补实时时钟、数据接口设备和人机接口设备组成。DSP 计量模块利用数字协议处理模块传输的数字采样数据，并对其进行数字积分运算，从而精确地获得有功电量和无功电量，微处理器依据相应费率和需量等要求对数据进行处理。其结果保存在数据存储器中，并随时向外部接口提供信息和进行数据交换，其原理图如图 2-35 所示。

数字化电能表的数字使用的采样数据通过光纤从合并单元（merging unit；MU）获取，数字化电能表例图如图 2-36 所示。合并单元是对来自二次转换器的电流／电压数据进行时间相关组合的物理单元。合并单元可以是互感器的一个组件，也可以是一个分立单元，例如装在控制室内。后续计量装置需要同一间隔时间相关的电流、电压才能计算电能量。合并单元就是使输入电流电压信号进行时间相关处理，并按 IEC61850 的协议输出数据的装置，核心功能是数据同步，合并单元例图如图 2-37 所示，图 2-38 为数字化电能表和合并单元通过光纤连接例图，图 2-39 为数字化电能表接口示意图。

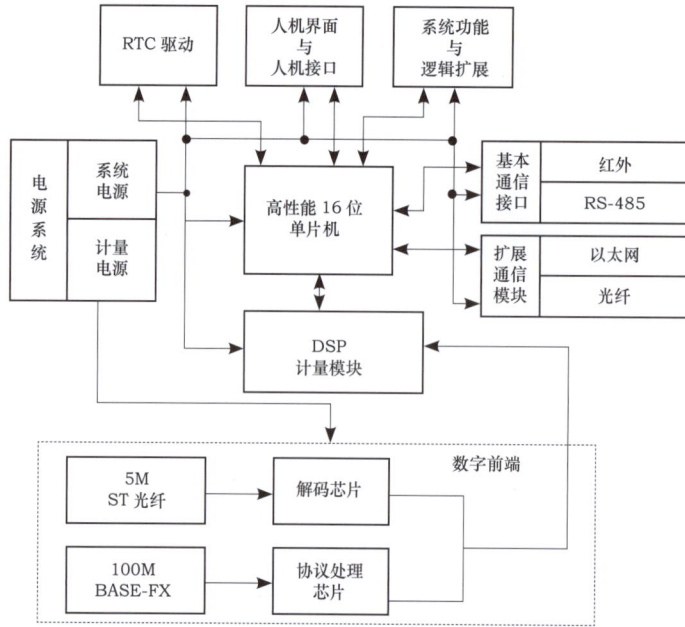

图 2-35 数字化工作原理图

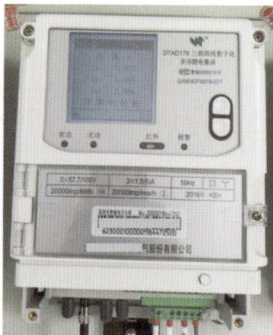

图 2-36 数字化电能表例图

图 2-37 合并单元例图

图 2-38 数字化电能表和合并单元通过光纤连接例图

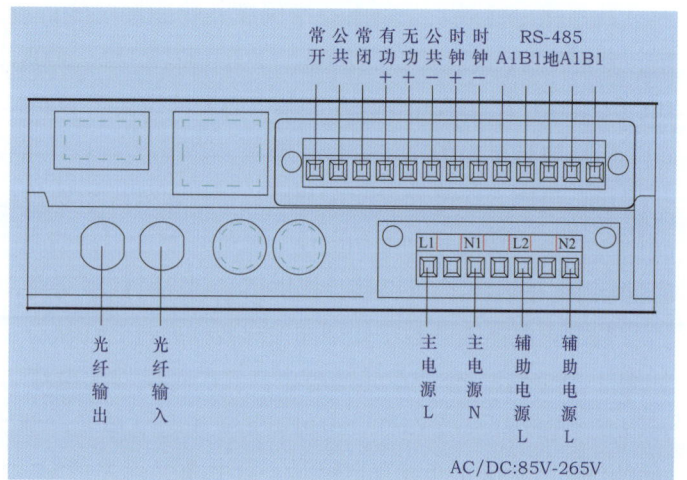

图 2-39 数字化电能表接口示意图

（八）装表接电详细步骤讲解

1. 工器具、线材准备

根据工作内容，准备好合适的工器具（尖嘴钳、斜口钳、剥线钳、十字螺丝刀、一字螺丝刀、RS-485接线的小号螺丝刀）、BV4、BV2.5 四色线、扎带若干等，图 2-40 为工器具、线材准备例图。

2. 安装电能表、接线盒、互感器

根据现场空间、实际表箱布局，安装互感器、电能表、计量联合接线盒相应位置要有裕度，便于接线，安装电能表、接线盒、互感器如图 2-41 所示。

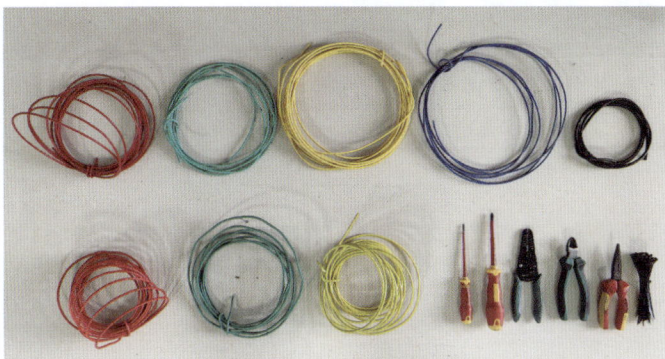

图 2-40　工器具、线材准备例图

图 2-41　安装电能表、接线盒、互感器例图

3. 绑扎

绑扎过程中严禁出现交叉，扎带的方式是第一条扎带绑紧，从第二条往后的扎带预留可以活动的空间，便于快速绑扎，平均每 7~10cm 绑扎一个，图 2-42、2-43 为现场绑扎解析图。

图 2-42　现场绑扎解析图（一）

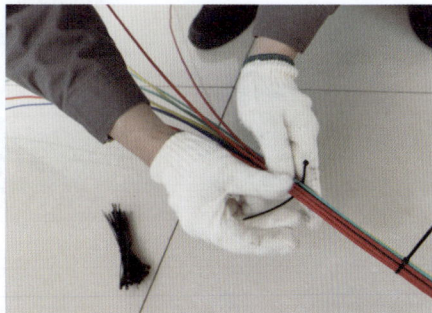

图 2-43　现场绑扎解析图（二）

将捆扎好的导线线头对应接线盒各相电压、电流接线孔距离依次将导线弯折，先弯折靠近导线走向的导线，最好对应孔距，如图 2-44 所示。

图 2-44　导线线头对应接线盒显示图

捆扎导线时，对应的3根黄色、绿色、红色导线和1根蓝色导线按照"3-4-3"的位置排列，即：黄、红两色在外层，绿、蓝两色在内层，蓝色靠外。捆扎后的导线不叉色，捆扎导线示意图如图4-45所示。

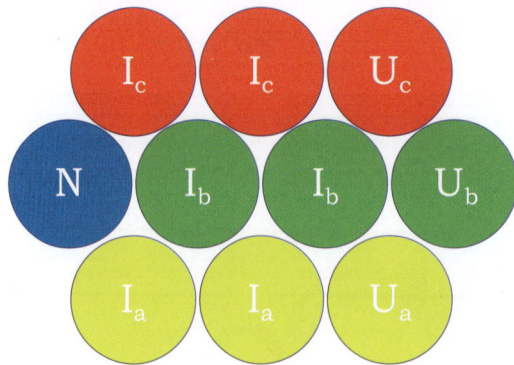

图 2-45 捆扎导线示意图

4.走向

将各个弯折点用扎带捆扎，对齐后按照预留 8~10mm 的长度剪齐（在拐弯、接线处、互感器侧视具体情况而定），如图 2-46 所示。

图 2-46 导线走向示意图

5.接入接线盒

将线头剥去绝缘层，裸露的导线长度大约为 2cm 左右，如图 2-47 所示。将标识号头对应各相电压、电流套管套入导线，将导线与接线盒连接，拧紧螺丝，如图 2-48 所示。

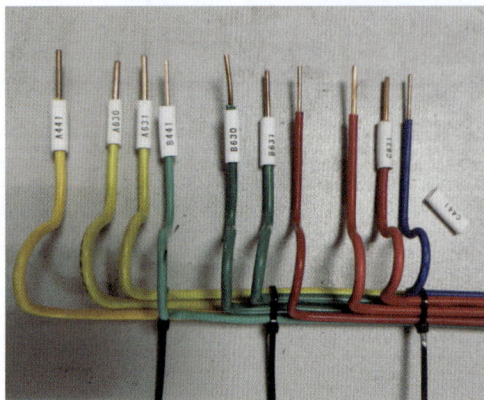

图 2-47 线头剥线例图

图 2-48 导线与接线盒连接例图

6. 接互感器侧

做线圈，做法：将导线折弯 45 度，用尖嘴钳弯成圆形，如图 2-49、2-50 所示。

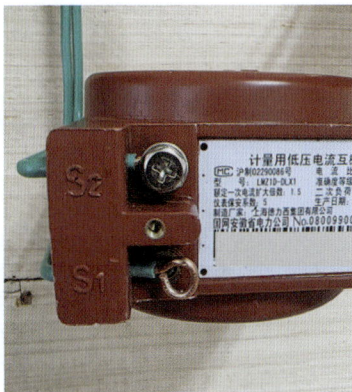

图 2-49　线圈例图

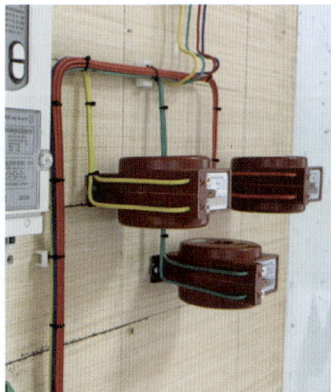

图 2-50　接入互感器侧例图

7. 接电能表侧

按照接线盒到电能表之间的距离依次分色拆线接入，如图 2-51 所示。

(a)

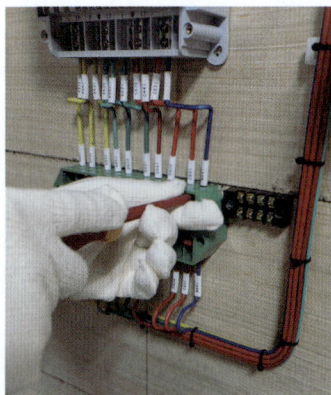

(b)

图 2-51　分色拆线接入例图

8. 接 RS-485 线

用 RVVP2*0.75 的 RS-485 线缆连接电能表至 RS-485 端子，如图 2-52 所示。

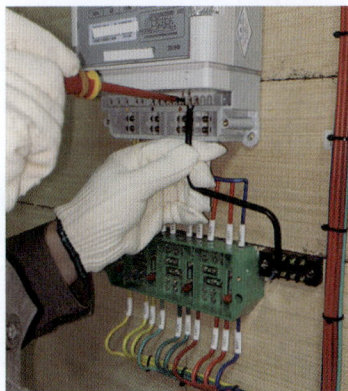

(a)

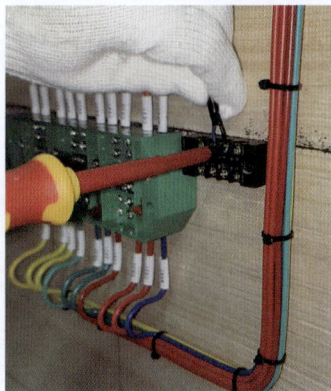

(b)

图 2-52　接 RS-485 线例图

9.恢复、检查计量联合接线盒

短接电压、电流连接片，注意电流上片短接，下片断开，如图 2-53 所示。

10.三相四线低压倍率表接线

三相四线低压倍率表接线完成图如图 2-54 所示。

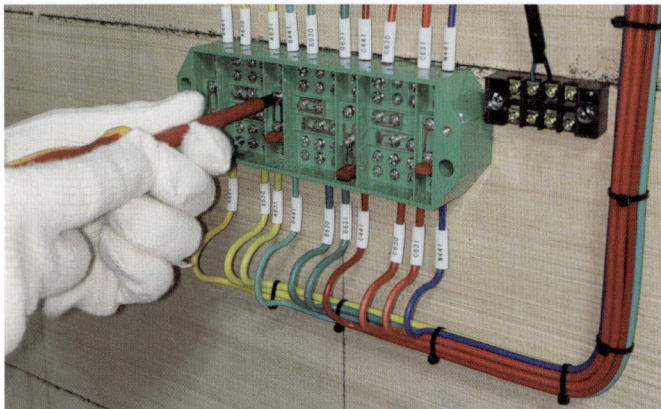

图 2-53　恢复、检查计量联合接线盒

图 2-54　三相四线低压倍率表接线完成图

（九）作业后检查与清理现场

（1）检查电能表、联合接线盒、互感器安装牢固，一、二次侧连接的各处螺钉是否牢固，接触面应紧密，二次回路接线正确。

（2）对电能表安装质量和接线进行检查，确保接线正确，工艺符合规范要求。

（3）检查联合接线盒内连接片的位置，确保正确。

（4）如现场暂时不具备通电检查条件，可先实施封印。

（5）现场通电测量电压及相序，观察电能表运转是否正常。

（6）检查工作单上的记录，严防遗漏项目。

（7）确认安装无误后，正确记录新装电能表各项读数，对电能表、计量柜（箱）、联合接线盒等进行加封，记录封印编号，并拍照留证。

（8）请客户在工作单上履行确认签字手续。

（9）清理施工现场工作主要包括：

1）清理现场，保证计量箱、柜内无工具、物件和其他杂物。

2）检查设备上无遗留工器具和导线、螺钉材料。

3）清点工具，清理工作现场。

4）负责人在工作记录上详细记录本次工作内容、工作结果和存在的问题等。

5）终结工作票（派工单）手续。

（十）验收

1.送电前验收

（1）互感器检定（检验）。

（2）技术资料完整性检查（包括施工变更资料）。

1）图纸完整性，包括电气主接线图（含互感器配置信息）；电流、电压回路图；电流、电压互感器二次出口端子图；电流互感器安装接线图；电压互感器安装接线图。

2）技术资料齐全，包括电压互感器、电流互感器产品说明书；电压互感器、电流互感器出厂检验报告；电能表、电压互感器、电流互感器检定证书（检验报告）；其他相关资料。

（3）现场核查。

（4）核对计量器具型号、规格、出厂编号等是否与计量检定证书和技术资料的内容相符。

（5）检查装置、器具外观是否完好无损，安装质量是否符合要求。

（6）检查电能表的显示、按钮、电池是否正常并核对起始底度。

（7）检查计量屏（柜）门锁及铅封，联合接线盒，观察窗，主、副表配置及标志，柜体标志，警示标志，信号端子等是否符合要求。

（8）检查二次回路导线线径、色标及封闭情况等是否符合要求。

（9）检查电能表、互感器及其二次回路接线是否正确。

（10）填写送电前验收报告，提出验收意见。

（11）验收不合格的电能计量装置，提出整改意见，整改完成后再行验收。

2．送电后验收

（1）参照《电能表现场检验作业指导书》进行电能表现场检验。

（2）电能表的误差不应超过等级指标，内部时钟不应超过 5min。

（3）参照《电压互感器二次回路压降现场测试作业指导书》进行电压互感器二次回路压降现场测试。

（4）Ⅰ、Ⅱ类用于贸易结算的电能计量装置中电压互感器二次回路电压降应不大于其额定二次电压的 0.2%；其他电能计量装置中电压互感器二次回路电压降应不大于其额定二次电压的 0.5%。

（5）参照《电流、电压互感器实际二次负荷测试作业指导书》进行电流、电压互感器实际二次负荷测试。互感器实际二次负荷应在 25%~100% 额定二次负荷的范围内。

（6）填写送电后验收报告，提出验收意见。

（7）验收不合格的电能计量装置，提出整改意见，整改完成后再进行验收。

二、采集器安装

采集器是用于采集多个电能表电能信息，并可与集中器交换数据的设备。采集器依据功能可分为基本型采集器和简易型采集器。基本型采集器抄收和暂存电能表数据，并根据集中器的命令将储存的数据上传给集中器。简易型采集器直接转发低压集中器与电能表间的命令和数据。

（一）作业前准备

（1）根据任务工单完成用户用电设备情况的勘查，了解用户表计信息，计量表类型、功能及数量，所需材料的大概数量。

（2）根据用户用电环境，确定用采集器的安装位置。

（3）根据现场情况，确定采集器的电源接线、通信线接线的位置。

（4）人员的准备。工作负责人（安全监护人）组织工作班人员学习作业指导书，使全体工作人员熟悉工作内容、进度要求、作业标准、安全注意事项。工作班人员需要具备作业准入资质，具有计量外勤工作的基本技能。全体工作人员了解现场作业环境条件，分析可能遇到的问题，提出有效的预防措施。

（5）工器具及材料的准备。单芯铜质绝缘线若干、RVVP2*0.75 的串口通信线、套筒螺丝刀、平口螺丝刀、十字螺丝刀、剥线钳、尖嘴钳、汇集端子、线鼻、照明工具等。

（6）个人防护用品。安全帽、工作服、手套、绝缘鞋等。

（7）工作票（安全措施卡）。工作负责人要明白工作任务和工作人员，工作人员要明确工作内容和危险点。

（8）危险点分析和控制措施。

1）严格执行《国家电网公司电力安全工作规程》（2022 年版）的要求，做好施工前、施工中的安全技术措施。工作负责人向参与施工的工作人员交代本次工作范围现场危险点状况，待所有工作人员在工作票上全部签名后，方可进行用电信息采集终端安装工作。

2）安全工器具应配置齐全，所有安全工器具应经过近期检查安全试验合格，并在有效期内。

3）所有施工工器具裸露部位应做好绝缘措施。

（二）采集器与电源进线的连接

采集运维工作和装表接电工作都是电力营销计量专业的基础工作，他们的准备工作、工艺标准都是类似的，但是设备本身差异较大，Ⅰ型采集器实物图如图 2-55 所示，Ⅱ型采集器结构示意图及接线图如 2-56 所示。

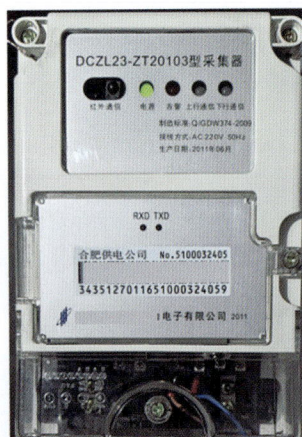

图 2-55　Ⅰ型采集器实物图

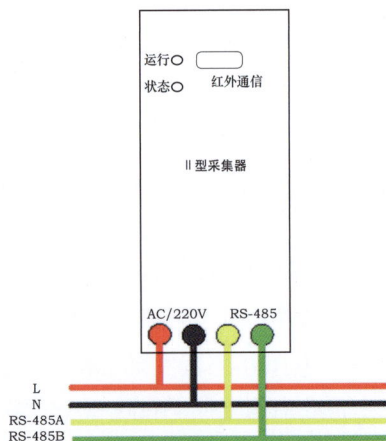

图 2-56　Ⅱ型采集器结构示意图及接线图

电源连接：采集器下部有 4 根引出导线，左边两根为交流 220V，为采集器的电源，接入 220V 电源。

通信连接：右边两根为通信 RS-485 引线，连接电能表。

注意：电源引线和通信引线不要接错，避免烧毁通信接口。

（三）采集器 RS-485 线与电能表 RS-485 线的连接

采集器与电能表通过 RS-485 串口通信主要有两种接线方式——星形接线方式和互连接线方式。

1. 星形接线

采集器和电能表之间增加一个接线汇集端子，每个电能表、采集器通过单独一根 RS-485 线连接接线汇集端子。优点是：一处故障只会影响一块电能表，不会影响之后的所有电能表，如第二只电能表线断，只影响第二只电能表的采集，不影响其他电能表；缺点是：布线量增大，占用空间，星形接线示意图如图 2-57 所示，采用星形连接的现场图片如图 2-58 所示。

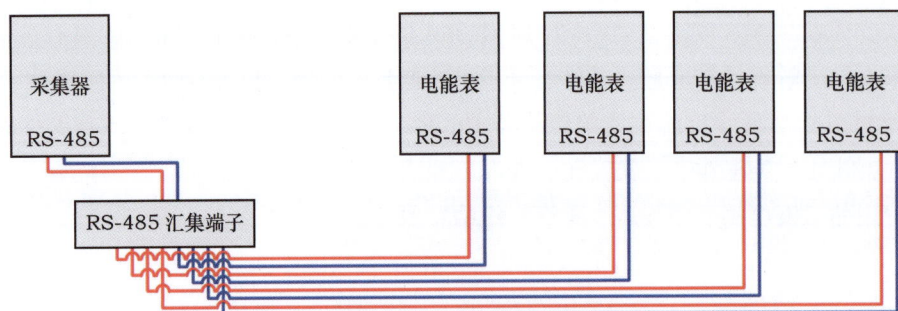

图 2-57　星形接线示意图

图 2-58 采用星形连接的现场图片

2. 互连接线

采集器和电能表通过 RS-485 线互连，即：采集器通过 RS-485 线连接第一只电能表，在第一只电能表的 RS-485 接线端子处并接 RS-485 线连接第二只电能表，在第二只电能表的 RS-485 接线端子处并接 RS-485 线连接第三只电能表……。优点是省线，省空间；缺点是一处故障会影响之后所有的电能表，如第二只电能表线断，那之后第三、四、……N 只电能表都采集不通，采集器和电能表"互连"接线示意图如 2-59 所示。

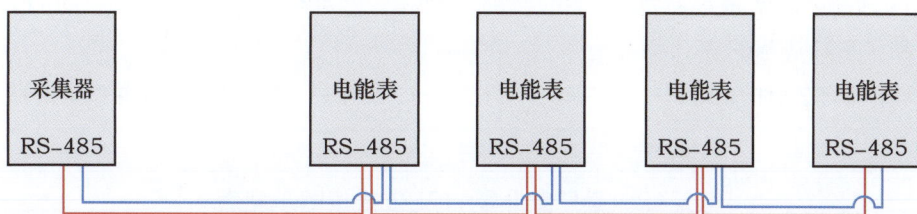

图 2-59 采集器和电能表"互连"接线示意图

（1）表计连接事项说明。

1）为保证信号传输，建议使用 RVVP2*0.75 规格的通信线缆作为 RS-485 串口传输的连接线。

2）表计 RS-485 接口与采集器连接时应注意连接准确性。

3）单相表的 RS-485 端子一般位于辅助端子最右侧。

4）三相表的 RS-485 端子一般位于辅助端子的右侧倒数第 5 和第 4 端子，现场实际连接应以表尾标注的为准。

5）在连接采集器的 RS-485 线到电能表时，电能表 RS-485 端子一定要保证螺丝上紧，采集器连接电能表端口卡紧。

6）Ⅰ/Ⅱ型采集器，建议下接电能表数量 32 只（HPLC 建议不超过 12 只）。

7）RS-485 在电能表上的应用最重要的应用就是信号电平和总线负载。由于 RS-485 表计厂家不同、RS-485 表计的批次、型号不同、使用时间不同，进而表计的 RS-485 接口的信号电平的高低和负载能力存在差异；随着 RS-485 总线上不同负载能力各异的表计数量增加，总线上的负载随之加重，同时存在的信号衰减、信号反射、信号干扰必将对 RS-485 总线上的信号质量产生极大的影响。

（2）注意事项。

1）HPLC 采集器属于电量采集设备，需时刻保证有电，无须加空气开关、闸刀开关等进行供电控制，电源接线加装在计量箱进线开关的出线侧。

2）对已经安装载波模块的电能表无须另接 HPLC 采集器对载波电能表进行电量采集。

3）载波通信过程中中继是必不可少的，而同一相位上的不同载波设备通信效果最好，因此建议在安装时同一台区尽量将不同 HPLC 采集器安装在同一相位的线路上。

4）注意不同厂家电能表线束连接的差异，避免错接线束情况，确保 HPLC 采集器供电线束及与电能表 RS–485 通信连接正确、可靠，避免虚接、短接。

5）安装过程注意记录，建议有详细的安装清单，按照清单进行安装，或记录 HPLC 采集器的安装位置及 HPLC 采集器所采集的 RS–485 电能表地址，避免漏装用户的情况，方便后期台区维护和相位识别。

6）安装过程中，如发现电能表损坏、电能表未安装、用户销户、机械表等情况，要做好安装清单上的记录，并通知相关部门进行处理解决，以便问题处理及后期维护。

7）半载台区，表箱三相进线的，应于每相用电负荷假装一只采集器，且采集器连接相应相用电电能表。

8）原表箱已无加装采集器的位置，可外置采集器箱安装。

（四）现场表计通信观察

采集器指示灯说明：采集器有 2 个指示灯，一个"运行"灯、一个"状态"灯。

（1）运行灯：电源指示灯，红色单色灯，正常运行态以 0.5Hz 的频率在闪烁。安装时确定此灯正常闪烁，作为采集器正常上电依据。

（2）状态灯：状态灯是采集器通信状态指示灯。红绿双色灯，其中绿色指示灯指示上行通信，即载波通信状态；红色指示灯指示下行通信，即 RS–485 通信状态。

一次正常抄表过程指示灯闪烁是这样的：绿色灯亮一下表明收到一帧完整报文，红色灯亮一下表明报文发送到 RS–485 总线上，红色灯连续闪烁几下表明收到 RS–485 电能表的回复数据。

绿色灯连续闪烁几下表明采集器将 RS–485 的响应数据发送到电力线上。安装时注意指示灯闪烁情况，主要观察运行灯和状态灯是否正常。

Ⅱ型 HPLC 采集器有 2 个指示灯，一个"运行"灯、一个"状态"灯，以某厂家Ⅱ型采集器为例，如表 2-3 所示。

表 2-3 某厂家Ⅱ型 HPLC 采集器示意表

工况	运行灯（红）、状态灯（红绿双色）	状态
启动阶段	运行灯（红）快速闪烁，状态灯（红）闪烁每秒 2 次	正常
入网阶段	入网前：运行灯（红）亮 1s，灭 1s，周期轮循 状态灯（红）亮 2s，灭 1s 入网后：运行灯（红）亮 1s，灭 1s，周期轮循 状态灯常灭	正常
工作阶段	运行灯（红）亮 1s，灭 1s，状态灯红绿闪烁	正常

另在采集器安装完成后，需要对采集器进行现场表计通信观察，确保设备正常运行与通信，可以通过掌机＋抄控器进行抄表试操作，以保证现场 RS–485 接线及运行正常。

（五）作业后检查

（1）安装工艺质量应符合有关标准要求，检查用采集器安装是否牢固，位置是否适当。

（2）产品外观质量应无明显瑕疵和受损。

（3）采集器电源接线、RS-485的连接是否正确，连接是否可靠，有无碰线的可能，安全距离是否足够，各接点是否坚固牢靠等。

（4）按工单要求抄录采集器和电能表关联信息。

（六）清理施工现场

检查、清点、整理、收集施工工具和施工材料。

三、集中器安装

（一）作业前准备

（1）根据任务工单完成用电设备情况的现场勘察，了解台区信息，所需材料的大概数量。

（2）根据台区变压器安装方式（台架式变压器、箱式变压器、开闭所），确定集中器的安装位置。

（3）根据电气设备情况，确定用电信息采集终端的电源接线、通信线的位置。

（4）人员的准备。工作负责人（安全监护人）组织工作班人员学习作业指导书，使全体工作人员熟悉工作内容、进度要求、作业标准、安全注意事项。工作班人员需要具备作业准入资质，具有计量外勤工作的基本技能。全体工作人员了解现场作业环境条件，分析可能遇到的问题，提出有效的预防措施。

（5）工器具及材料的准备。单芯铜质绝缘线若干，天线，SIM卡，安装工具一套（活动扳手、平口螺丝刀、十字螺丝刀、剥线钳、尖嘴钳等），照明工具。

（6）个人防护用品。安全帽、工作服、手套、绝缘鞋等。

（7）工作票。工作负责人要明白工作任务和工作人员，工作人员要明确工作内容和危险点。

（8）危险点分析和控制措施。

1）严格执行《国家电网公司电力安全工作规程》（2022年版）的要求，做好施工前、施工中的安全技术措施。工作负责人向参与施工的工作人员交代本次工作范围现场危险点状况，待所有工作人员在工作票上全部签名后，方可进行用电信息采集终端安装工作。

2）安全工器具应配置齐全，所有安全工器具应经过近期检查安全试验合格，并在有效期内。

3）所有施工工器具裸露部位应做好绝缘措施。

（二）集中器的外观示意图

集中器外观示意图如图2-60所示，集中器整体例图如图2-61所示，集中器接线端示意图如图2-62所示。

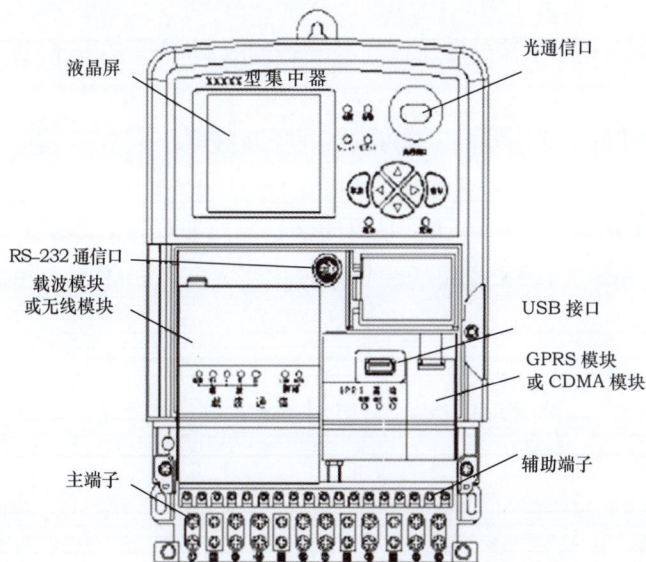

图2-60 集中器外观示意图

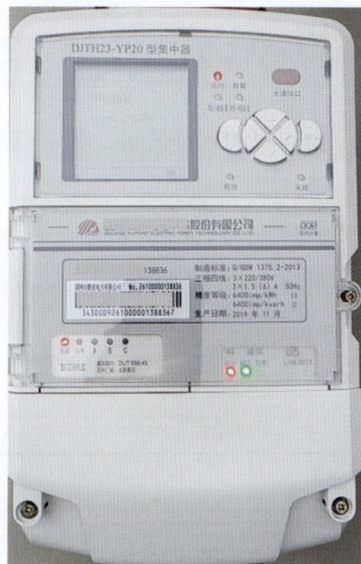

图2-61 集中器整体例图

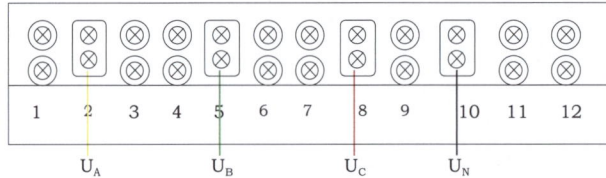

图 2-62　集中器接线端示意图

（三）集中器安装的注意事项

1. 安装位置

（1）集中器安装注意：保证所有采集器，集中器安装在同一台区，集中器安装位置必须能保证 GPRS 的信号，同时对天线进行保护。

（2）集中器安装位置：尽量将集中器安装在台区线路的中心位置，大部分台区的变压器处就是很理想的位置，尽量将集中器安装在线路的三相电的主干线上，不要装在线路末端，如图 2-63 所示。

（3）开闭所情况，为便于调试、运维人员的日常工作，建议和一次设备隔离，单独设置二次间，集中组屏安装，如图 2-64 所示。

图 2-63　集中器安装位置示意图

图 2-64　集中器安装开闭所情况示意图

2. 集中器的电源接线

根据载波通信要求，A 相必须供电，且三相对地电压为 220V（范围 -30%~+20%），三相间电压为 380V。在单相台区要特别注意给 A 相供电，注意保证三相集中器的电压 A、B、C 三根线都并接在单相电上。电源端子与电网 U、V、W、N 线对应连接。

注意：为使载波衰减最小，集中器的电源建议从变压器低压总断路器的下口接取。

3. 安装 SIM 卡及天线

集中器的安装位置必须要保证有稳定的手机信号。另外如果是封闭的金属箱要保证 GPRS 天线拉到箱体外面，以确保 GPRS 的信号稳定。在 GPRS 模块 /CDMA 模块的 SIM 卡槽中装入所需 SIM 卡，并确认安装到位。

4. 确定集中器通信参数设置正确

检查通信参数如心跳周期、IP 地址、端口号、APN 等是否按本省要求设置正确，图 2-65 为 IP 地址、端口号、APN 显示图，图 2-66 为心跳周期显示图。

5. 保证集中器 GPRS 信号良好

观察集中器显示屏上的左上方的信号指示，格数指示信号的好坏，格数越高信号越好。安装时调整天线位置，确保信号良好。最好能到达 3 格以上强度。集中器液晶屏左上角大 G 图标不再闪烁固定不变时，即表示集中器已经上线，图 2-67 为集中器显示屏示意图。

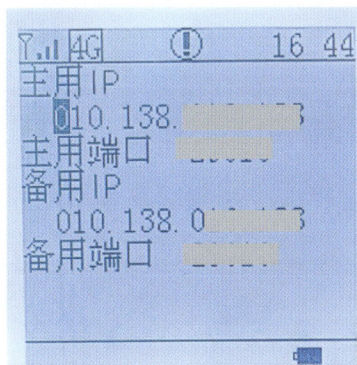

图 2-65　集中器 IP 地址、端口号、APN 显示图

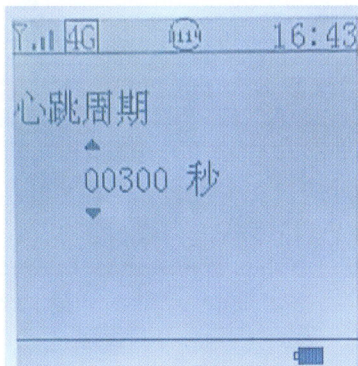

图 2-66　集中器心跳周期显示图

图 2-67　集中器显示屏示意图

（四）作业后检查

1. 送电前的检查

（1）安装工艺质量应符合有关标准要求，检查集中器、天线安装是否牢固，位置是否适当。

（2）集中器外观质量应无明显瑕疵和受损。

（3）集中器电源接线、通信线连接是否正确，连接是否可靠，有无碰线的可能，安全距离是否足够，各接点是否坚固牢靠等。

（4）按工单要求抄录台区信息、终端信息、电能表信息及开关信息等。

2. 送电后调试步骤

（1）上行通信参数的设置。

（2）下行通信参数的设置。

（3）主站、终端、电能表数据核对。

3. 清理施工现场

检查、清点、整理、收集施工工具和施工材料。

四、专变终端安装

（一）作业前准备

（1）根据任务工单完成用户或者变电站用电设备情况的调查，了解表计信息，计量表类型、功能及数量，了解拉闸开关的类型、负荷量、作用与性能的好坏，轮次的定义，所需材料的大概数量。

（2）根据现场情况，确定专变采集终端的安装位置。

（3）根据电气设备情况，确定专变采集终端的电源接线、通信接线的位置。

（4）人员的准备。工作负责人（安全监护人）组织工作班人员学习作业指导书，使全体工作人员熟悉工作内容、进度要求、作业标准、安全注意事项。工作班人员需要具备作业准入资质，具有计量外勤工作的基本技能。全体工作人员了解现场作业环境条件，分析可能遇到的问题，提出有效的预防措施。

（5）工器具及材料的准备。单芯铜质绝缘线若干，天线，SIM 卡，RS-485 线，RJ45 网线及水晶头，安装工具一套（活动扳手、平口螺丝刀、十字螺丝刀、剥线钳、尖嘴钳、电工刀等），照明工具。

（6）个人防护用品。安全帽、工作服、手套、绝缘鞋等。

（7）工作票。工作负责人要明白工作任务和工作人员，工作人员要明确工作内容和危险点。

（8）危险点分析和控制措施。

1）严格执行《国家电网公司电力安全工作规程》（2022年版）的要求，做好施工前、施工中的安全技术措施。工作负责人向参与施工的工作人员交代本次工作范围现场危险点状况，待所有工作人员在工作票上全部签名后，方可进行用电信息采集终端安装工作。

2）安全工器具应配置齐全，所有安全工器具应经过近期检查安全试验合格，并在有效期内。

3）所有施工工器具裸露部位应做好绝缘措施。

（二）专变采集终端安装注意事项

（1）终端安装位置：在相应的屏、柜内确定合适的终端安装位置。

（2）终端电源：在电度表屏、开关柜内加装电源空气开关，从端子排引入专变终端适配的电源，经过空气开关接入终端。

（3）采集方式：安装专变采集终端，通过 RS-485 接口连接直接抄读电能表数据，实现电量的数据采集。施放 RS-485 线经电缆沟、槽，专变采集终端直接与表联结。

（4）通信方式：110kV 及以上的专线用户或者发电厂经专变采集终端连接交换机传至主站，如图 2-68 所示，35kV 及以下的电能表采集，采用 4G 网无线方式传输，如图 2-69 所示。

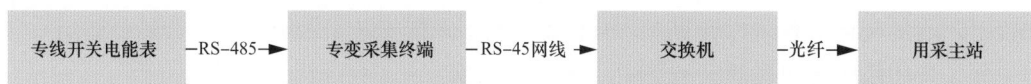

图 2-68　110kV 及以上的专线用户或者发电厂通信方式示意图

图 2-69　35kV 及以下的电能表采集无线方式传输示意图

（三）用户侧专变采集终端

用户侧专变采集终端一般只有 4G 无线信道，不通过交换机、光纤信道，所以不需要 OMS 工作票及其相关工作。工作地点再用户配电房，使用配电第二种工作票，工作内容和变电站侧的工作类似，但是要注意以下方面。

（1）采集终端本体应安装在计量箱（柜）或采集专用箱（柜）内，并符合相关规定。

（2）交流采样回路宜设置独立的试验接线盒。

（3）安装在 6kV~110kV 侧的专变采集终端电压、电流回路宜接入电压、电流互感器非计量用二次绕组。

（4）安装在 0.4kV 侧的专变采集终端电压回路接入低压母线，电流回路宜接入测量用互感器二次绕组。

（5）电源端子与电网 U、V、W、N 线对应连接。

（6）同一计量箱（柜）内 RS-485 通信线可直接连接；不同计量箱（柜）RS-485 通信线、控制线应通过端子排连接，采集终端控制输出触点所接回路功率应小于触点分断能力。

（7）天线安装应满足终端信号要求，馈线与天线应可靠旋紧，安装在计量箱（柜）外的馈线应穿管保护。

三相三线高压电能表和专变终端接线示意图如图 2-70 所示，三相三线高压电能表和专变终端接线实物图如 2-71 所示。

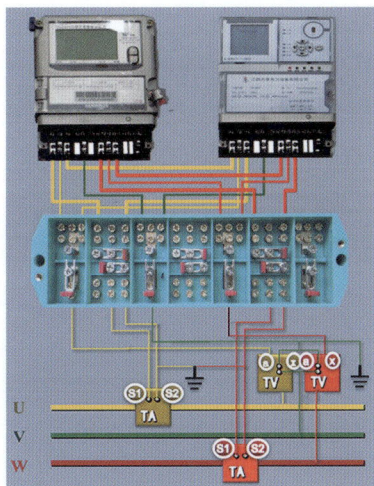

图 2-70 三相三线高压电能表和专变终端接线示意图

图 2-71 三相三线高压电能表和专变终端接线实物图

（四）作业后检查

1.送电前的检查

（1）安装工艺质量应符合有关标准要求，检查在专变采集终端、天线安装是否牢固，位置是否适当。

（2）专变采集终端外观质量应无明显瑕疵和受损。

（3）专变采集终端电源接线、RS-485、有功及无功脉冲接线、遥控线及遥信线的连接是否正确，连接是否可靠，有无碰线的可能，安全距离是否足够，各接点是否坚固牢靠等。

（4）按工单要求抄录用户信息、终端信息、SIM 卡信息、交换机位置、网口号及 IP 地址、电能表信息及开关信息。

2.送电后调试步骤

（1）上行通信参数的设置。

（2）下行通信参数的设置。

（3）主站、终端、电能表数据核对。

（4）用户开关跳合闸实验。

（五）清理施工现场

对电能表、联合接线盒、计量柜前后门、互感器箱前后门、电压互感器隔离开关把手、二次连线回路端子盒等应加装封印部位加装封印；检查、清点、整理、收集施工工具和施工材料。做好后应通知用户或需用户签字确认的其他事项。

第三节　设备调试

采集下行通道多采用载波方式，准确的户台关系必不可少。除常用的户台识别设备，在疑难台区或户台测试异常的台区，建议使用"电流差值法"进行户台—相变的 100% 准确辨别，为采集建立准确的户台关系，以使载波在正确的低压电力网内传输。

一、新装设备调试

（一）采用"集中器＋采集器＋ RS-485 电能表"半载方案的调试

1.现场调试

即集中器、采集器、电能表的采集调试，按以下步骤开展：

（1）集中器与采集终端、表计连接调试；

（2）统计并建立集中器下所有采集终端、表资产号、户号对应关系表；

（3）采用手持抄表终端，通过红外通信方式，抄收电能表计实时示数，与集中器抄收电能表计实时示数结果（笔记本直连集中器抄收电能表计实时示数结果或者主站抄读数据）进行核对，以验证其连接正确性；

（4）对一个采集器连接电能表全部不能抄收的，检查集中器和采集器的通信信号质量，检查采集器端接线、采集器号调整后直至通信正常；

（5）对一个采集器连接电能表部分不能抄收的，检查 RS-485 连线，调整后直至通信正常；

（6）对能抄收但结果不一致的，检查集中器中电能表采集参数与现场安装顺序的一致性，调整直至采集结果一致；

（7）实时抄收采集终端数据，并记录结果。

2.主站调试

即主站与集中器的采集调试，按以下步骤开展：

（1）从主站测试与集中器的通信是否正常；

（2）如不能正常通信，检查集中器的 GPRS/CDMA 通信参数是否正确，将参数调整正确，直至通信正常；

（3）如不能正常通信，检查集中器所在位置的 GPRS/CDMA 信号质量，适当调整天线位置，直至通信正常；

（4）在主站利用远程信道将集中器下所有采集终端、表资产号、户号对应关系表注册至集中器内；

（5）实时抄收采集终端数据，并记录结果；

（6）当示数结果与现场不一致，需检查调整采集终端、表资产号、户号对应关系。

（二）用"集中器＋载波电能表"全载方案的调试

1.现场场调试

即集中器与电能表的采集调试，按以下步骤开展：

（1）统计建立集中器下所有载波表资产号、户号对应关系表；

（2）由主站下发参数，或者采用调试机（如掌机）与集中器直连方式，将对应关系表注册至集中器内；

（3）实时抄收载波表数据，并记录结果；

（4）对不能抄收成功的，检查集中器各类参数设置，适当调整，直至通信正常；

（5）对不能抄收成功的，检查电能表所在位置的电力线载波的通信信号质量，适当调整，直至通信正常。

2.主站调试

即主站与集中器的采集调试，按以下步骤开展：

（1）从主站测试与集中器的通信是否正常；

（2）如不能正常通信，检查集中器的 GPRS/CDMA 通信参数是否正确，将参数调整正确，直至通信正常；

（3）如不能正常通信，检查集中器所在位置的 GPRS/CDMA 信号质量，适当调整天线位置，直至通信正常；

（4）统计建立集中器下所有载波表资产号、户号对应关系表；

（5）在主站利用远程信道将集中器下所有载波表资产号、户号对应关系表注册至集中器内；

（6）实时抄收载波表数据，并记录；

（7）当示数结果与现场不一致，需检查采集终端、表资产号、户号对应关系。

（三）变电站"专变终端＋ RS-485 电能表"方案的调试

1.现场调试

即专变终端、电能表的采集调试，按以下步骤开展：

（1）专变采集终端、表计连接调试；

（2）统计并建立采集终端、表资产号对应关系；在终端内设置表地址、通信规约、通信速率，现场进行单表点抄测试；

（3）采用手持抄表终端，通过红外通信方式，抄收电能表计实时示数，与专变终端抄收电能表计实时示数结果（笔记本直连集中器抄收电能表计实时示数结果或者主站抄读数据）进行核对，以验证其连接正确性；

（4）对一个专变终端连接电能表部分不能抄收的，检查 RS-485 连线，调整后直至通信正常；RS-485 检查端口，如果电能表端口故障，需要联系用户并更换电能表；

（5）实时抄收采集终端数据，并记录结果。

2.主站调试

即主站与集中器的采集调试，按以下步骤开展：

（1）从主站测试与专变终端的通信是否正常；

（2）如不能正常通信，检查专变终端通信参数是否正确，将参数调整正确，直至通信正常；

（3）如不能正常通信，检查专变终端所在位置的 GPRS/CDMA 信号质量，适当调整天线位置，对于光纤方式，检查光纤接入情况、网口开通情况、IP 地址是否有效，直至通信正常；

（4）实时抄收终端数据，并记录结果；

（5）当示数结果与现场不一致，需检查调整终端、表资产号、户号对应关系。

（四）营销业务应用中建档——采集点新装实例

电能信息采集建立采集点新装（以新装集中器为例）界面如图 2-72 所示。

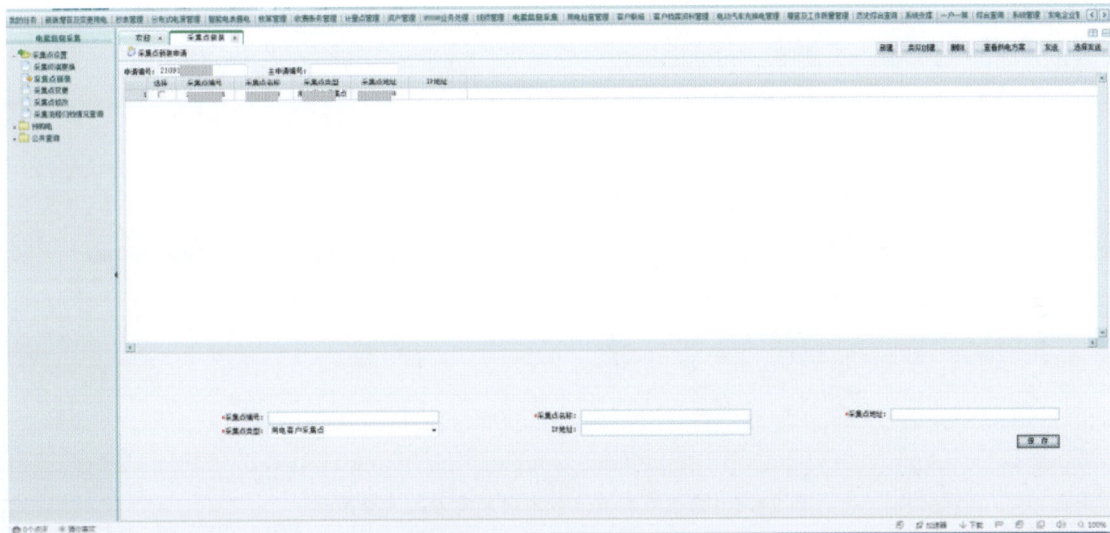

图 2-72　采集点新装界面

（1）进入待办，选择刚建立的采集点新装流程。

（2）后续每个环节完结、提交后均需进入待办，选择该条，再进入下一个环节，后续说明中略去，采集点新装流程待办工作单界面如 2-73 所示。

图 2-73　采集点新装流程待办工作单界面

（3）进入采集点方案制定。采集点新装方案制定界面如 2-74 所示。

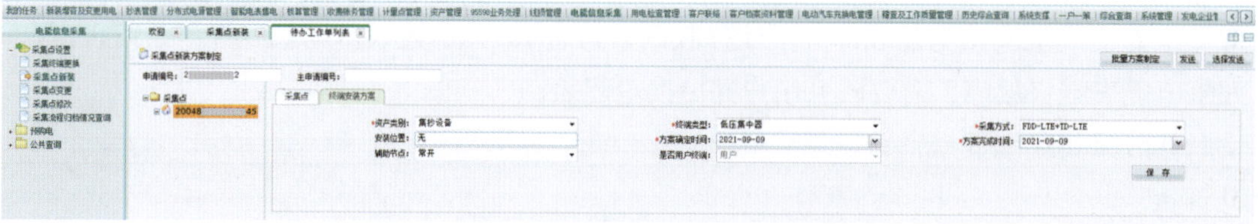

图 2-74　采集点新装方案制定界面

（4）按实际情况选择采集方式（FDD+TD）。fdd 为联通 3G 的 WCDMA 技术后续的 4G 技术 fdd-lte，td 为移动 3G 的 td-scdma 后续的 4G 技术 td-lte，注意部分早期的通信模块对这两种通信方式不兼容，导致联通、移动的 SIM 不能互用，之后通信模块 4G 全兼容后，移动、联通、电信的 SIM 均可互用。提醒：2G、3G 的通信模块，电信采用 CDMA 技术的，和移动、联通不兼容，SIM 不能互用，图 2-75 为采集点新装流程不同采集方式选择界面。

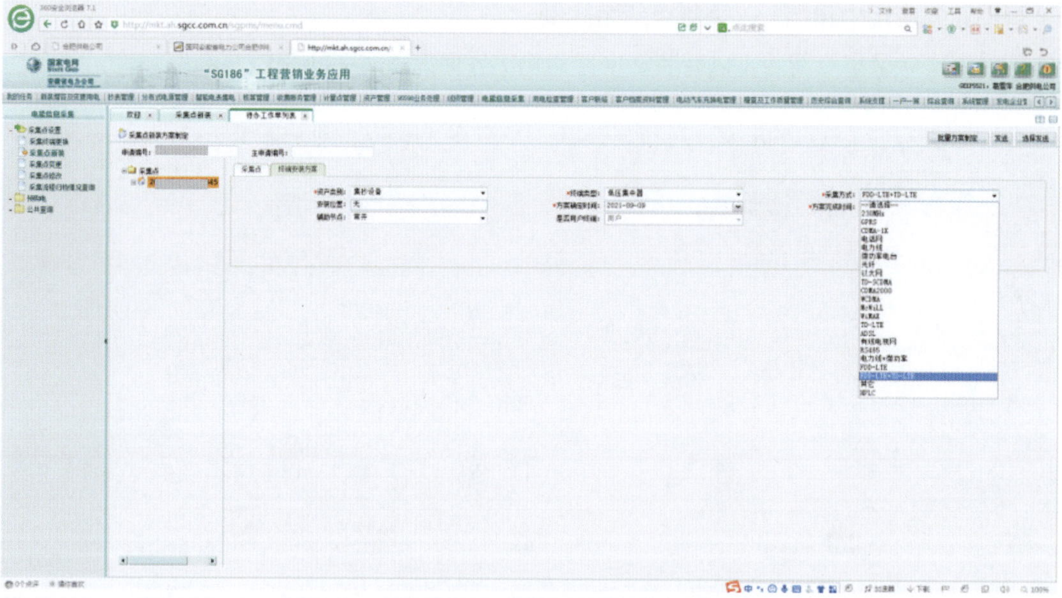

图 2-75　采集点新装流程不同采集方式选择界面

（5）进入方案审批。采集点新装流程方案审批界面如图 2-76 所示。

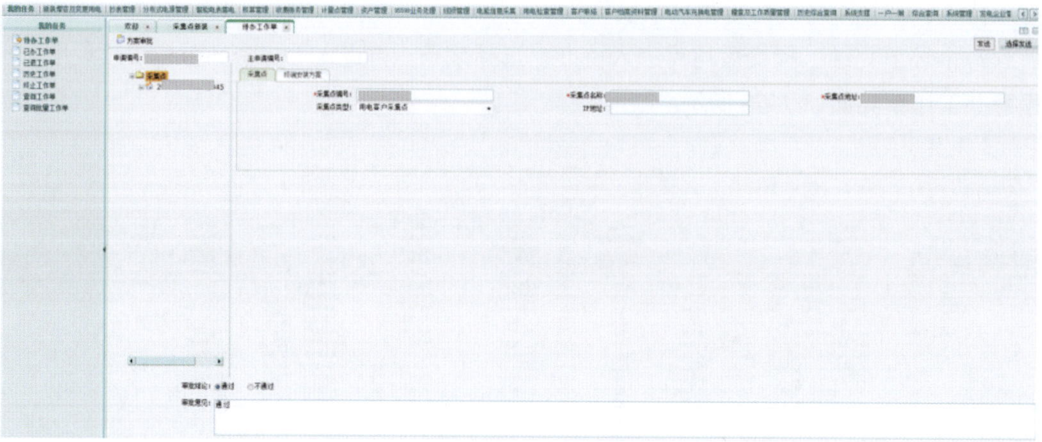

图 2-76　采集点新装流程方案审批界面

（6）进入配设备环节。采集点新装流程配设备环节界面如图 2-77 所示。

图 2-77 采集点新装流程配设备环节界面

（7）配置 SIM 卡号。为规范 SIM 的使用，目前用采系统已可采集到 SIM 卡的 ICCID 号（即 SIM 上印制的 20 位左右字母数字组成的卡号），为便于核对，建议直接录入 ICCID 号，图 2-78 为采集点新装流程配置 SIM 卡号界面。

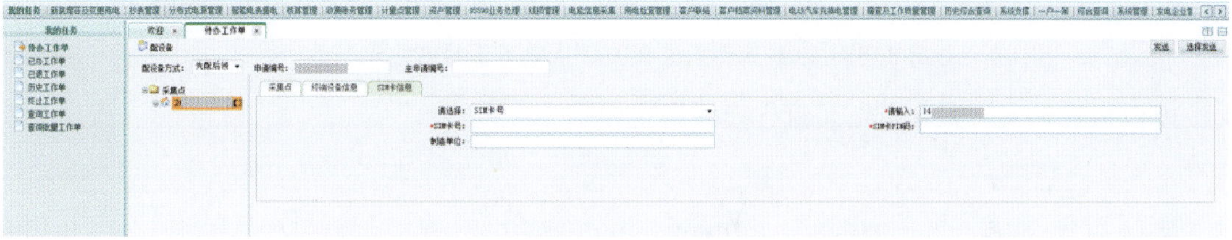

图 2-78 采集点新装流程配置 SIM 卡号界面

（8）进入设备出库环节—选择领用人员。采集点新装流程选择领用人员界面如图 2-79 所示。

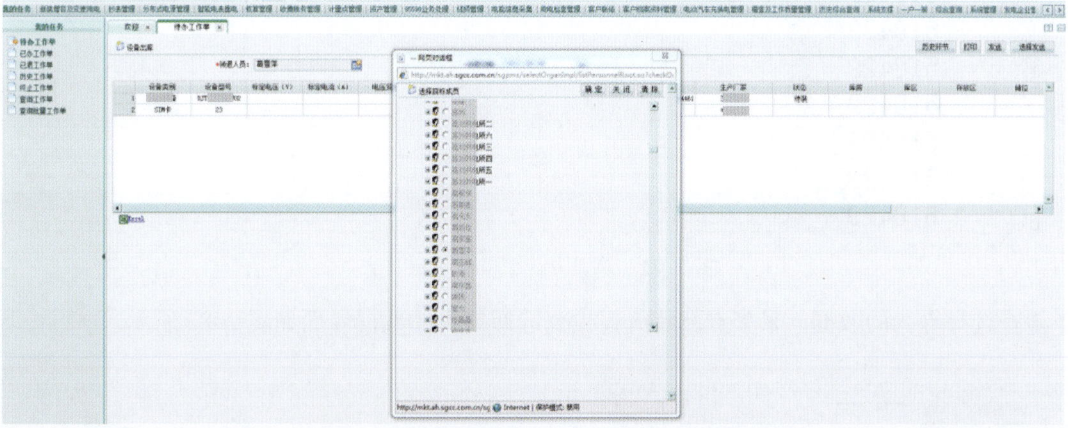

图 2-79 采集点新装流程选择领用人员界面

（9）进入安装环节。采集点新装流程安装环节界面如图 2-80 所示。

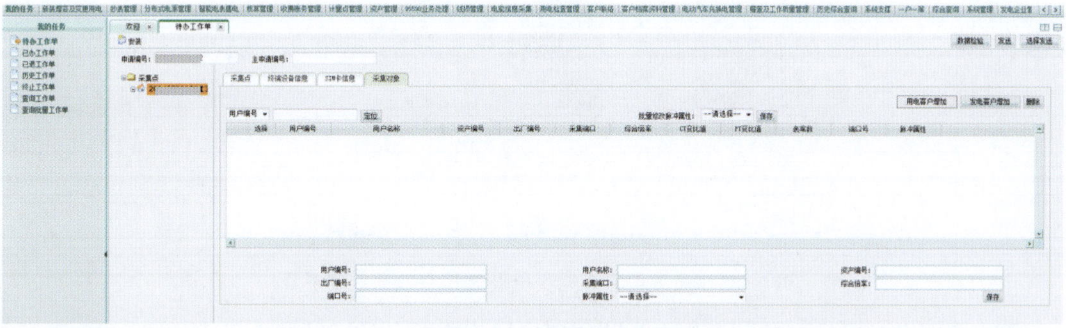

图 2-80 采集点新装流程安装环节界面

（10）关联集中器下的电能表。采集点新装流程关联集中器下的电能表界面如图 2-81 所示。

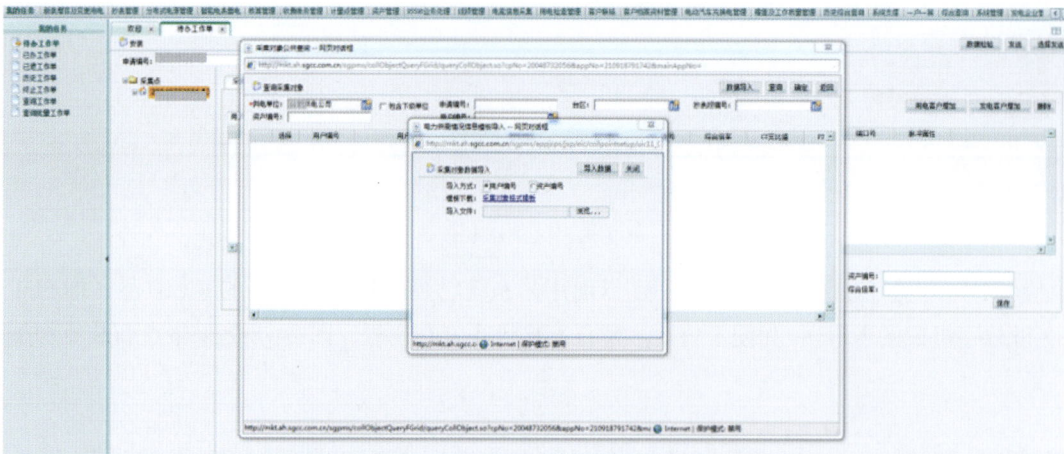

图 2-81 采集点新装流程关联集中器下的电能表界面

（11）按模板格式导入。采集点新装流程模板格式如图 2-82 所示。

图 2-82 采集点新装流程模板格式

（12）检查选择导入的数据。采集点新装流程检查选择导入的数据界面如图 2-83 所示。

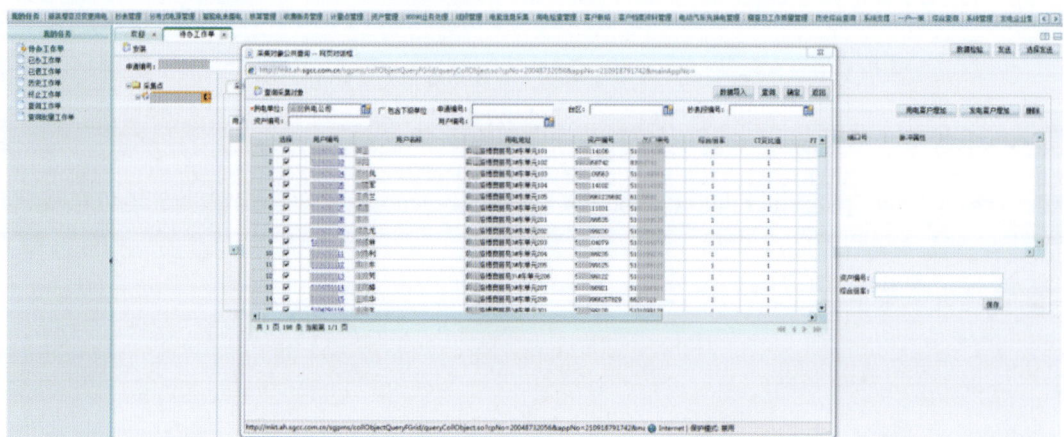

图 2-83 采集点新装流程检查选择导入的数据界面

（13）编辑采集对象的脉冲属性。采集点新装流程编辑采集对象的脉冲属性界面如图 2-84 所示。

图 2-84　采集点新装流程编辑采集对象的脉冲属性界面

（14）进入归档环节。采集点新装流程进入归档环节界面如图 2-85 所示。

图 2-85　采集点新装流程进入归档环节界面

（15）检查完善采集点信息（采集点名称、地址等）。采集点新装流程检查完善采集点信息（采集点名称、地址等）界面如图 2-86 所示。

图 2-86　采集点新装流程检查完善采集点信息（采集点名称、地址等）界面

（16）终端投运。采集点新装流程终端投运界面如图 2-87 所示。

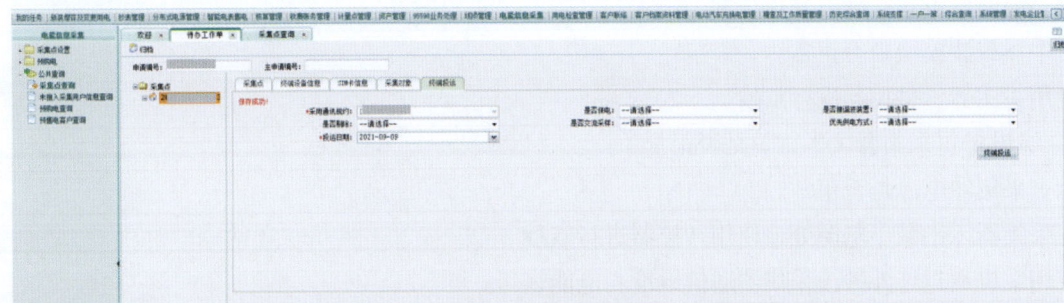

图 2-87　采集点新装流程终端投运界面

二、故障调试和异常排查

用采采集系统可分为四级设备三类通信方式，出现采集失败的情况，应采用"分段排查法"进行分析判断。

四级设备是主站、集中器、采集器（半载）、表。

三类通信方式分别是无线（含光纤、以太网）、载波、串口（RS-485）通信。

分段排查法：根据四级设备、三类通信方式分段排查数据是否正常。正常的采集流程为：集中器根据调试时主站下发的采集计划任务，固定时间通过采集器（半载）从电能表中获取数据，并存储在集中器中，主站按计划任务召测集中器中存储的数据。

（一）整体思路及步骤

依次检查各级设备是否有数据，检查各类通信是否正常，如图 2-88 所示。

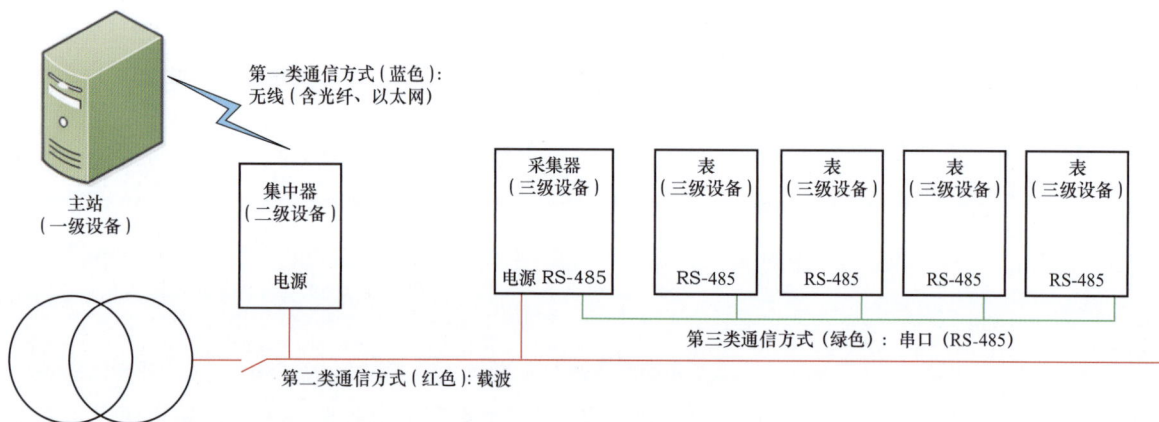

图 2-88　各级设备、各类通信检查示意图

（1）一级设备：检查主站是否有数据。

1）检查参数。

2）查询报文，是否为未及时入库。

3）查询用户数据，是否为未及时统计。

4）第一层通信方式：检查主站与采集设备通信是否正常。

5）主站查询采集设备是否在线。

6）现场检查采集设备通信情况（SIM、欠费、无线信号等）。

（2）二级设备：检查集中器是否有数据。

1）集中器 IP 地址、APN、心跳周期等系统参数的设置。

2）集中器测量点是否有数据。

3）第二层通信方式：载波是否正常。

4）集中器载波模块是否正常。

5）使用集中器、抄控器进行点抄。

（3）三级设备：采集器（半载）是否正常。

1）检查采集器电源是否正常。

2）在采集器（半载）电源处，使用抄控器进行点抄。

3）使用掌机通过红外抄读采集器通信地址、电能表。

4）第三层通信方式：检查 RS-485 通信是否正常。

5）检查 RS-485 接线是否正确。

6）采用掌机 RS-485 直抄的方式，从采集器侧直抄电能表。

（4）四级设备：电能表。

1）检查电能表是否工作正常（电压、告警、时间等）。

2）通过掌机 RS-485 直抄电能表，判断电能表 RS-485 接口是否正常及电能表中是否存储数据。

3）分段排查图如图 2-89 所示。

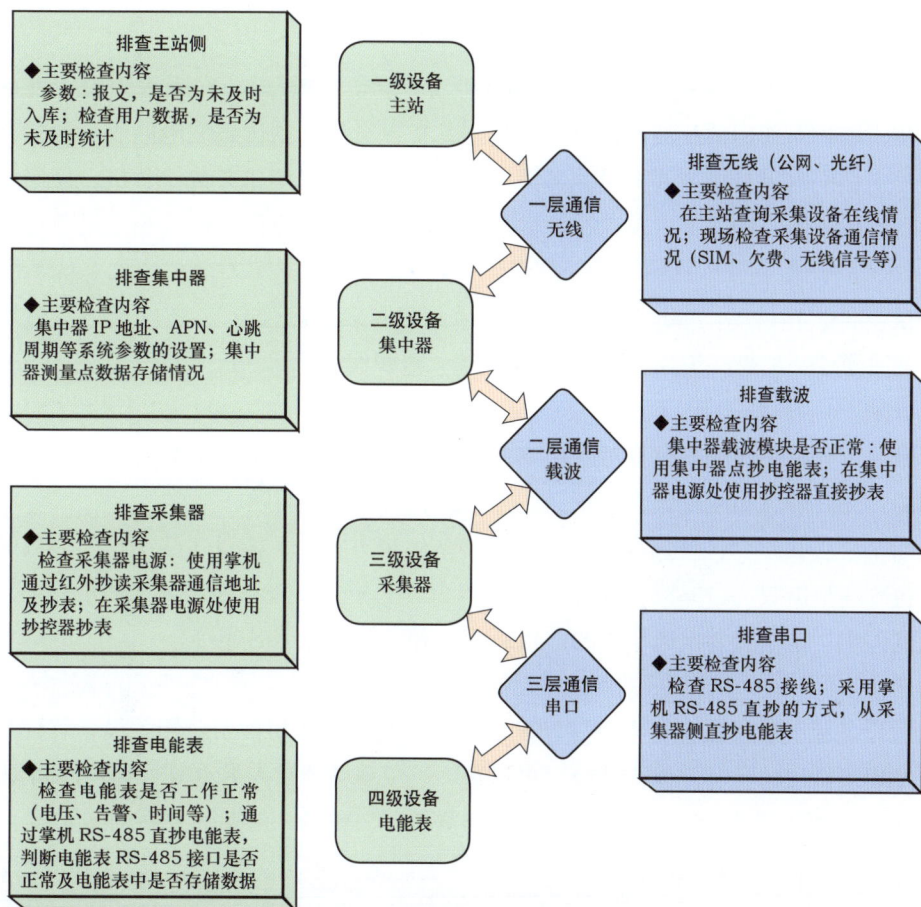

图 2-89　分段排查图

（二）主站侧的具体调试内容

（1）核对集中器最后一次安装调试结果与营销系统的参数信息是否一致。最后一次安装调试结果与营销系统的参数信息不一致。查找参数不一致的原因。重新下发参数，并召测实时数据。如故障不能解决，需现场调试。

（2）主站召测实时和日冻结数据。

现象一：集中器无法连接。

可能存在的异常：①现场信号不好；②集中器坏。需进行现场调试。

现象二：整个采集器的电能表信息数据采集失败。

可能存在的异常：①线路载波信号不好；②采集器坏。需进行现场调试。

现象三：少数电能表的数据无法采集。

可能存在的异常：①线路载波信号不好；②电能表坏。需进行现场调试。

现象四：能召回实时数据、不能召回历史数据。

可能存在的异常：①集中器任务丢失；②集中器故障；③电能表无冻结数据。需进行重新下发任务、现场调试。

现象五：召测数据异常（如：数据的时间不正确）。

可能存在的异常：①需要进行主站对时；②集中器坏；需进行现场调试。

（三）现场侧的具体调试内容

1. 工器具准备

（1）现场调试电工类工具：绝缘螺丝刀（十字、一字），验电笔，尖嘴钳、斜口钳、万用表、钳形电流表等。

（2）现场调试仪器类工具：掌机（如振中 TP900 等），电脑，抄控器（在远程集中抄表系统中，抄控器是一种在现场安装、维护时使用的载波调试设备。它与掌机配合用于抄读载波电能表。抄控器将掌机的抄控指令发送到电力线上，同时可从电力线上接收载波电能表返回的数据信息并传给掌机。使用掌机可以方便确认 HPLC 采集器或者载波表的性能，发现存在硬件损坏的设备并及时更换）以及相关设备连接线（USB 转串口、串口转 RS-485 等）。

（3）现场调试备件、耗材类：本地专用 SIM 卡（最好备齐多家运营商），集中器通信模块、集中器、采集器、电能表的载波模块，扎带，绝缘胶布、RS-485 线、电源线等。

2. 现场消缺原则

（1）先易后难：首先解决问题简单且对成功率提升较快的台区，以提升成效。

（2）由低到高：先处理成功率较低的台区，如掉线、载波匹配等问题。

（3）先共性后个性：找出台区普遍存在的问题，确认解决方案后，能迅速解决绝大多数的台区，后续对没有共性的问题台区逐个击破。

（4）由弱电到强电：检查和替换通信类的连接后检查和替换电源类的连接。

3. 现场消缺要点

（1）确认集抄设备相关软件版本。大范围调试之前，需确认载波集抄系统相关设备软件版本程序为最新且稳定的程序，发现未升级的及时升级，升级后再消缺，避免现场消缺人员重复处理相同问题。

（2）核实问题台区详细信息并记录。通过主站、市县单位、现场、前期各方面调试人员了解以下信息：

1）台区名称和集中器地址以及安装位置，近 7 天抄表信息，对应的集中器、模块和电能表厂家等信息；

2）通过主站支持的功能，远程获取集中器抄表相关信息（集中器版本、抄表情况、档案正确性等），对于版本问题直接主站升级或者现场升级；

3）联系集中器施工人员了解台区近期是否发生变化或者其他特殊情况，协助现场消缺。

（3）对面临的问题做初步预判。可能面临的主要问题包括已知问题和未知问题。已知问题即明确知道现场问题的触发原因（根据以往消缺经验，存在类似情况），直接按照现有解决方案进行处理。未知问题可能有上行问题和下行问题。上行问题例如集中器掉线、集中器通信不畅等；下行问题，分为长期抄不到和抄表不稳定两种情况；长期抄不到分为所有电能表抄不到和部分电能表抄不到两种情况。

（4）应用最简便的方法。能在主站解决的问题不去现场解决，能在集中器端解决的问题不去表端解决，去表端解决问题作为最后考虑。根据现场实际情况首先定位出现问题的地方，最简单的方法为排除法，通过了解整个台区集抄抄表流程，逐步分割确认，快速定位引发问题的地方。找到问题出发地方，通过一些调试手段（常见的串口报文监控或载波监控等）直接定位问题。针对异常重要问题，尽量保护现场现象的情况下获取必要的信息供研发分析解决问题。

（5）及时协调厂家前往处理。省公司已建立微信群，地市公司自主运维后，仍不能解决的问题，可在工作群里将相关信息于群里告知，集中器、模块等相关厂家联合解决，提升问题解决速度。

三、调试中常见的故障类型及处理方式

（一）档案类

1. 故障类型：电能表资产号与数据库不符

故障分析：造成表资产号不符的原因，一般是在装表时抄错表资产号，或将两块或多块电能表弄混淆；另外，更换故障表之后，如果新的表资产号没有及时在营销 SG186 系统变更并同步更新到用电采集系统数据库下发现场采集终端，也会造成表资产号不符。

解决方案：将正确表资产号录入系统。

2. 故障类型：电能表条码号同实际表资产号不符

故障分析：电能表条码号，应该与电能表实际表资产号相符。实际表资产号可以从电能表显示屏上看到，或者通过手持设备从电能表端口读出。造成不符的原因，一般是出厂时贴条码混淆，这种情况通常还会有另一具错误的电能表；另一种可能是电能表内部存储的表资产号地址突变（受到电磁干扰或其他原因）。

解决方案：换表。

3. 故障类型户台关系错误

（1）故障描述：排除抄表不稳定、设备损坏和档案错误等因素，主站抄读电能表冻结及实时数据失败。

（2）故障分析：台区划分和台区动迁等情况造成营销系统、用采系统的"台－户"关系和现场不一致，导致远程抄读失败的问题。

（3）解决方案：根据现场情况重新梳理正确的户台关系，在营销系统中变更正确的户台关系，同步用采，下发集中器（集中器下发前需进行初始化）。

4. 故障类型：采集器资产号同档案不符

故障分析：造成采集器资产号不符的原因，一般是在安装采集器时抄错，或将两块或多块采集器弄混淆；另外，更换故障采集器之后，如果新的采集器资产号没有录入数据库，也会造成采集器资产号不符。

解决方案：将正确采集器资产号录入系统。

5. 故障类型：采集器资产号同实际不符

故障分析：采集器资产号，应该与采集器实际资产号相符。实际采集器资产号可以通过掌机、电脑读取。造成不符的原因，一般是出厂设置采集器号时发生错误；另一种可能是采集器内部存储的地址突变（受到电磁干扰或其他原因）。

解决方案：更换采集器。

6. 故障类型：营销、用采数据库数据不一致。

故障分析：用采数据库的信息，来源于营销数据库，如果不一致，便造成错误，需要核对原始信息；如果后来现场换表、换采集器、换集中器等情况造成营销原始数据改变，也需要及时同步用采数据库。

解决方案：用采同步营销数据库数据，确保同营销数据库数据一致。

（二）主站类

1. 故障类型：远程下发档案字段丢失

（1）故障描述：台区新装、更换集中器或档案变更的情况下，采用主站远程下发档案后，抄读部分表计失败。

（2）故障分析：使用主站下发档案时，由于部分地区信号弱的问题，档案传送过程中，数据丢包，导致档案不全。

（3）解决方案：通过用采主站的 F10 参数比较功能，核对用采主站和现场集中器档案参数是否一致。

2. 故障类型：系统问题

故障分析：系统问题，主要有以下几种情况。

（1）如果用电采集系统抄表全部不能抄收，一般是系统问题，应该同系统管理员联系解决。

（2）如果某个台区的电能表，从集中器抄收完全正常，在系统中，实时抄收也正常，但定时抄收失败，一般是主站设置可能有问题，检查计划任务。

（3）用采界面查询采集失败，可检查报文，若正确，则为用采主站数据入库延时所致。

解决方案：依据故障情况在用采主站检查各功能模块，联系主站运维人员。

3.故障类型：营销系统提取不到计量主站表码

（1）故障描述：用采主站可抄读到的用户，营销系统提取不到。

（2）故障分析：用采主站低压用户资料（用户编号、计量点号、表计资产编号）错误，导致营销系统提取表码失败。

（3）解决方案：根据营销系统资料，重新修改用采主站的用户资料。

4.故障类型：用采主站抄读表码与现场表计不符

（1）故障描述：用采主站可抄读到用户的电量信息，但是与现场电能表的实际表码不符合。

（2）故障分析：用采主站通过识别测量点号来提取集中器存储的电能表表码，和电能表的通信地址无关。如果计量主站与集中器内同一测量点号对应的表地址不同，就会导致提取表码错误。

（3）解决方案：通过用采主站的F10参数比较功能，核对用采主站和现场集中器档案参数是否一致，并重新下发，确保集中器测量点中的表地址和用采主站完全一致。

5.故障类型：电能表参数配置错误，导致采集不到数据

故障分析：不同版本的电能表通信速率、通信协议等不同，需正确配置。

解决方案：需根据正确的电能表参数配置下发集中器。

6.故障类型：主站下发档案显示设置内容非法

故障分析：用采主站在进行单个电能表的低压测量点参数下发时，集中器内已存在要下发的电能表地址，因为重复，系统会提示"设置内容非法"。

解决方案：对集中器进行远程参数初始化，等集中器重新上线后，重新下发台区档案。

7.故障类型：主站下发档案显示"终端密码为空，请先维护终端密码"

故障分析：主站在进行单个电能表的低压测量点参数下发时，终端参数界面，终端密码未维护，系统会提示"终端密码为空，请先维护终端密码"。

解决方案：找到终端参数菜单，选中终端密码，输入"000000"或者"111111"然后保存，回到低压测量点菜单重新下发即可。

（三）现场类

1.专变终端常见的故障类型

（1）典型问题1。

问题描述：现场发现专变采集终端黑屏，指示灯全灭。

问题分析：变电站或者专变用户的配电房偶尔会存在电源切换的情况，例如配电房、变电站的供电变压器存在主用设备和备用设备。如果电源侧没有自动切换的装置且取电源点为单一方向，就导致了终端失去电源供应；或者电源接线存在虚接、脱落的情况。

终端使用交流单相或三相供电。三相供电时，电源出现断相故障，即三相三线供电时断一相电压，断更多相时不能正常工作；三相四线供电时断两相电压的条件下，交流电源能维持终端正常工作，断更多相时不能正常工作。

Ⅲ型专变采集终端选配辅助电源。辅助电源供电电压为100~240V，交直流自适应。主辅电源相互独立，互不影响，并可不间断自动切换。如果主辅电源都失压则不能正常工作。

解决方案：首先使用万用表的交流电压挡或者直流电压挡测量终端电源端子、取电源的空开或者端子的电压，更换电源点或者增加电源点。对于变电站内的终端，建议采用 UPS 不间断电源，减少该类故障的概率。

（2）典型问题 2。

问题描述：现场发现专变采集终端屏幕、指示灯显示正常，且排除 SIM 卡、天线、通信模块和专变采集终端本身问题，现场信号良好，但专变采集终端无法登录主站或者无法采集电能表。

问题分析：专变采集终端存在 220V 电源和 100V 电源的设备差异，220V 电源的专变采集终端实际接入的电源为 100V，通常取自联合接线盒的电压端子的电压互感器的二次电压，导致电源的电压偏低，专变采集终端无法正常工作。

解决方案：可以更换对应电源电压的专变采集终端，通常是需要换为 100V 的设备；或者在安装位置附近寻找新的电源，适配终端的额定电源电压。

2. 公变台区常见的故障类型

（1）集中器地址错误。

故障分析：造成集中器地址错误的原因，一是在现场安装集中器后记录有误；二是在 SG186 系统录入时集中器地址输入错误；三是在录入集中器地址时，将集中器对应的台区弄错。

解决方案：将正确地址录入系统。

（2）集中器数据缺失或错误。

故障分析：集中器数据是在安装集中器之后，根据用户基础数据、集中器信息，录入到营销系统，然后下装到集中器中，如果忘记下装或没有完全正确下装，集中器内便没有数据，需要下装并确保数据完整正确（可进行 F10 参数比较）；如果下装后，但后来基础数据或集中器数据改变，也需要重新下装。

解决方案：在系统中重新下装集中器数据，并确保完整准确。

（3）集中器设备故障。

故障分析：集中器的故障主要包括电源部分、载波部分、GPRS 部分、串口通信部分。判断方法如下。

1）电源部分：显示灯不亮。

2）载波部分：载波抄收不到表信息，但是用手持设备能够抄收，可以判断是集中器载波部分损坏。

3）GPRS 部分：主站无法同集中器建立连接，而信道和天线都没有问题，可以判断是集中器 GPRS 部分损坏。

4）串口通信部分：在现场用电脑无法同集中器通信，但主站可以同集中器正常通信，可以判断是集中器串口通信部分损坏。

解决方案：依据故障类型，更换载波模块、通信模块，或更换集中器。

（4）通信参数设置错误。

故障分析：排除 SIM 卡、天线、通信模块和集中器本身问题，现场信号良好，但集中器无法登录主站。上行通信参数主要包含通信通道、主站 IP、端口号、APN、用户名、密码、心跳周期、工作模式、TCP/UDP 等，其中主站 IP、端口号、APN 三个参数每个省都是不同的，不同运营商也不同，如果设置错误就无法登录主站。

解决方案：设置正确的通信参数。

（5）移动信号不良。

故障分析：室外安装的变压器一般信号较好，如果信号稍差，多为铁制柜体容易屏蔽无线信号所致。室内、地下室安装的变压器如果移动运营商没有引入信号，一般信号极弱。

解决方案：室外安装的变压器，可以将天线移出。室内、地下室安装的变压器，调整天线位置，更换延长天线，加装载波延长天线，或联系移动运营商解决，也可将集中器迁移至同台区有无线信号的表箱处（安装位置需综合考虑三相电源、距离、采集效果等），集中器短天线连接如图 2-90 所示，集中器长天线连接如图 2-91 所示。

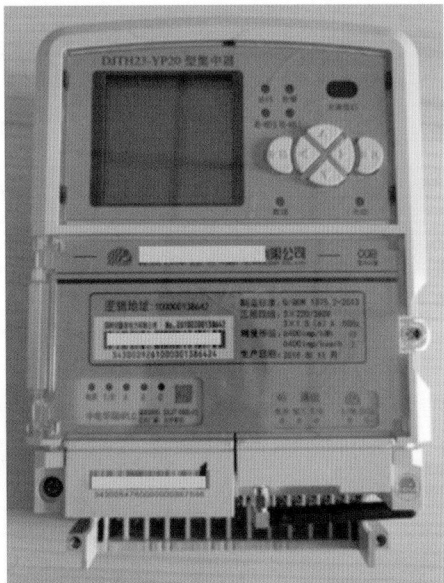

图 2-90　集中器短天线连接　　　　　　　图 2-91　集中器长天线连接

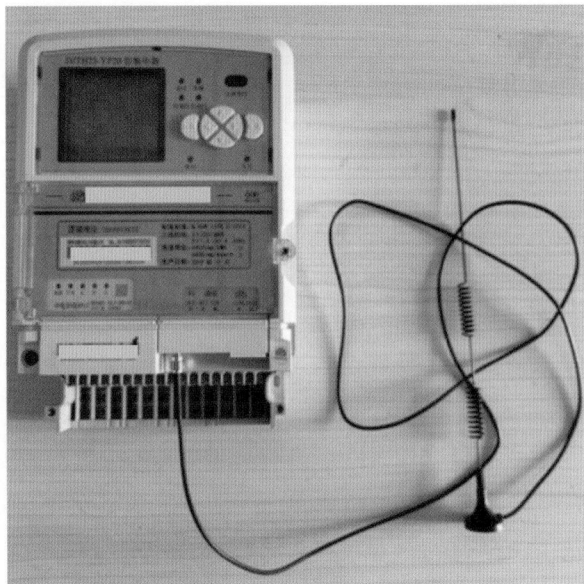

（6）天线故障。

故障分析：排除信号、SIM 卡和集中器设备问题，之前稳定在线的集中器突然离线了，现场信号良好，但集中器界面显示信号强度低，应是天线老化损坏或丢失。

解决方法：更换天线。

（7）信号不好或无信号。

故障分析：4G 通信模块安装的天线为 GPRS 的 2G 等非 4G 天线，天线和通信模块不匹配所致。

解决方法：更换为 4G 天线。

（8）SIM 卡故障。

故障分析：对于通信故障的集中器，大部分由于集中器内 SIM 卡不能正常工作。SIM 卡接触不良或 SIM 卡损坏，需注意，安装时需保持 SIM 卡"金手指"的清洁，避免接触不良。

解决方法：重新安装 SIM 卡，用橡皮等擦拭清理 SIM 卡的"金手指"，更换 SIM 卡。

（9）通信模块故障。

故障分析：排除 SIM 卡和天线问题，现场信号良好，且通信参数设置正确，通信模块指示灯闪烁不正常，集中器无法登录主站，应是 GPRS\CDMA 模块松动、插针损坏或者本身故障，导致集中器无法登录主站。

解决方法：重新插拔 GPRS\CDMA 模块（注意插针不要弯曲、断裂）或者更换新的模块。

（10）载波干扰。

故障分析：对于这种情况，解决问题的根本方法是对干扰源的解决。干扰源通常是一些没有达到电磁干扰国家标准的机电设备，如水泵、电机、电梯等，或部分设备的电源出现故障（如有线电视放大器等）造成干扰。

（11）采集器故障。

故障分析：采集器故障，主要有 RS-485 接口坏、载波模块坏、电源坏、烧毁等。

解决方案：更换采集器。

（12）电能表故障。

故障分析：电能表故障的种类较多，如不显示、通信部分损坏、不计数、烧表等。

解决方案：换表。

（13）RS-485 接线有问题，如线松动，接反，未接，短路等。

故障分析：一般新员工首次施工、批量安装后，总会有一定概率个别电能表或采集器 RS-485 接线有问题，如松动、接反、未接、短路等。经过调试正常后，以后有可能又出现的问题。主要是更换电能表时接线有问题、随着时间推移接线松动、人为破坏接线，这时需要查找原因解决。

解决方案：重新接线。

（14）电能表时钟问题。

故障描述：部分台区在更换故障表计或加装集抄设备后，出现新装表计日冻结抄读正常，而原有正常表计冻结无法抄读，台区抄表完整率改造后出现下降情况。

故障分析：现场部分电能表时钟电池处于欠压状态，已无法独立维持电能表时钟，但设备长期处于带电运行状态不需要时钟电池维持表计走时。在现场设备更换时需停电操作，复电后导致问题表计时钟异常或恢复出厂值。集抄设备抄读日冻结数据时，发现表计时钟异常则不转存冻结数据，从而出现抄表率下降情况。

解决方案：采用主站批量导出电能表时间并进行比对，更换时钟差异较大表计设备；在旧台区设备安装或更换时，若需进行停电操作，在复电后应对所有停电表计运行状态进行检查，针对时钟异常表计进行更换。

3. 现场故障场景及处理

（1）采集器下的 RS-485 表全部抄读失败。通过主站远程抄读或集中器按键查看，整个采集器下所有表计采集失败，严重影响整体采集率。

故障分析 1：采集器和表之间 RS-485 线是否虚接，断接，尤其是 RS-485 线串联的台区，更需重点检查 RS-485 接线问题。

解决方案 1：重新连接 RS-485 线，用万用表、掌机测试成功后方可离开。

故障分析 2：采集器下所有表的测量点参数是否正确，包括表地址，协议类型，端口号及波特率，可在主站或者集中器档案中确认。特别注意 645-97 表波特率为 1200bps，645-07 表波特率为 2400bps（部分支持双规约），698 表波特率为 9600bps。

解决方案 2：根据现场表计正确信息，修改主站和集中器中档案。

故障分析 3：采集器是否上电或者是否烧坏，观察采集器电源指示灯判断。

解决方案 3：重新上电或者更换采集器。

故障分析 4：采集器 RS-485 接口是否短路，用万用表测量该回路 RS-485 的 A 与 B 之间的电压，正常范围应在 2.0~5.0V 之间，如果测得的电压为 0 或接近于 0，甚至为负值，则说明采集器 RS-485 接口故障。

解决方案 4：更换新的采集器。

故障分析 5：采集器 RS-485 通信故障，拆除采集器 RS-485 连接，用掌机直抄方式，直接连接连接采集器的 RS-485 线抄读电能表。

解决方案 5：更换新的采集器。

故障分析 6：采集器载波模块故障，使用抄控器连接采集器电源抄读电能表，如果通信不成功或成功率很低则说明载波模块故障。

解决方案 6：更换相同方案的载波模块。

（2）采集器下的 RS-485 表部分抄读失败。在分析台区抄表数据时，发现台区表箱中存在部分抄表失败，或者零星抄表失败的情况，导致抄表成功率低。由于表箱内有成功采集的表计，可基本排除采集器本身的问题。

故障分析 1：电能表没有上电。

解决方案 1：重新给电能表上电（注意检查电能表出线侧是否有异常情况，避免短路或送电造成其他损伤）。

故障分析 2：电能表 RS-485 线 A、B 口接反。

解决方案 2：重新连接 RS-485 线，保证与正常抄读的电能表以及采集器的 RS-485A、B 口是对应的。

故障分析 3：电能表的 RS-485 线虚接、短路。

解决方案 3：重新连接 RS-485 线，并保证能用掌机通过 RS-485 抄读到电能表电量。

故障分析 4：电能表参数设置错误（表资产号、规约、端口号、波特率等）。

解决方案 4：根据现场表计正确信息，修改主站和集中器中档案。

故障分析 5：电能表的 RS-485 接口是否故障，用万用表测量该回路 RS-485 的 A 与 B 之间的电压，正常范围应在 2.0~5.0V 之间，如果测得的电压为 0 或接近于 0，甚至为负值，则说明电能表 RS-485 接口故障。

解决方案 5：更换新的 RS-485 电能表。

故障分析 6：电能表的日期、时间是否正确。

解决方案 6：对时或更换新的 RS-485 电能表。

故障分析 7：现场电能表使用的 RS-485 通信线其截面直径小于 RS-485 端子线头直径，表端 RS-485 线无法接触良好或电能表 RS-485 连接端子的螺丝断裂。

解决方案 7：更换合适尺寸的 RS-485 线，重新连接并保证能通过 RS-485 抄读到电能表电量。

（3）下行载波通信问题。载波是依靠低压电力线进行通信的一种通信方式，现场问题多为台区归属错误、信号衰减及干扰问题，该类问题配套使用的工具多为各载波方案厂家的抄控器和掌机。其中该类问题在现场处理的具体实例如下。

1）集中器安装位置问题。在分析抄表成功率低的台区抄表数据时，发现某些台区内失败表主要集中在某一片区域内。

故障分析：将该台区的线路图绘制出来，结合失败表位置以及集中器安装位置，进行对比分析，该台区线路示意如图 2-92 所示。

从图 2-92 中可以看到集中器安装位置相对于配变箱的位置处于电力线末端，导致另外两个末端部分的电能表距离集中器较远，载波信号弱，集中器抄表困难。

解决方案：需要将集中器的位置移位至最佳安装位置（台区中心位置），使集中器与全部电能表的载波通信距离达到最小值，提升载波一次通信成功率，在移动集中器位置之后需要继续跟踪抄表情况。

2）台区跨度大，远端区域抄表失败。整个台区跨度大，按照地理区域划分以及电力线出线分布，在远离集中器安装位置区域，载波信号无法到达，导致载波抄表失败。

故障分析：以图 2-93 某台区示意图为例，从图上可以看出台区被划分成 3 个区域，分别定为区域 A、区域 B、区域 C，其中集中器装在区域 A 内，区域 A/B 均能正常抄表，但区域 C 由于距离过远且中间无中继电能表，载波信号无法到达区域 C，导致抄表失败。

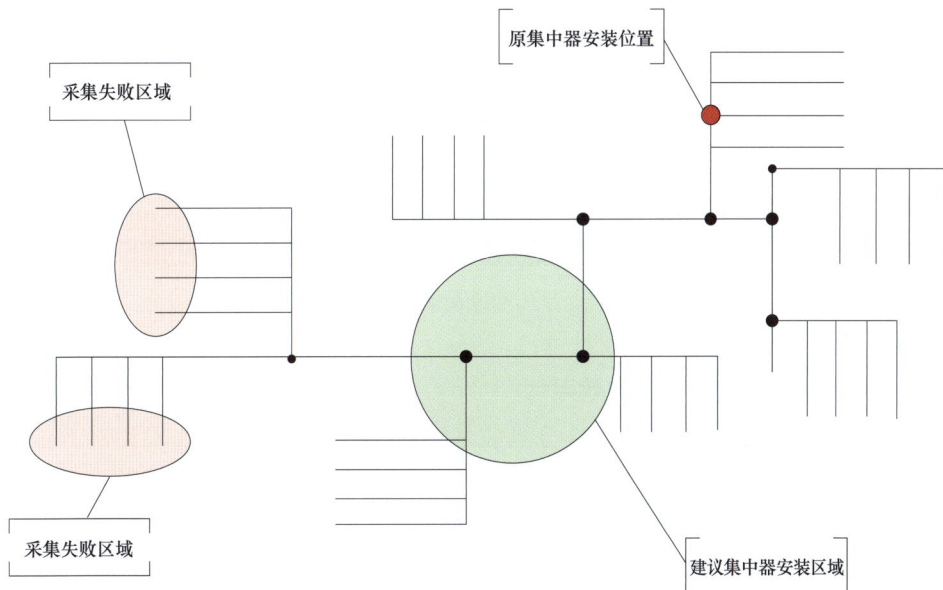

图 2-92　某台区线路示意（一）

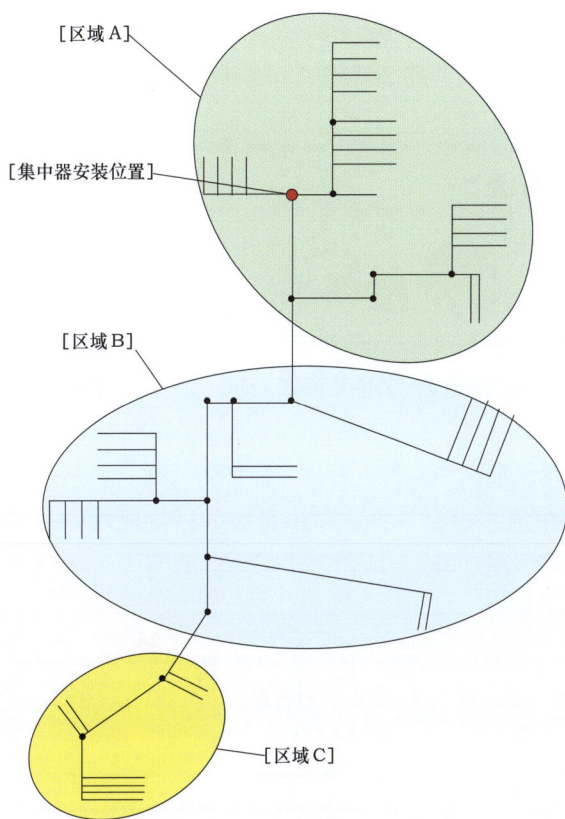

图 2-93　某台区线路示意（二）

　　解决方案：因现场测试从区域 A 内集中器载波信号无法到达区域 C，因此可以在区域 C 内加装一台集中器，即将此台区拆分成两个"台区"，在加装集中器之后，同样需要将台区档案一分为二，区域 C 内的电能表档案信息需添加到新加装的集中器内，而原有集中器则需删除该部分档案（注意，原集中器中移走的电能表需确认删除，避免互有交叉，造成干扰，同时因失败表较多影响自身集中器的采集效率）。

　　3）同一小区不同台区之间共零干扰或者集中器相互串扰。在一个小区内存在多个台区时，由于两台区间共零线，导致载波信号通过零线相互耦合，形成零线干扰，导致抄表失败或者不稳定。在同一台区装有多台集中器，且载波信号可以相互形成回路，导致同一台区内不同集中器形成载波信号串扰，致载波抄表失败。

故障分析：在现场使用抄控器和掌机确认载波信号的通路情况，以此判断载波信号能否相互形成干扰。

解决方案：形成相互干扰的集中器或同台区的集中器设置错时抄表，让不同集中器在不同时段内抄表，避免相互之间干扰，提升载波通信一次成功率，同时检查各集中器内测量点数据，避免互有交叉，导致采集效率下降。或者采用干扰隔离，增设载波信号隔离设备，削弱垮台区载波干扰信号强度。或者进行设备迁移，迁移集中器至被抄表计集中位置，拉大各台终端的安装距离。

4）采集器安装数量少导致载波从节点少。存在部分半载台区范围广，采集器较少且分散，导致载波抄表路径上的中继节点非常少，影响现场抄表效果。

解决方案：有两种。一是加装采集器：拆分当前采集器下属电能表，添加采集器（必须下面挂有电能表）进行抄表，增加载波中继节点数量，提升集中器抄表效果。二是采集器移相操作：将安装在不同相位上的采集器移动至同一相位上，增加同一相位上中继节点数量，保证抄表稳定性。

5）集中器和采集器抄表规约兼容问题。台区零星更换故障的645规约电能表，原有终端无法采集到新装的698规约电能表数据。

故障分析：软件层面无法向上兼容，硬件层面，698多采用宽带载波，无法兼容窄带载波，导致老台区，故障更换新表后，由于软硬件不兼容，导致无法采集。

解决方案：使用拆回利旧的645规约的2009/2013版电能表；单独安装698协议的宽带集中器；加装窄带转宽带的协议转换器，进行采集。

四、现场常用调试工具使用方法

（一）掌机、抄控器、直抄线

1.简述

使用掌机（以振中tp900掌机为例，限于645规约）、抄控器、直抄线可以判断现场的采集器（载波表）、表计是否可以正常工作，为现场问题的处理与解决提供方便。

2.工作原理

（1）抄控器的工作原理。掌机通过RS-232串口与抄控器连接，抄控器连接设备电源，发送相应指令到电力线上，最常用的操作抄读电能表电量、日冻结电量，如抄读成功，说明表计、载波模块工作正常，图2-94为抄控器掌机工作原理示意，图2-95为抄控器实际连接示例。

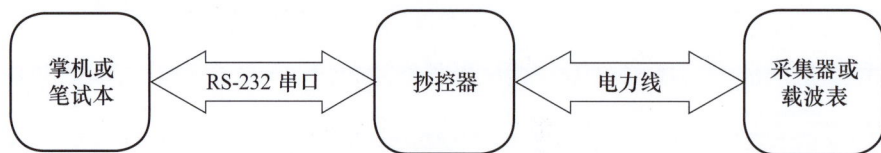

图2-94 抄控器掌机工作原理示意

（2）直抄线的工作原理。掌机通过RS-485串口与采集器、电能表的RS-485接口连接，发送相应指令，最常用的操作抄读电能表电量、日冻结电量，如抄读成功，说明表计及RS-485回路工作正常，图2-96为直抄线掌机工作原理示意，图2-97为直抄线实际连接示例。

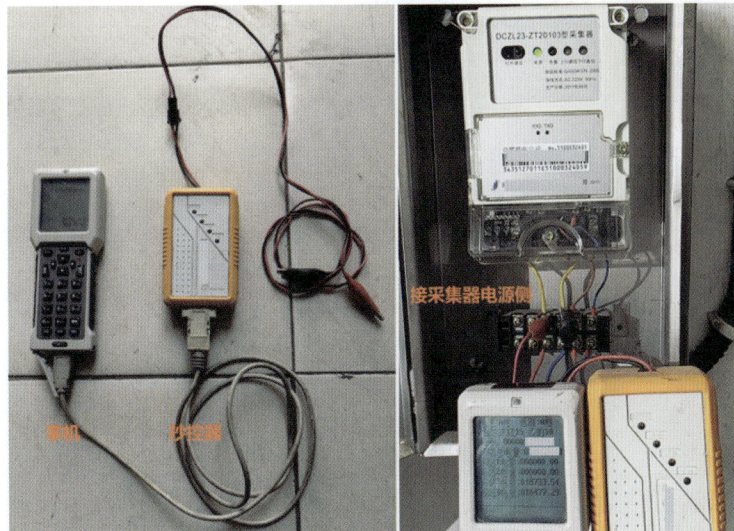

图 2-95　抄控器实际连接示例

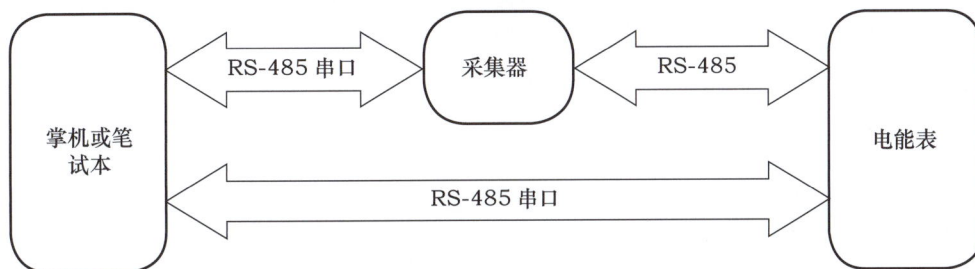

图 2-96　直抄线掌机工作原理示意

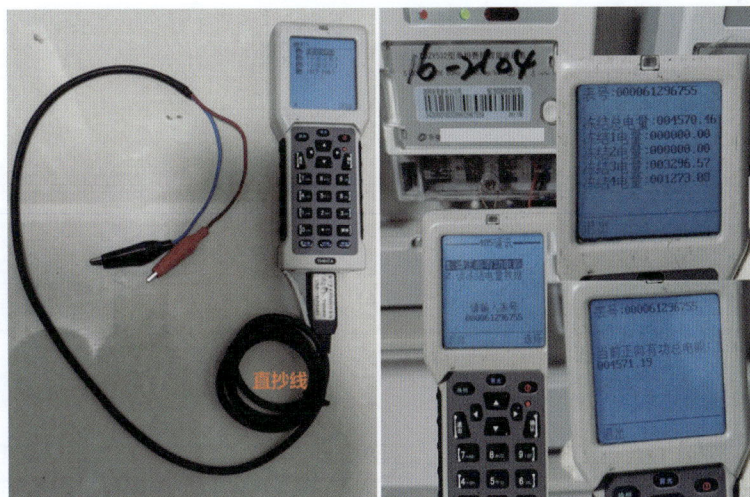

图 2-97　直抄线实际连接示例

3. 操作说明

（1）首先通过掌机进入文件选择"安徽简化"。掌机开机→选择"文件"进入→选择"安徽简化"→选择"anhuijh.mif"进入主菜单，图 2-98 为掌机操作说明。

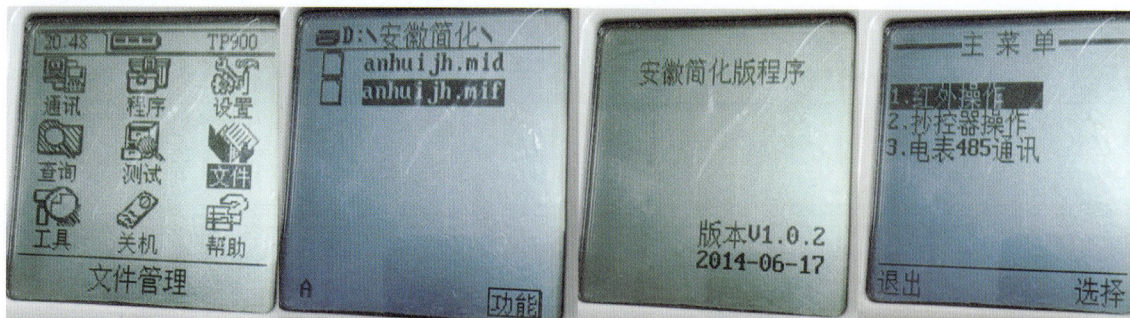

图 2-98　掌机操作说明

（2）掌机的红外操作。红外通过采集器读电量数据，判断采集器与电能表之间通信是否正常，掌机红外操作流程如图 2-99 所示。

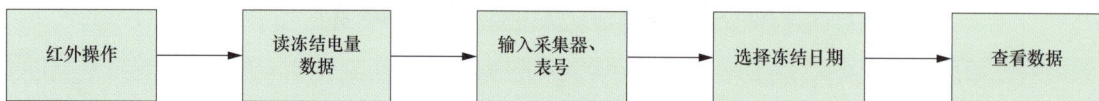

图 2-99　掌机红外操作流程

（3）掌机的 RS-485 操作。RS-485 接口读取电能表数据，判断电能表的 RS-485 接口通信是否正常，掌机 RS-485 操作流程如图 2-100 所示。

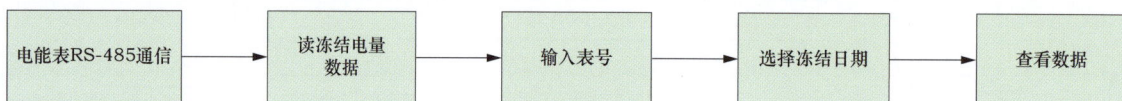

图 2-100　掌机 RS-485 操作流程

（4）掌机的抄控器操作。使用该功能时，需要掌机连接抄控器。

1）判断采集器载波（载波表）通信是否正常，掌机抄控器（抄表）操作流程如图 2-101 所示。

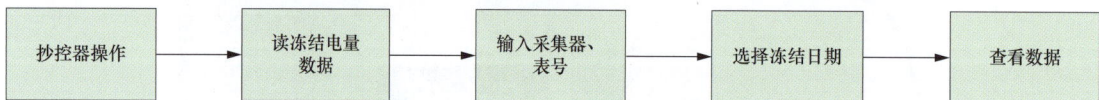

图 2-101　掌机抄控器（抄表）操作流程

2）侦听集中器地址，辅助判断载波信号强弱（窄带载波），掌机抄控器（侦听载波信号强度）操作流程如图 2-102 所示。

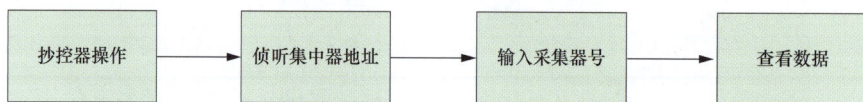

图 2-102　掌机抄控器（侦听载波信号强度）操作流程

说明：

◆　通过侦听到的主节点信息（集中器地址）以及信号品质可以判断该载波表或采集器归属于哪个集中器，其中各相位信号品质为 16 进制表示（0、1、2、3、4、5、6、7、8、9、A、B、C、D、E、F），F 表示信号最强，0 表示信号最弱；

◆　将各相位信号品质进行比较，相对信号品质最好的集中器，即有可能为该采集器或载波表归属的集中器。

注意：掌机配合抄控器对电能表 / 采集器台区归属进行判断，只是一个参考依据，当多个集中器地址信号品质相近时，还需进一步核实所属台区。

（二）万用表

测量 RS-485 电能表和采集器 RS-485 接口电压值，判断 RS-485 接口通信是否正常。正常范围应在 2.0~5.0V 之间，如果测得的电压为 0 或接近 0，甚至为负值，说明不正常。

第三章

采集运维典型
故障分析

第一节 现场常见故障分析

一、集中器离线

（一）故障现象

集中器所有表计漏抄，主站召测终端不在线或在线不稳定。

（二）问题分类

（1）集中器未供电。需至现场将集中器正确送电。

（2）SIM 卡欠费或损坏。公网上行集中器屏幕右上角信号正常但处于离线状态。更换 SIM 卡后确认是否正常。

（3）集中器上行通信参数错误。集中器 APN、主站或集中器的 IP 地址、端口号、终端地址等档案参数设置错误。至现场核实确认相关参数正确。

（4）天线损坏。现场经常遇到天线损坏情况，如天线折断，天线被剪断，现场无天线。也存在隐蔽的天线故障，如开关集中器箱体时，挤压天线线体，导致天线内部出现断裂，外观无明显断裂情况，或者天线与模块连接处松动，未拧紧螺丝扣，导致信号接触不良，信号不稳定等情况，现场更换备用天线查看集中器是否在线。

（5）GPRS 模块故障。现场 GPRS 模块电源灯不亮，或数据交互灯不亮。更换 GPRS 模块查看集中器是否能够登录主站稳定在线。

（6）集中器设备软硬件故障。现场有明显损坏，如集中器烧毁，集中器黑屏，集中器程序频繁重启或死机等情况。现场需要更换集中器。

（7）现场无上行信号或信号弱。① 现场携带相同运营商的 SIM 设备信号也不满足网络通信，联系运营商（移动、电信、联通）处理或安装调试辅助设备。② 对于地下室无信号问题，使用低压 GPRS 延长设备（有效距离 500 米以上）。③ 对于山区等信号弱的地区，使用中压载波 GPRS 延长设备（有效距离 7 千米以上）。④ SIM 卡流量耗尽。集中器一时段上传数据正常，运行一段时间之后，出现终端不在线，无日冻结数据的情况可能为 SIM 卡流量耗尽。建议地市公司办理 SIM 卡流量业务时，为保证 HPLC 深化应用，数据流量暂时由 30M 增至 60M（台区总户数在 300 户以内）。

（8）集中器频繁上下线。① 基站限制了数据链路最大链接数。集中器日冻结数据上报正常，集中器频繁上下线，如和该台区所处地区人流变化有紧密联系，可能为当地运营商基站限制了数据链路最大链接数，在人流多时，为了保证客户业务正常，限制了集中器登录基站。可协调地市运营商加大基站的最大链接数。② 集中器处于同一运营商两个或两个以上基站之间，基站信号不稳定，导致集中器频繁切换上行基站。建议更换运营商 SIM 卡。

二、集中器在线不抄表

（一）故障现象

主站集中器在线，但台区下所有用户数据采集失败。

（二）问题分类

（1）集中器时钟错误。可以采回实时数据，无冻结数据，主站召测集中器时钟误差 24h 以上。需主站对时，如对时失败，需通过更换集中器解决。

（2）集中器内表计参数错误。系统通过召测电能表参数，检查测量点用户类型、通信速率、端口号是否正确。特别注意：集中器 RS-485 抄表端口号为 2，载波抄表端口号为 31。

（3）集中器内表计档案未下发。主站召测集中器内档案为空，需下发集中器表计档案。

（4）集中器 CCO 模块故障。现场观察 CCO 模块指示灯状态异常且集中器下可用抄控器点抄漏抄表，需更换 CCO 模块。

（5）集中器软硬件故障。导致集中器在线不抄表或抄表不存储等少数问题。需联系设备厂家进行分析处理。

三、集中器部分漏抄

（一）故障现象

集中器部分漏抄，分为漏抄对象固定和漏抄对象不固定两大类。

（二）问题分类

1. 漏抄对象固定

（1）现场接线问题。现场电笔查看集中器 A/B/C/N 电压，有缺相导致某相表计漏抄或零线电压异常导致抄表不稳定情况。需修正接线确保集中器及表计都正常供电。

（2）台区归属问题。漏抄用户不在所属抄表集中器台区下。现场线路核查，需将漏抄用户档案从该集中器下删除移至正确台区。

（3）模块匹配问题。漏抄用户与集中器模块不匹配。需更换表计模块，使表计模块与集中器匹配。

2. 漏抄对象不固定

（1）载波干扰问题。台区下电网上有高频信号干扰，多发生于台区下有电梯、电焊机、牵引机等变频设备工作。需在高频干扰末端加装载波隔离装置，或在附近加装二采，增加有效中继节点。

（2）台区负荷问题。共零台区由于信号耦合会出现漏抄数量不稳定情况；可使用掌机到现场对台区进行台户关系核查。宽带、双模台区使用智能台区识别仪确认台区负荷。重新调整正确归属后可正常采集。

四、单个电能表漏抄

（一）问题现象

集中器单个电能表漏抄。查看漏抄档案无地址规律、无参数规律。

（二）问题分类

（1）表计未供电。电笔测量无 220V 电压接入，需将表供电。

（2）表时钟错误。主站可召测实时数据，但无冻结数据，现场查看表计时间误差较大，需厂家对电能表校时或更换表计。

（3）载波表通信模块故障。现场表计正常，利用掌机抄控器直接点抄失败，载波表需更换模块。

（4）宽窄带方案混装。集中器方案与表计方案存在不对应情况，现场窄带载波表未更换完全，现场找到此表后，立即更换为 HPLC 载波表。

（5）表计软硬件故障。现场表计端子有电，但电能表屏幕不亮，需更换表计。

（6）线路末端信号衰减引起的漏抄。漏抄表计在线路末端，且没有节点可以直抄漏抄表。需确认位置，加装中继器，提升抄表性能。

五、台区总表漏抄

（一）问题现象

集中器载波抄表正常，但 RS-485 接口抄总表失败，458 接线图如图 3-1 所示。

（二）问题分类

（1）台区总表参数设置错误。三相表作为台区总表，RS-485 抄表的端口应该为 2，若设置成 31（载波抄表端口号），则无法抄回；如用三合一终端，端口号需要设置成 1；错误设置会导致台区总表漏抄。需正确设置台区总表参数。

（2）台区总表 RS-485 接线错误。集中器要接 RS-485-Ⅰ（辅助端子最右侧）；电能表要接 RS-485-Ⅰ端子（24，25 号端口），错误接线会导致台区总表漏抄。需将台区总表正确接线。

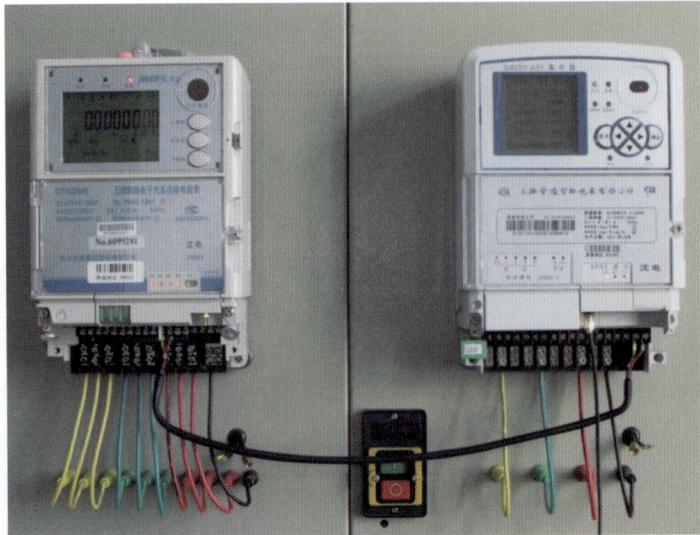

图 3-1　RS-458 接线图

第二节　HPLC 常见问题及案例分析

一、频段问题

（一）情况说明

HPLC 通信工作频率范围包含 2~12MHz、2.4~5.6MHz、0.7~3MHz、1.7~3MHz，分别对应 band 0、band 1、band 2、band 3 共 4 个频段。通常情况下集中器本地通信模块 CCO 频段固定为 band2（可设置），表计通信模块 STA 支持 4 个频段轮流运行，只有 CCO 和 STA 频段一致时才能入网运行。正常情况下，CCO 和 STA 上电默认运行 band 2 频段，不排除后续运行过程中 CCO 频段被人为设置为其他频段，此情况下，如 STA 模块有问题，不能 4 个频段自行切换，会导致模块无法入网。

（二）常见问题

（1）混装 HPLC 台区出现某方案 STA 全部抄表失败，但同台区内其他载波方案 STA 抄表正常的情况下，考虑抄表失败的模块存在问题，通知该模块厂家确认。

（2）HPLC 台区运行频段由 CCO 决定，如运行频段范围内电力线噪声干扰特别严重，可能导致此台区抄表效果差甚至整台区不抄表。在 HPLC 问题台区常规问题排查完毕，抄表效果依然不理想的情况下，可以考虑联系集中器本地路由厂家至现场进行切换 HPLC 运行频段进行处理。

（三）实际案例

台区名称：×× 供电公司 3737-64974 支家一站。

台区情况及问题描述：该台区为半载台区，集中器搭配某厂家方案 CCO，现场表计采用某厂家Ⅱ型 HPLC 采集器，共 216 块电能表。台区采集效率较低，每天必须多次人工补召，一般下午才能全部采集成功。

排查过程：

（1）经分析，此台区仅为抄表效率低，但是可以抄读成功，基本可以排除现场表计、集中器档案的常规问题。

（2）据了解此台区改造前抄表效率优于改造之后，且改造期间没有进行过线路调整，据此可以排除台区归属问题。

（3）怀疑 A 厂家 CCO 和 B 厂家 STA 配合问题，现场将 A 厂家 CCO 更换为 B 厂家方案，观察几天后发现更换前后效果差别不大，排除方案配合问题。

（4）尝试对集中器通信模块 CCO 切换频段，由初始的 89 频段切换为 131 频段之后，问题得到解决。

二、协议标准问题

（一）情况说明

国家电网自 2017 年开始正式推广 HPLC 高速载波通信方案，先后制定过 2 次互联互通技术标准，可分别称之为国网旧护通和国网新互通，新旧互通标准的差别在于支持频段的不同，旧标准只支持 band 0 和 band 1 两个频段，国网新互通支持 band 0、band 1、band 2、band 3 四个频段。

（二）常见问题

自 2018 年底之后所有 HPLC 招标产品全部运行国网新互通标准，但 2017 年至 2018 年上半年，各地采购的 HPLC 模块基本运行的都是国网旧互通标准，此种情况下可能出现新旧标准混装问题。国家电网新标准下，集中器本地通信模块 CCO 默认运行 band 2，如台区内混装了国家电网旧标准的 STA 模块，则无法抄读，需更换为国网新互通标准模块。

（三）实际案例

台区名称：×× 供电公司 ×× 小区 1 号台区。

台区情况及问题描述：该台区为 A 厂家集中器配合 B 厂家，共 204 块电能表，其中 STA 模块 C 厂家占 70%，D 厂家、E 厂家、F 厂家各占 10%。台区管理人员表示，自台区改造之日起，一直有 5 只 C 厂家 STA 模块抄读失败，现场都已排查，没有发现明显问题。

排查过程：载波技术人员通过读取现场拓扑，发现有 5 块 C 厂家 STA 一直无法入网。现场发现未入网的 STA 模块丝印的是 2–12MHz 的频段，用抄控器 131 频段可以点抄，89 频段抄不到，导致抄读失败。故判断为局方模块更换错误，重新更换国家电网新标准互联互通模块后，失败 STA 可以入网，并且抄表正常。

三、白名单问题

（一）情况说明

HPLC 方案与之前窄带方案抄表机制略有不同，HPLC 方案 CCO 抄表成功的前提是 STA 模块必须入网，入网机制为 STA 收到 CCO 发出的信号后即会申请入网，如现场存在两个集中器离得特别近甚至共零，存在载波串扰现象，STA 模块收到隔壁台区 CCO 信号的情况非常常见，为了避免 STA 入网到其他台区，CCO 增加了白名单机制，集中器档案内的表计在白名单内，只有白名单内的表计申请入网 CCO 才会同意，否则拒绝。

（二）常见问题

理论情况下，各厂家 CCO 模块出厂默认白名单是打开的，安装在现场可以直接使用。由于 HPLC 技术标准制定、修改周期较长，此时期内部分厂家不同版本模块差异较大，有些版本 CCO 白名单没有默认打开，需要人为设置。此类模块安装到现场后，如附近有其他台区，容易接受其他台区 STA 的入网申请，造成隔壁台区此部分电能表抄表失败。

（三）实际案例

台区名称：××供电公司碧桂园 1~11 号变压器。

台区情况及问题描述：该片区碧桂园新装 11 个台区，集中器本地通信模块 CCO 为深国电方案，表计 STA 模块为 C 厂家方案，共约 1800 块表。该小区为新建小区，自安装起，11 个台区抄表极不稳定，经常出现漏抄表计，且失败表计、台区都不固定。

排查过程：

（1）根据集抄维护经验，怀疑该小区有户变关系问题，协助台区管理人员对户变关系重新进行了梳理，确实发现了一个单元存在该问题，调整台区后这个小区抄表波动问题依然存在；

（2）查看失败表计信息，发现失败表 STA 已经入网成功，同步查询 CCO 信息，发现 CCO 网络中没有失败表 STA 入网标志，故判断附近有 CCO 白名单没有打开，失败表 STA 入网到其他台区中；

（3）联系 CCO 厂家，将白名单设置打开，重启集中器，表计模块重新入网后抄表正常，长期运行稳定。

四、衰减、干扰问题

（一）情况说明

无论窄带载波还是 HPLC 通信，不可避免地都会面临信号衰减和电力线干扰的问题，虽然低压电力线噪声干扰频率一般在 500kHz 以下，但不排除存在高频干扰源的情况存在，特殊台区 HPLC 依然会遇到干扰问题。且与窄带载波技术相比，HPLC 通信频率高，衰减较大，传输距离相对较小，此情况在地埋线路中比较突出。

（二）常见问题

（1）个别采用地埋线方式供电的小区线路不合理，部分楼栋供电线路过长，导致 HPLC 信号衰减严重，影响通信效果。

（2）台区存在高频干扰源，影响 HPLC 载波信号的传输，阻断载波信号的传输，导致抄表成功率较低或台区抄表成功率波动。

（三）实际案例

台区名称：××市城××园 1 号变压器。

台区情况及问题描述：台区使用 G 厂家集中器搭配 C 厂家 CCO，Z 厂家电能表模块 STA，为新改造台区，抄表效果极差，基本只能抄回一半电能表。该小区共计 2 个变压器，1 号变压器带 2 号楼，共 243 块，2 号变压器带其余楼栋，一主一副，两个变压器串联，不管哪个高压停电都能保证小区供电正常，集中器在 1 号变压器处，失败表全部是 2 号变压器所带，小区供电线路简图如图 3-2 所示。

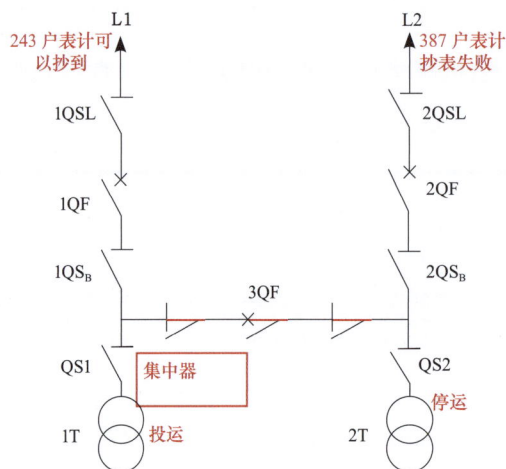

图 3-2　小区供电线路简图

排查过程：

（1）首先排除户变关系，由台区管理员进行户变关系梳理，未发现问题，虽然配电室内存在 2 台变压器，但 2 号变压器没有运行，所有电能表都为 1 号变压器供电；

（2）尝试修改 CCO 运行频段，4 个频段轮流切换之后，没有效果，尝试更换深国电 CCO，统一方案，问题依然存在；

（3）移动集中器问题，将集中器由 1 号变压器移动到 2 号变压器主线路上，2 号变压器所带楼栋全部抄回，1 号变压器所带表计全部失败，故判断 1 号、2 号变压器之间存在较大的衰减，需增加中继器；

（4）在集中器移回 1 号变压器，并在 2 号变压器下增加一只载波中继器，整台区电能表全部抄回，问题得以解决。

五、档案问题

（一）情况说明

HPLC 相对于窄带抄表方式最大的不同在于 HPLC 电能表模块（STA）要入 HPLC 集中器主模块（CCO）的网络，这样才能抄表。如果集中器的档案存在问题，就会对 HPLC 抄表存在影响。因此，在 HPLC 前期建设中，一定要把档案问题搞清楚，这样会为后期调试省下很大力气。

（二）常见问题

（1）集中器缺少档案，漏抄档案的电能表无法入网，导致漏抄。

（2）集中器存在垃圾档案，影响正常电能表的入网，出现同一表箱内的个别电能表漏抄。

（3）一个台区拆分成几个台区或者几个台区合并成 1 个台区，原来的集中器中档案未删除，导致两个台区存在一部分相同的档案，会导致抄表不稳定。

（三）实际案例

台区名称：×× 阳光 1 号台区。

台区情况及问题描述：台区使用 A 厂家集中器搭配 C 厂家 CCO，B 厂家智芯 STA，台区共 400 多户。此台区是两个台区合并成一个台区，抄表不稳定，有时全部抄到，有时抄到一部分。

排查过程：

（1）首先了解台区户变情况，抄表员说了台区的大致情况，虽然不存在用户变压器问题，但在了解情况的过程获悉，1 号台区之前有 2 号台区的电能表并入；

（2）在 2 号台区集中器查看台区档案，发现 2 号台区之前合并到 1 号台区的档案还在集中器中，查看 2 号集中器 CCO 的入网情况，发现漏抄电能表都入此 CCO 的网络中；

（3）现场清空 2 号台区集中器中的多余档案后，1 号台区漏抄电能表逐渐抄回。

第三节　典型案例与处理

一、参数配置错误问题典型场景案例分析

（一）场景问题概述

（1）系统侧问题表象如图 3-3 所示。用户王某电量采集失败，进入采集系统后，依次点击采集管理—数据采集管理—单户召测—低压动力三项用户—历史数据—选择 F161 正向有功电能总示值，选中后对其进行召测，系统显示否认报文。

进入采集管理—终端管理—参数设置—F10 测量点信息与现场计量点对象，输入终端地址后，发现用户王某 66 号测量点参数为黄色，缺少终端值。

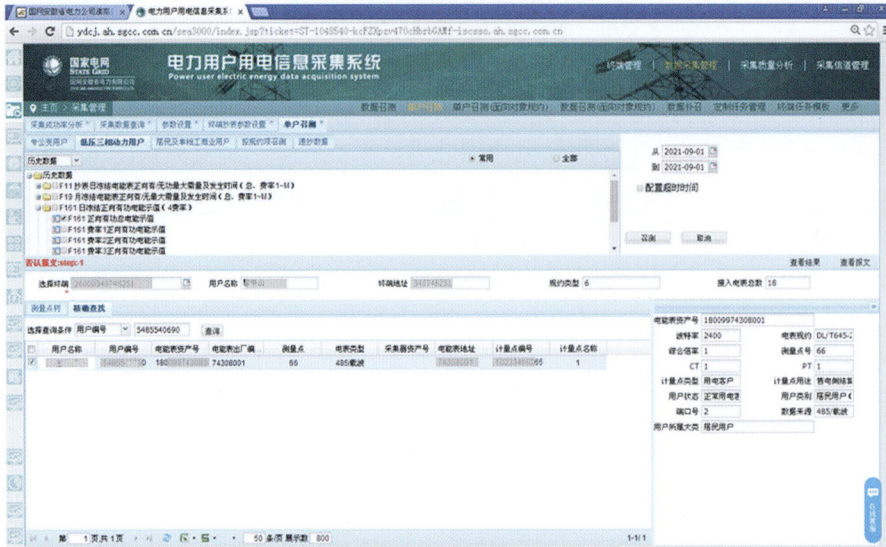

图 3-3　系统侧问题表象

（2）现场侧问题表象如图 3-4 所示。现场集中器或终端翻查 F10 测量点信息与现场计量点对象不一致。

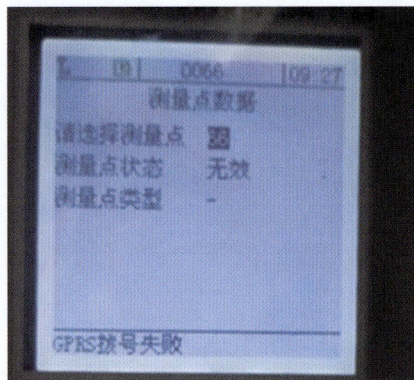

图 3-4　现场侧问题表象

（二）问题分析及排查思路

（1）问题分析，如图 3-5 所示。采集系统召测否认报文，标准的参数问题。

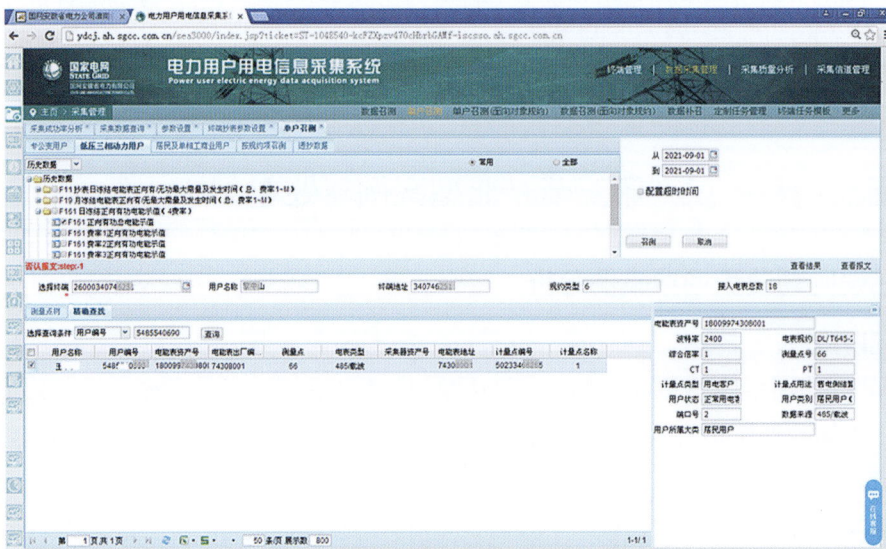

图 3-5　参数配置错误问题分析

（2）排查思路，如图3-6所示。因为召测时显示否认报文，是标准的参数下发问题，进入参数下发界面发现参数终端值未下发，且该测量点参数黄色为异常数据。

图3-6　排查思路

（三）处理步骤及方法

第一步：对异常测量点参数进行重新下发，进入采集管理—终端管理—参数设置—点击F10测量点信息与现场计量点对象，输入终端地址，选择66号测量点选择下发参数。

第二步：下发后对该测量点参数进行召测，确认参数是否正常下发，查看66号测量点是否仍为黄色，如果仍显示黄色，再次下发参数后黄色消失即下发成功。

第三步：重新对用户数据进行召测，点击采集管理—数据采集管理—单户召测—低压动力三项用户—历史数据—选择F161正向有功电能总示值，选中后输入用户户号对其进行召测。查看数据显示召测成功即可。

（四）注意事项

参数配置问题除了参数未下发导致异常，还包括SG186档案未同步、测量点参数中端口、通信协议、用户类型、波特率等参数与现场实际设备不一致异常，维护人员可采用与正常采集设备参数比对方式排查解决。

二、上行通信故障问题典型场景案例分析

（一）场景问题概述

1. 系统侧问题表象

当上行设备通信出现问题会导致设备处于离线状态，主站远程操作数据也无法正常交互，系统"终端在线明细"中显示红色离线状态，如图3-7所示。

图 3-7　系统侧问题表象

2. 现场侧问题表象

现场通信模块指示灯异常或不亮：NET 灯不闪烁或不亮 T/R 灯、不闪烁（上行公网），如图 3-8 所示；LINK 灯不亮 DATA 灯不闪烁（上行有线）如图 3-9 所示。

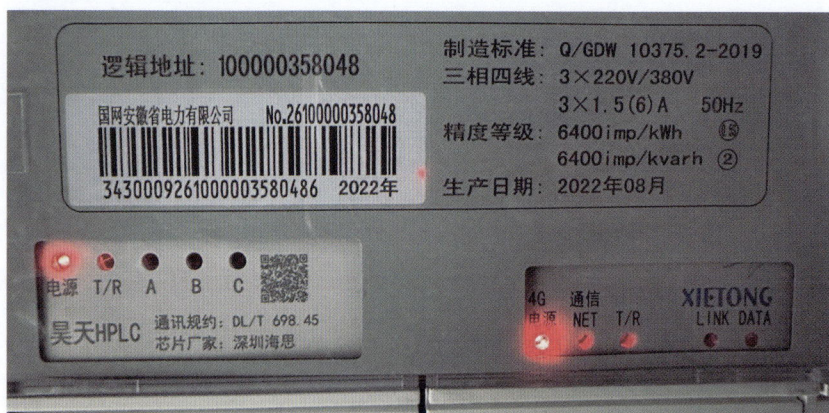

图 3-8　NET 灯不闪烁或不亮 T/R 灯、不闪烁（上行公网）

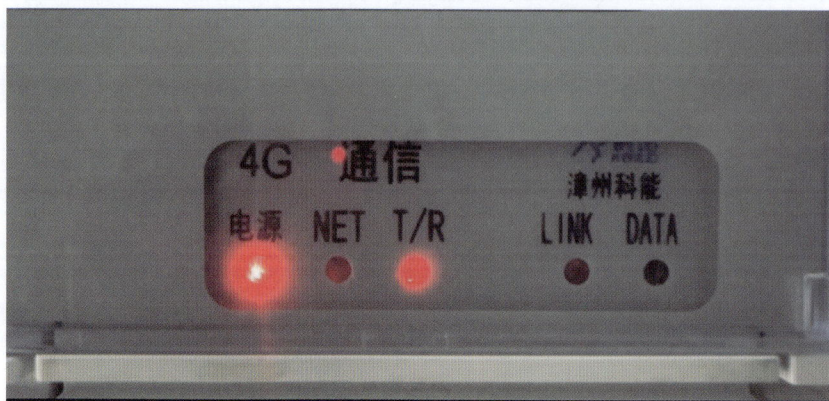

图 3-9　LINK 灯不亮 DATA 灯不闪烁（上行有线）

设备屏幕左上角无信号强弱标识，旁边无 G/C/4G/N 等通道标识，如图 3-10 所示。

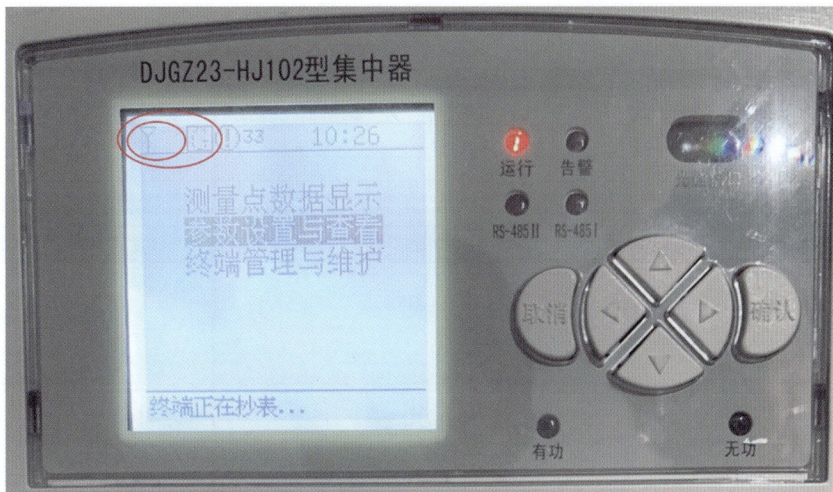

图 3-10　设备屏幕标识

　　屏幕左下角显示未登录、离线、未连接、通信故障、未检测到 SIM 卡、未注册、登录主站失败等，如图 3-11 所示。

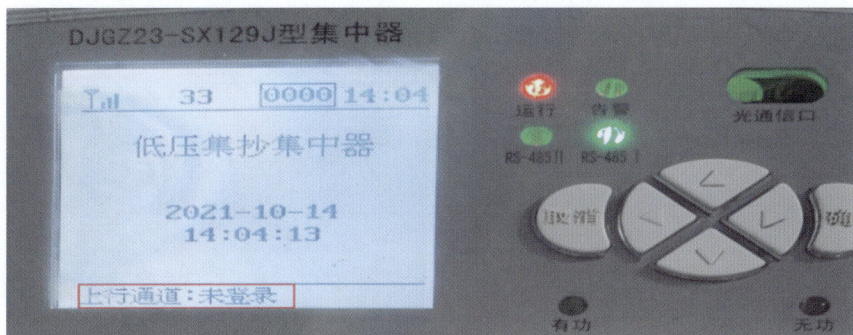

图 3-11　设备屏幕显示

（二）问题分析及排查思路

1.问题分析

（1）APN 设置错误。

（2）主站 IP 端口号配置错误，如图 3-12 所示。

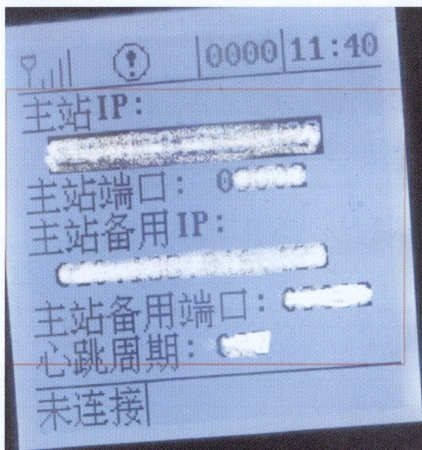

图 3-12　APN、主站 IP 端口问题分析

（3）电信 2-3G 用户名和密码没有设置，如图 3-13 所示。

图 3-13　用户名和密码未设置

（4）公网信号弱，频繁离线。集中器上 SIM 卡运营商信号差，如图 3-14 所示。

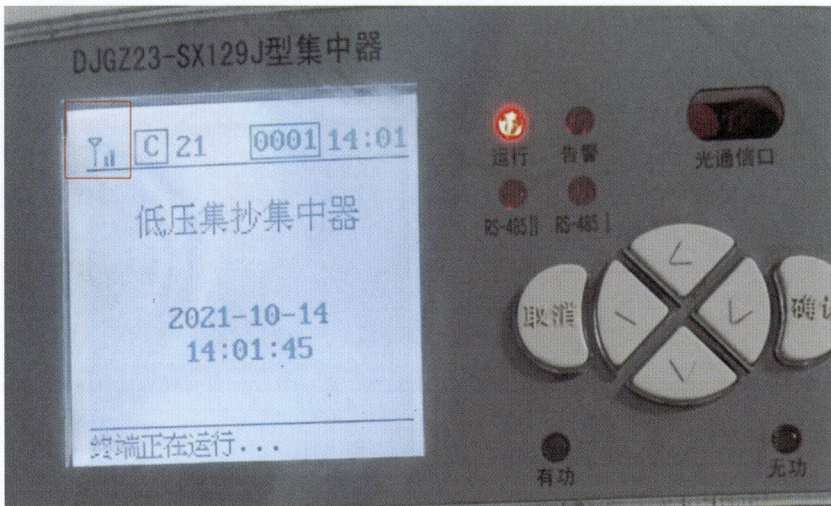

图 3-14　公网信号、集中器上 SIM 卡问题

（5）集中器选择上行通道模式选择错误。

2.排查思路

（1）通信模块硬件故障导致无法通信需更换模块。

（2）通信模块与终端不兼容导致频繁离线（如某产品 13 版终端装入 4G 模块会频繁离线需升级）。

（3）通信方式选择错误无线公网与光纤模式选择错误导致无法通信。

（4）SIM 卡欠费或被锁定。

（5）心跳周期选择错误导致终端频繁离线。

（三）处理步骤及方法

（1）现场观察集中器屏幕左上角通道模式，如为"N"，则观察 NET 与 DATA 是否正常，如为'G'则观察天线与 SIM 卡正常。

（2）根据通道模式，检查通过通信参数，如图 3-15 所示。公网各运营商参数：各公网运营商 APN 和密码不同单位参数不同。主站 IP：×××.×××.×××.××× 端口号：×××× 不同省参数不同。

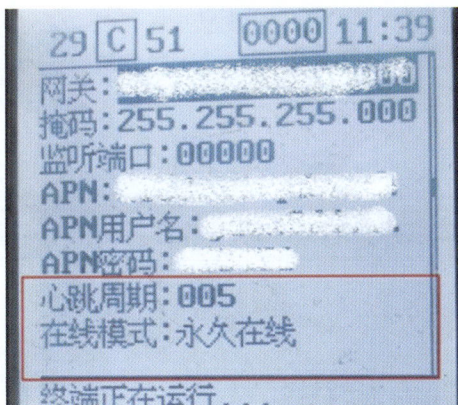

图 3-15　检查通过通信参数

（3）其他注意事项。

1）输入对应的用户名和密码。

2）移动天线到信号好的地方或布置加长天线。

3）更换通信模块。

4）更换与终端匹配的通信模块或现场进行更换实验。

5）查看选择的通信方式有无问题。有问题则进行更改。

6）更换 SIM 卡或者与移动协调解锁 SIM 卡。

7）选择正确的心跳周期，在线时间选择永久在线。

三、集中器总表采集异常典型场景案例分析

（一）场景问题概述

1. 系统侧问题表象

集中器总表数据采集失败，或数据项漏点。主站召测数据时，系统返回"否认报文"或"未发现召测数据"，查看集中器参数下发，总表参数行显示为黄色，如图 3-16 所示。

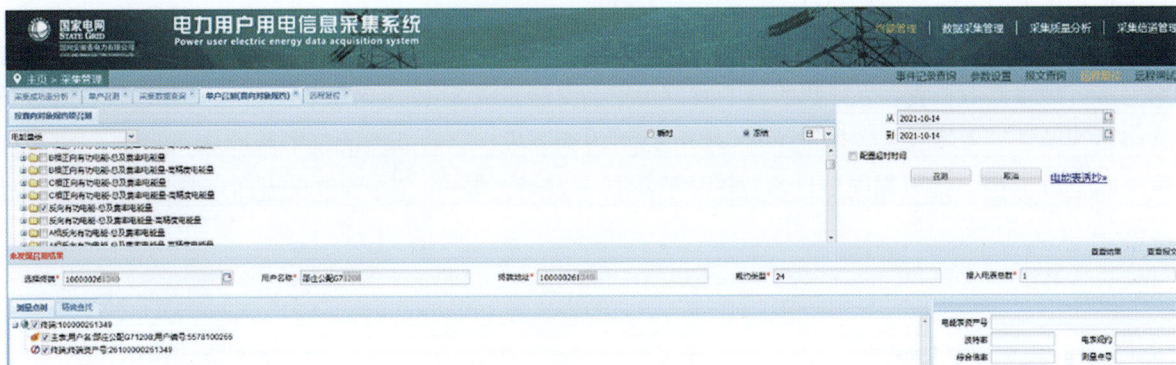

图 3-16　集中器总表采集异常系统侧问题表象

2. 现场侧问题表象

（1）观察集中器与电能表，时钟不准。

（2）按键查看测量点 3~17 测量点参数未配置或通信端口非"RS-485-1"或"RS-485-2"用户类型非"16"。

（3）集中器总表为 RS-485 接入集中器时，电能表 RS-485 线与集中器 RS-485-1 或 RS-485-2 连接异常。

（4）集中器与总表连接的 RS-485 接口上，还有其他采集设备连接，影响集中器对总表采。

以上 4 点如图 3-17 所示。

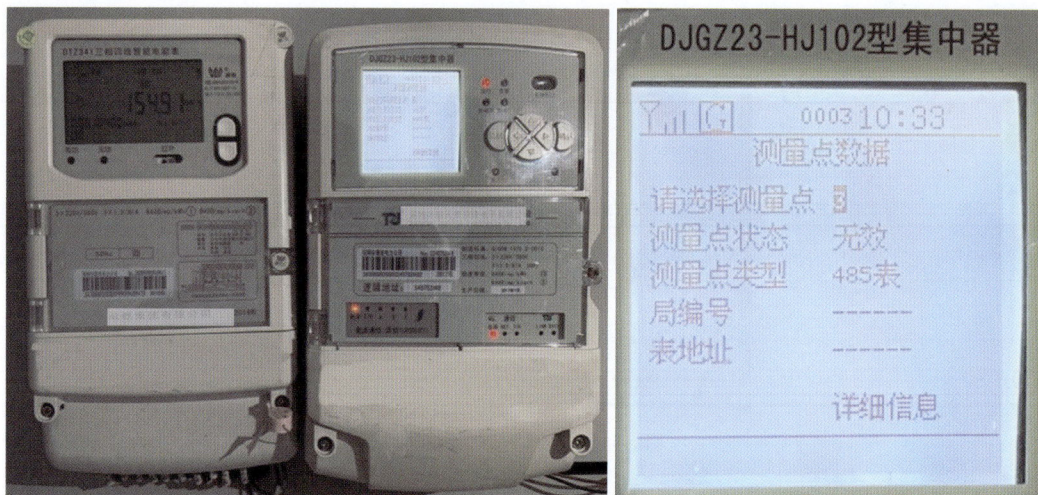

图 3-17　集中器总表采集异常现场侧问题表象

（二）问题分析及排查思路

1.问题分析

（1）主站侧异常分析。

集中器召测显示否认报文：此类问题最常见的原因为参数未下发，或则参数错，部分集中器存在集中器时间错导致召测返回否认报文。

集中器召测返回"未发现召测结果"：此现象为有数据返回但数据为空或等待返回超时。

（2）现场侧排查异常分析。翻看集中器内总表配置参数，参数未配置或参数与实际不一致。集中器 RS-485 与总表连接异常，或其他设备也抄同一块总表，影响集中器数据抄读。

2.排查思路

（1）查看集中器总表配置参数，排除表号、端口号、用户类型等参数异常问题。

（2）至现场查看总表与集中器物理连接是否正常。

（3）翻看集中器参数，与现场及主站参数是否一致。

（4）观察集中器 RS-485 抄表灯闪烁时，是否双色交替闪烁。

（三）处理步骤及方法

第一步：配置参数核查。在采集管理参数设置里查看测量点 3~17 号考核表测量点参数是否有有效数据，下发状态是否异常、考核表参数是否正常，如正常可重新下发，已重新激活集中器抄总表任务、如异常或参数丢失则需空推流程，待流程同步且参数正常后重新下发后，等 5min 查看数据返回正常，考核表参数核查界面如图 3-18 所示。

图 3-18　考核表参数核查界面

第二步：集中器时钟校时。如实时数据能召测回来，则召测集中器时间；如时间错，对集中器进行对时，后召测，如召测返回数据仍失败，则进行下一步确认，终端时钟召测、对时界面如图 3-19 所示。

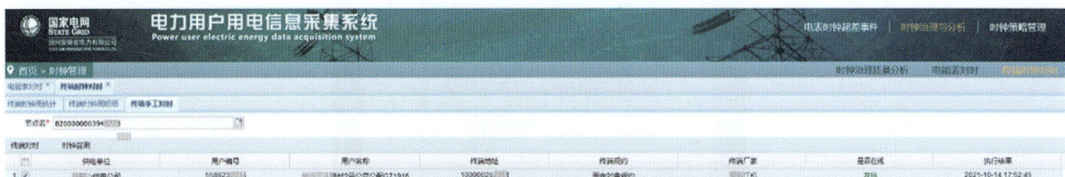

图 3-19　终端时钟召测、对时界面

第三步：电能表时间校时。如集中器对时后仍抄不到，则需在始终管理界面召测电能表时间，如电能表时间错，则对电能表进行对时，对时后对数据进行召测，如召测不回来，或电能表时间没问题见下一步，电能表时钟召测、对时界面，如图 3-20 所示。

图 3-20　电能表时钟召测、对时界面

第四步：现场问题核查。如主站参数核查并重新下参数仍然无数据返回，则需至现场检查集中器排除物理连线、RS-485 接口未被其他采集设备占用问题。

四、RS-485 接口通信故障问题典型场景案例分析

（一）场景问题概述

（1）系统侧问题表象，如图 3-21 所示。采集系统召测历史数据，整采共 7 户用户其中 4 户成功，3 户稳定失败。

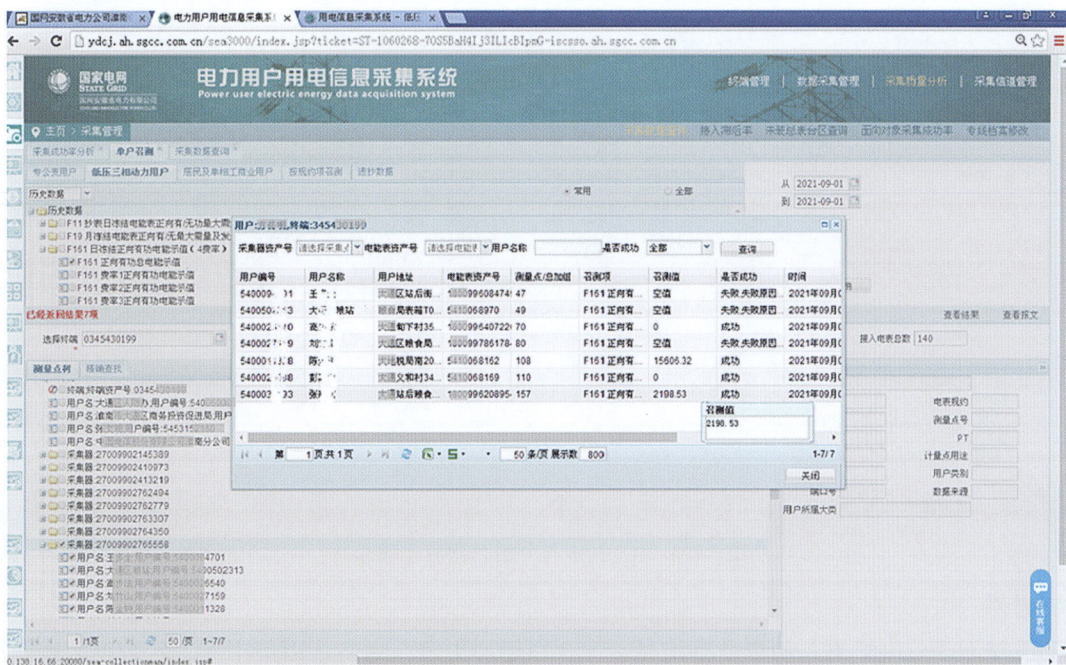

图 3-21　RS-485 接口通信故障问题系统侧问题表象

（2）现场侧问题表象，如图 3-22 所示。经现场排查，表箱内 RS-485 线为串联通信，其中倒数第三块电能表 RS-485B 线掉，导致后面串联的 2 户表因 RS-485 接口信号断开，导致通信故障采集失败。

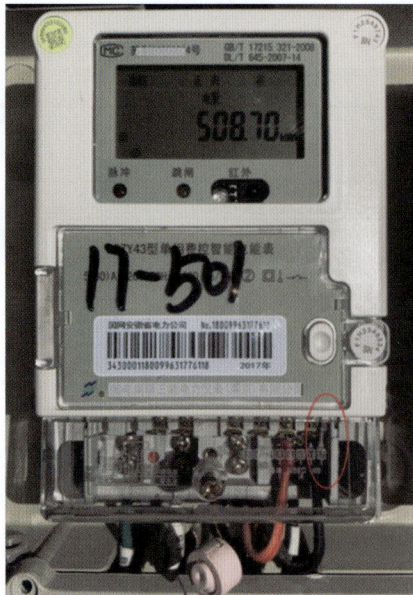

图 3-22　RS-485 接口通信故障问题现场侧问题表象

（二）问题分析及排查思路

1.问题分析

采集系统整采 7 户，其中 4 户成功，3 户失败，早晨刷新数据此采集器失败 3 户，其中 4 户成功，在清参数后，下午数据仍显示此 3 户失败，现场 RS-485 接口通信故障可能性非常大，派工现场人员处理，RS-485 接口通信故障问题分析如图 3-23 所示。

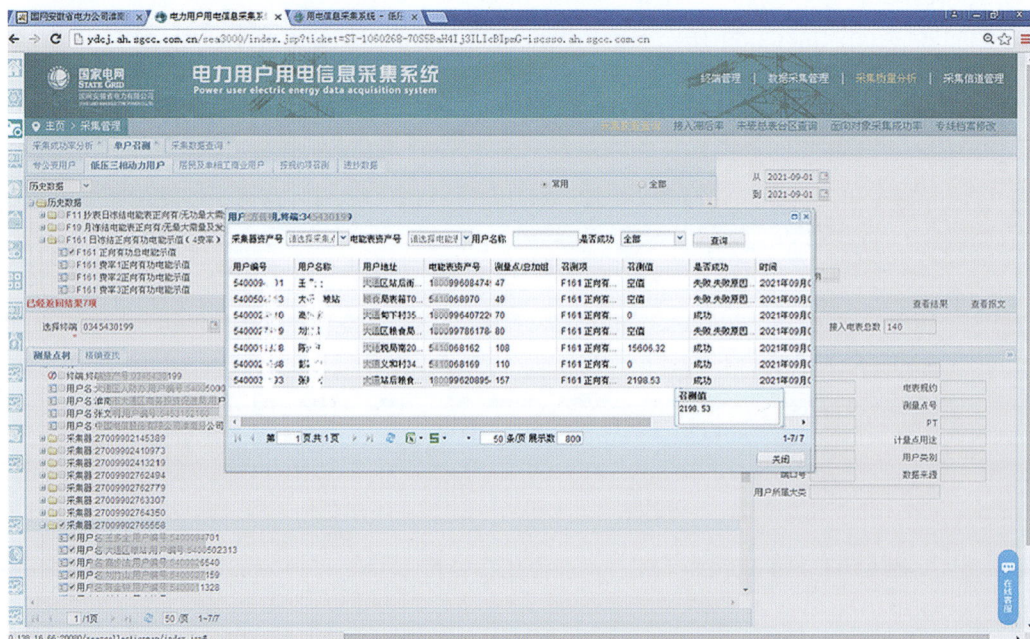

图 3-23　RS-485 接口通信故障问题分析

2.排查思路

因采集系统召测实时数据与历史数据均显示该 3 户用户失败，为防止因集中器上传数据较慢或线路抄表未抄到失败用户，第一时间清除台区参数，重新下发进行后台观察，待台区再次抄表完毕后仍显示此 3 户用户失败，排除因数据传输问题导致采集失败，现场 RS-485 接口通信故障可能性较大，派工现场人员处理，现场排查确实为因 RS-485 线掉导致 RS-485 接口通信故障采集失败。

（三）处理步骤及方法

第一步：召测采集器历史数据，确认采集器下用户是否全部失败，判断采集器载波模块是否正常。

第二步：召测采集器实时数据，确认失败用户非电能表时钟问题导致采集失败。

第三步：对此台区集中器参数进行清除，重新下发后台观察抄表情况，仍失败 3 户，确认非集中器传输数据导致用户采集失败。

第四步：确认再次抄表情况后，确认此用户失败必须现场处理，派发现场人员进行处理。

（四）注意事项

清参数后要及时对台区参数进行下发，观察抄表情况，同时如果台区过大超过 300 户，不建议清参数，防止影响第二天抄表，在召测实时数据确认非电能表时钟问题后即可派单现场人员处理。

五、采集器故障问题典型场景案例分析

（一）场景问题概述

1. 系统侧问题表象

经采集系统分析，该台区存在 1 个整采集器失败，并且手工召测失败，如图 3-24、3-25 所示。

图 3-24 采集器故障问题系统侧问题表象（一）

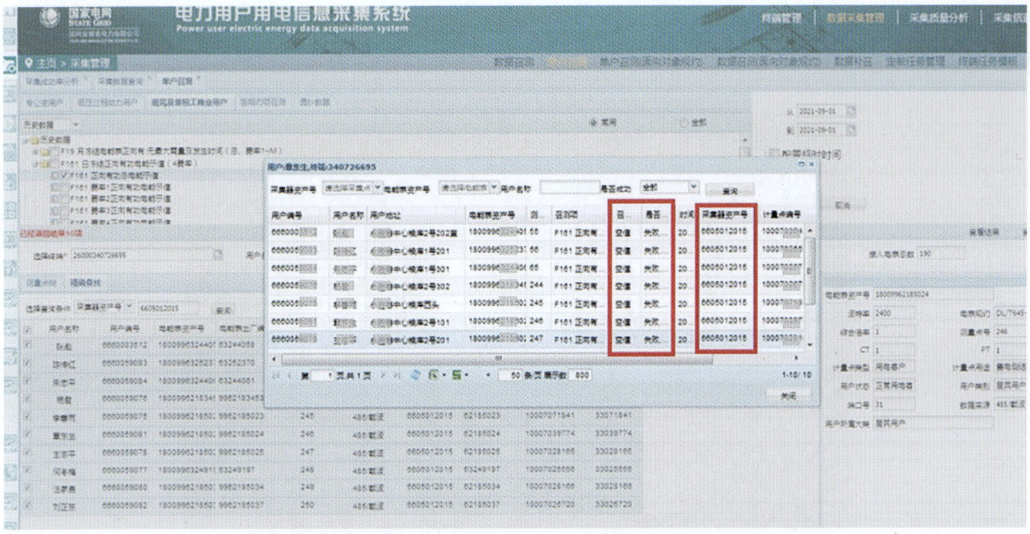

图 3-25 采集器故障问题系统侧问题表象（二）

2. 现场侧问题表象

现场采集器及电能表供电正常，检查采集器 RS-485 接线时发现采集器至端子间的 RS-485B 线脱落，如

图 3-26 所示。

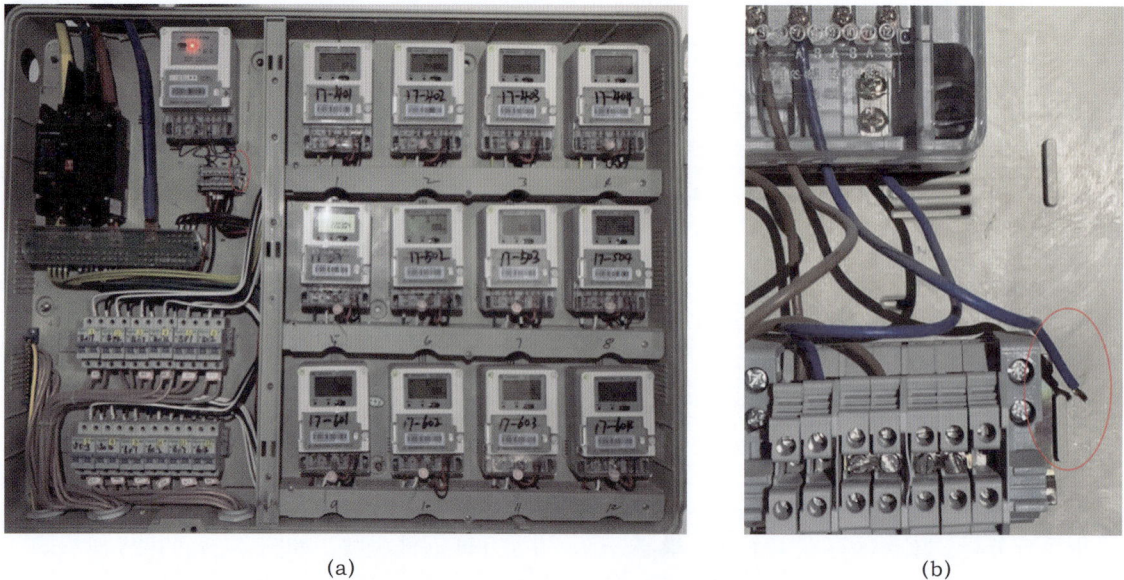

(a)
(b)

图 3-26　采集器故障问题现场侧问题表象

（二）问题分析及排查思路

1. 问题分析

现场整采集器失败主要存在以下几类问题：

（1）表箱近线开关被断开；

（2）采集器电源供电异常；

（3）采集与各电能表间 RS-485 总线异常；

（4）采集器设备内部故障。

2. 排查思路

首先要判断到底是表箱侧开关断电还是采集器接线异常或者采集器本身故障导致采集器无电，针对不同情况现场检查并使用不同处理方法解决问题。

（三）处理步骤及方法

第一步：首先判断表箱侧总开关是否断电，现场核实为总开关有电，电能表带电，如图 3-27 所示。

图 3-27　表箱侧总开关

第二步：在确定总开关带电情况下，检查采集器电源指示灯是否常亮，如图 3-28 所示。

第三步：检查采集与电能表间 RS-485 总线是否正常。经查为 RS-485 总线脱落，运维人员现场接好采集器电源线后，采集器通电后，采集恢复正常，如图 3-29 所示。

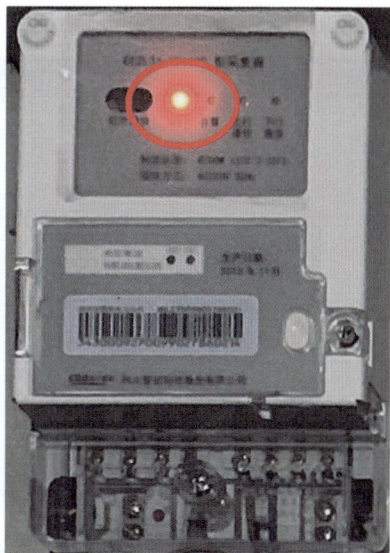

图 3-28　采集器电源指示灯　　　　　图 3-29　RS-485 总线脱落

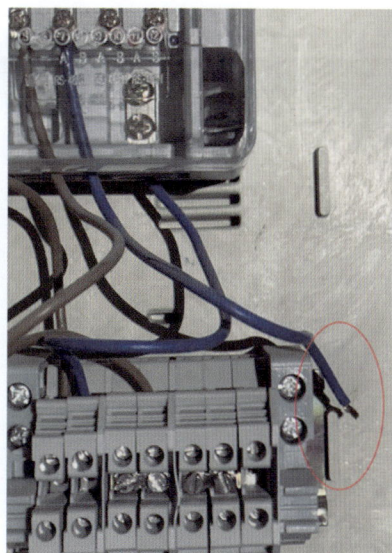

（四）注意事项

现场排查故障前，首先打开表箱前要先验电，确保表箱不带电情况下，打开表箱，排查故障，同时现场处理采集器电源接线时，注意带电部位，以防触电。

六、电能表时钟欠压问题典型场景案例分析

（一）场景问题概述

1. 系统侧问题表象

抄表不稳定，并且经常需要到中午或下午才能抄表成功。

2. 现场侧问题表象

电能表报警灯亮起，并且屏幕常亮显示 Err-04，屏幕左下角有个电池打叉的标志，如图 3-30 所示。

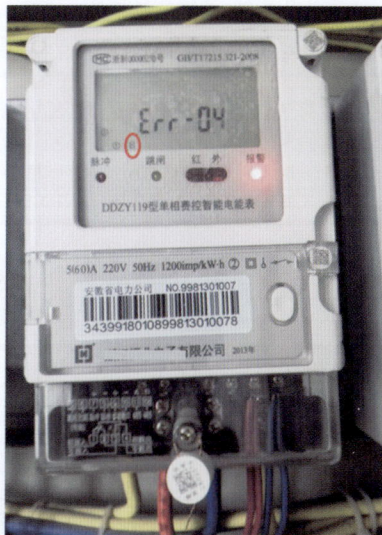

图 3-30　电能表时钟欠压现场侧问题表象

（二）问题分析及排查思路

1.问题分析

（1）台区线损时常忽高忽低波动，并且该台区每天抄表成功率100%，判断该台区存在表计时钟不对情况影响台区线损，如图3-31所示。

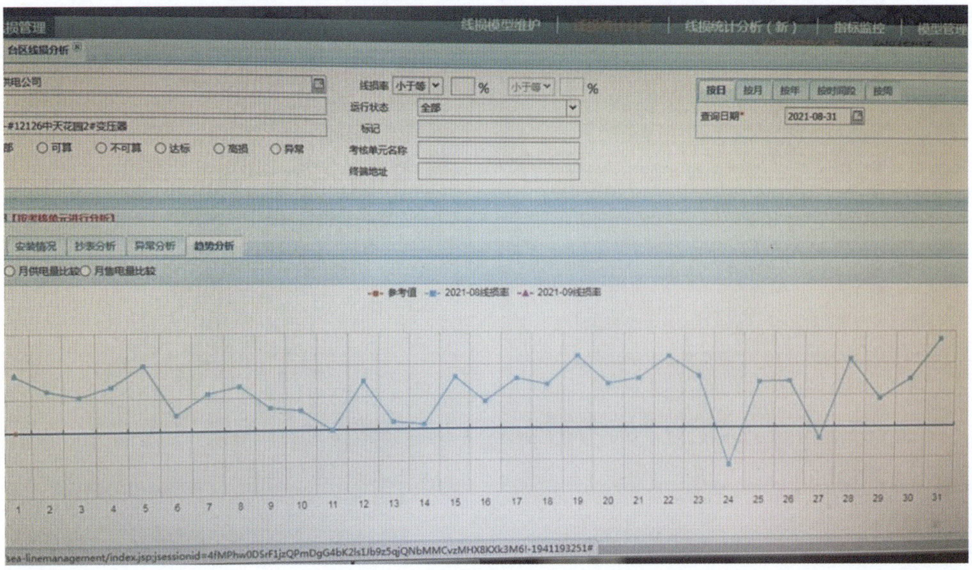

图3-31 台区线损时常波动

（2）集中器抄读日冻结数据，要求电能表与集中器时钟必须同步，抄读日冻结数据时，首先抄读冻结时标，时间不一致的，集中器判定此表日冻结抄读失败。系统内无法采集到该表冻结数据，如图3-32所示。

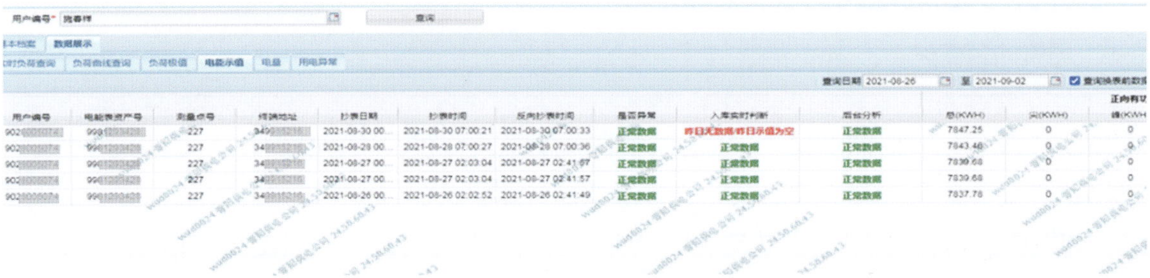

图3-32 日冻结数据

2.排查思路

现场排查找到问题表计，观察电能表报警灯是否亮起，电能表屏幕是否显示Err-04，如图3-33所示。

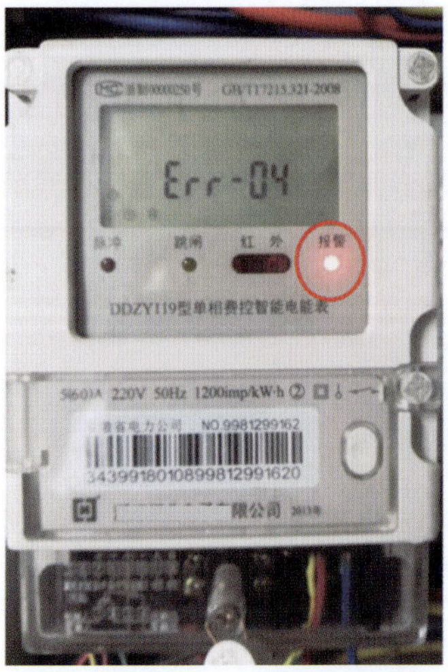

（三）处理步骤及方法

第一步：使用采集系统校时模块，人工进行表计对时操作。

第二步：记录下表计位置，将信息报送给相关班组，安排更换表计。

七、电能表无故黑屏问题典型场景案例分析

（一）场景问题概述

1.系统侧问题表象

系统表象：电能表一直正常采集，突然某天报表统计失败，终端召测未发现召测结果，如图3-34、3-35所示。

图3-33 问题表计

图 3-34 报表统计图

图 3-35 召测图

2.现场侧问题表象

现场表象：运维人员现场排查发现电能表显示屏无显示，载波模块通信等不闪烁，如图3-36所示。

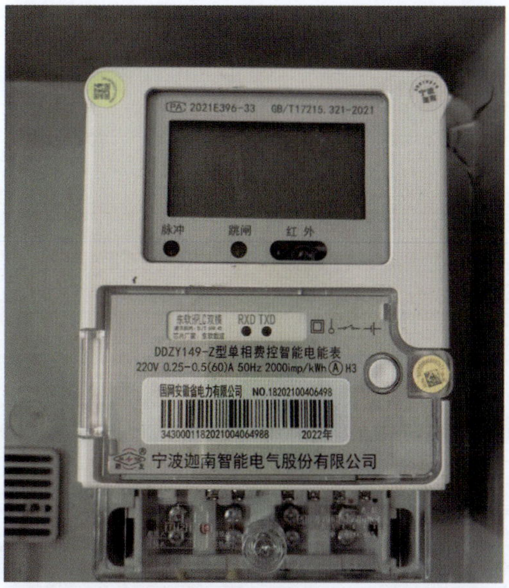

图 3-36 电能表无故黑屏问题现场侧问题表象

（二）问题分析及排查思路

（1）接线错误，接线松动导致的黑屏，考虑排查接线。

（2）电能表所属相负载过大，可能导致电能表进线低电压，电能表黑屏三相负载不平衡。

（3）电能表载波模块有无故障功耗过大导致的黑屏。

（4）表计故障，电能表质量问题，内部元器件故障导致的黑屏。

（三）处理步骤及方法

第一步：检查现场接线、螺丝有无接触不良，如有拧紧即可。

第二步：借助工具（万用表、钳流表），检查是否电压缺失、低电压现象，现场检测如图 3-37 所示。

图 3-37　现场检测

分析：如果检测该黑屏电能表表外低电压，则需要检查一下台区三相负载是否平衡。电能表所属相负载过大，可能导致电能表进线低电压，电能表黑屏。

第三步：检查电能表载波模块有无故障、功耗是否过大。

方法：将电能表的载波模块拔出，电能表不在黑屏，则可以判断载波模块有问题，模块功耗过大会导致表内低电压，电能表黑屏。我们可以更换载波模块或加装采集代替载波模块。如图 3-38 所示。

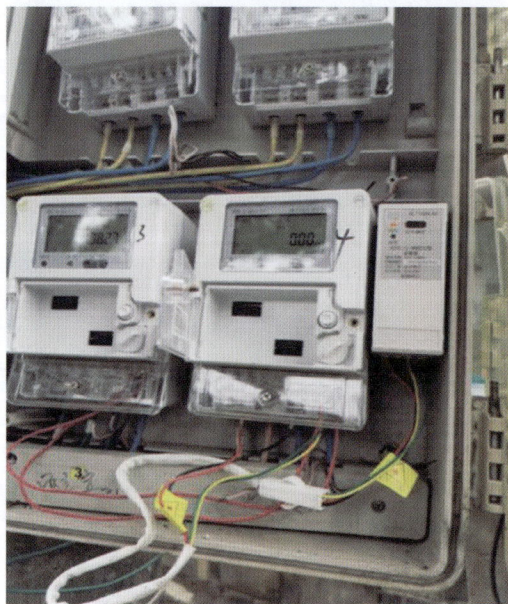

图 3-38　检查电能表载波模块

（四）注意事项

电能表黑屏的原因有很多，排除以上接线、负载不平衡、载波模块功耗大等问题，还有电能表本身的质量缺陷，则需及时将故障电能表更换下来进行进一步检测。

八、宽带与窄带混装问题典型场景案例分析

（一）场景问题概述

1. 系统侧问题表象

场景一：某小区 2020 年 6 月份开始进行 HPLC 台区改造，但现场仍有部分 2009 规约、2013 规约三相四线电能表需要报停电后才能更换，所以至今没有更换彻底，导致此类用户电能表的示值、曲线和相位识别都无法采集和识别。

场景二：某小区为新上宽带 HPLC 小区，后期表计业扩增容或故障换表，由于宽带 HPLC 电能表短缺，直接更换为窄带单、三相电能表，导致系统无法采集示值和曲线及相位。

场景三：某小区为窄带台区，近期无改造计划，日常存在业扩增容或故障换表等业务，由于电能表方案弄错，直接将现场业扩增容和需要更换的电能表更换成了 HPLC 宽带电能表。

以上三种情况都会造成后期台区存在窄带、宽带计量采集设备混装的情况；如图 3-39 所示，HPLC 台区存在未更换窄带表如图 3-40 所示，宽带台区中窄带表示值采集失败如图 3-41 所示。

图 3-39　宽带与窄带混装系统侧问题表象

图 3-40　HPLC 台区存在未更换窄带表

图 3-41 宽带台区中窄带表示值采集失败

2. 现场侧问题表象

某小区 ** 站台区有用户 126 户（含公变关口），实际 HPLC 更换 123 户，剩余 2 户三相四线表由于没有更换，HPLC 宽带集中器如图 3-42 所示，窄带三相表如图 3-43 所示。

图 3-42 HPLC 宽带集中器

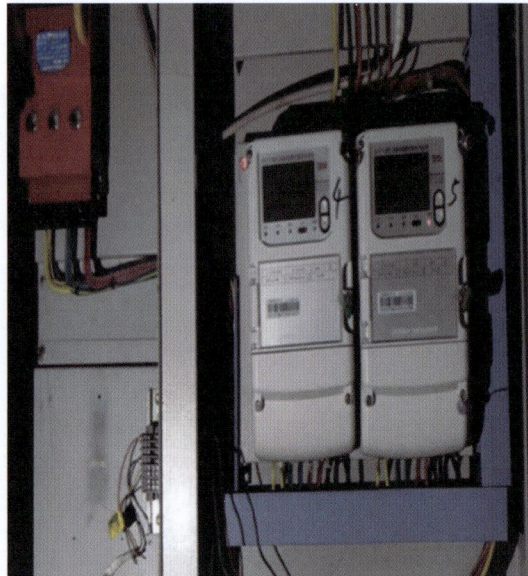

图 3-43 窄带三相表

（二）问题分析及排查思路

1. 问题分析

（1）方案确定：明确台区整体方案是窄带还是宽带方案台区；查询失败用户表计是窄带还是宽带的电能表。

（2）核查验证：现场核查采集失败电能表和台区整体方案是否一致。

（3）突出问题：窄带、宽带电能表混装会导致曲线及相位识别等考核数据采集失败，影响采集指标及采集应用率指标。

2. 排查思路

（1）采集失败用户是否存在业扩增容、故障换表流程。

（2）根据电能表资产号段信息判断该用户是否与整体台区方案一致。

（3）采取加装 HPLC 采集器或宽带集中器的方式解决混装台区用户示值采集失败的问题。

（三）处理步骤及方法

第一步：明确现场台区整体方案（见图 3-44），和失败用户方案（见图 3-45）是否一致。

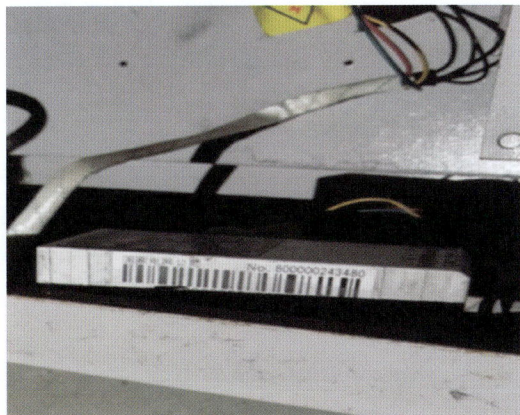

图 3-44　台区整体方案　　　　　　　　　　图 3-45　失败用户方案

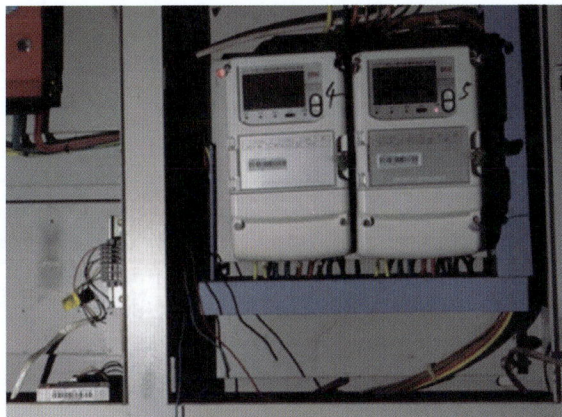

第二步：加装 HPLC 采集系统并走 SG186 采集相关流程。

第三步：对应台区终端下发参数。

第四步：系统召测确定是否采集成功。

（四）注意事项

（1）加装 HPLC 宽带采集器只是解决采集电能表示值的问题。

（2）加装 HPLC 采集设备不能满足对于采集应用率的考核要求。

（3）此类混装台区尽快完成整台区更换改造工作。

九、载波模块匹配问题典型场景案例分析

（一）场景问题概述

1. 系统侧问题表象

2021 年 8 月 10 日，××市区小区 2340 站 HPLC 宽带台区总户数 97 户，10 日当天失败 14 户，系统侧问题表象如图 3-46 所示。

图 3-46　载波模块匹配系统测问题表象

2.现场侧问题表象

××中心运维组现场核查情况如下：

（1）现场户电能表为三相宽带电能表；

（2）表计资产信息与系统档案信息一致；

（3）现场电能表全部带电正常运行；

（4）2340站台区近期没有切换负荷情况；

（5）现场终端厂家是A厂家，终端是C厂家，电能表STA是B厂家。

（二）问题分析及排查思路

1.问题分析

（1）参数档案问题：这几户失败用户在终端或系统里的参数和档案是否存在丢失情况。

（2）电能表电源是否正常：确保电能表是否带电正常运行，并且工作电源是否处于正常范围。

（3）是否切改负荷：确保采集失败用户不是因为切改负荷，因系统台户关系与现场台不一致而导致系统采集失败。

（4）是否存在干扰源：台区现场是否存在干扰源，影响台区正常抄表，如确系干扰源影响，则应找到、隔离、关闭、去除干扰源，确保台区正常采集。

2.排查思路

（1）参数档案问题：通过系统参数下发界面召测终端值与主站值；鉴别是否一致，如不一致，则需要以实际表计信息为准，重新下发参数，以现场信息为标准，确保系统、现场、终端信息一致。

（2）电源是否正常：现场用测量电能表或万用表测量电能表进线工作电源是否有，且根据测量值判断处于正常范围。

（3）切改负荷：通过现场载波测试仪或其他台区划分检测设备判断现场是否存在负荷临时切改情况。

（4）干扰源：核查运行台区是否存在4G、5G信号铁塔工作电源、水泵、小型工厂、作坊等存在干扰线路运行质量的干扰源。

（5）模块配合问题：理论上终端载波CCO模块与电能表STA模块的厂家和型号应保持一致，这样台区下宽带电能表的示值、曲线、相位识别才能正常的稳定采集。

（三）处理步骤及方法

第一步：参数初始化，重新下发参数当天观察效果，系统较之前失败少了4户，但仍有10户失败。

第二步：现场核查现场表计正常带电运行，如图3-47所示，档案与系统一致，无切负荷情况，怀疑终端设备问题，更换终端（CCO仍为C厂家）下发参数后，系统除总表外用户全部采集失败，如图3-48所示。

图3-47　现场表计　　　　　　　图3-48　更换终端后表计

第三步：更换 CCO 模块为智芯模块，当即全部采集成功，如图 3-49 所示。

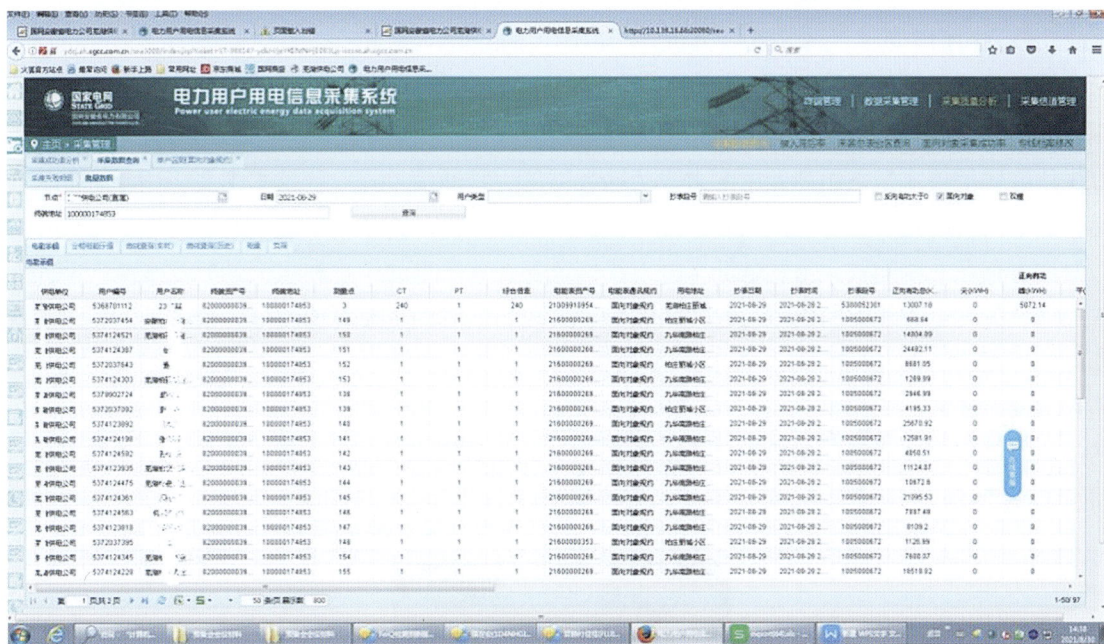

图 3-49 更换 CCO 模块系统

（四）注意事项

（1）对于 HPLC 宽带台区的示值、曲线、相位识别等数据项采集失败后，主要是依托设备厂家或系统对于终端 CCO，电能表 STA 进行远程或现场维护升级。

（2）对于 HPLC 宽带台区终端 CCO 和电能表 STA 载波模块都缺少备品备件，需要储备相应模块作为日常维护备品备件使用。

十、载波干扰问题典型场景案例分析

（一）场景问题概述

1.系统侧问题表象

系统采集失败明细示例，初步判断采集失败原因非档案导致的采集失败，如图 3-50 所示。

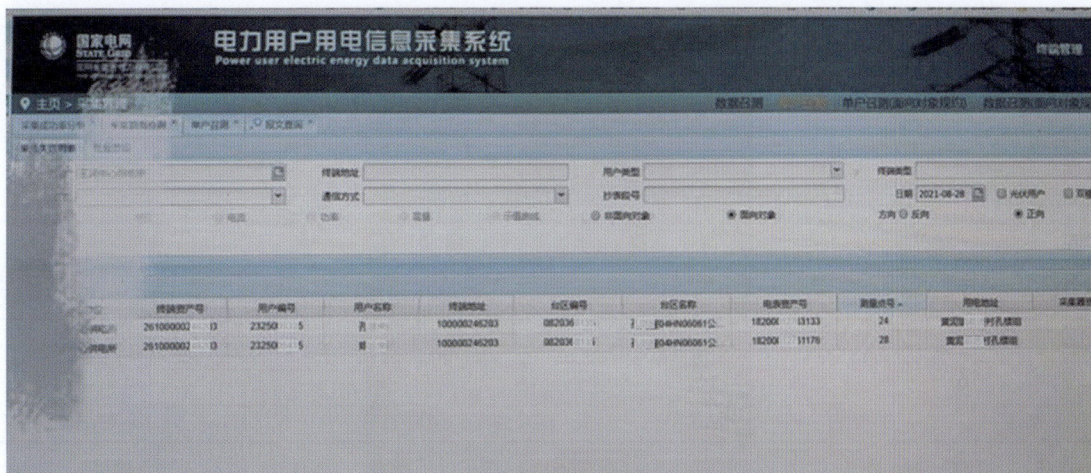

图 3-50 载波干扰问题系统侧问题表象

2.现场侧问题表象

采集失败故障现场，初步排除无电，载波故障，表计故障，表计无冻结数据等简单问题，案例分析主要针对低压载波载波通信中的某厂家干扰行分析并给出相应的经验。

（二）问题分析及排查思路

1.问题分析

电力线载波通信技术是采用高低压电力线传输数据的一种通信方式。该技术主要应用于电能表等的自动抄表系统、配电网自动化、互联网接入等方面，其优点是成本低、传输速率高、永远在线、范围广、通信距离长等。但其也存在一些问题，主要是低压电力线信道存在着严重的干扰和很大的时变衰减。一是窄带技术局限性，二是负荷侧电力线上的噪声引起的载波抄表失败。本案例主要对低压电力线载波通信中存在的噪声和干扰进行分析并给出相应的经验。

2.现场信号干扰

现场定位故障用户地址后，现场观察载波灯 RXD、TXD 灯闪烁情况，查看掌机集中器上信号噪声及信号强度，如图 3-51 所示。

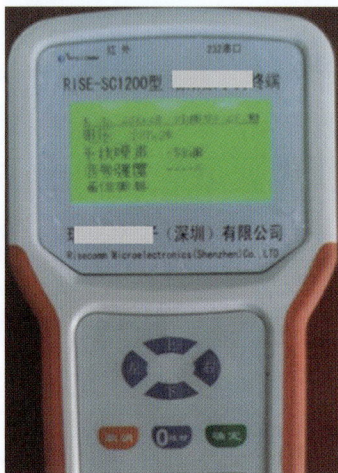

图 3-51　掌机集中器

通过电力线上的噪声变化而观测载波信号变化，可现场通过电力线相序，电力线走向有目的地且在不同位置连接或断开，观察载波信号变化，如图 3-52 所示。

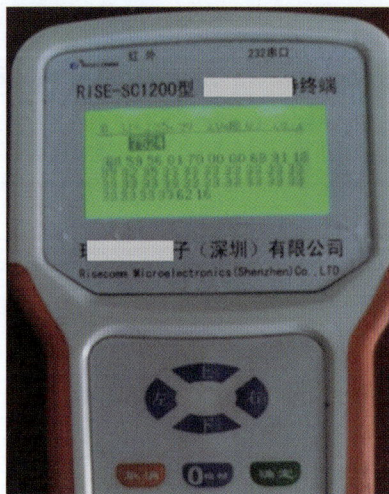

图 3-52　载波信号变化

定位干扰源后可适当安装滤波电容屏蔽干扰噪声。通过掌机前后抄表判断用户是否能实现正常采集，如图 3-53 所示。

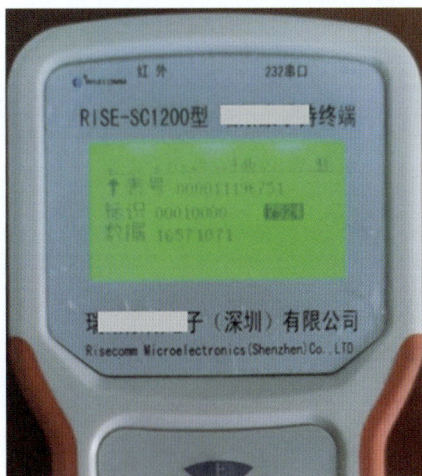

图 3-53　掌机前后变化

台区下大面积地采集失败优先判断台区内大功率用电设备，类似水厂，移动基站，医疗机械，电视放大器，不合规范的无线路由，无线监控等，绝大多数的干扰都是周期性连续干扰，即大面积或完全采集失败时，已持续干扰一段时间，表计长期采集慢，采集数据不完整，大多数因干扰已存在，提前处理采集慢的表计能避免绝大多数随机性突发干扰。

3. 现场信号衰减

信号衰减特性与通信距离、信号等都有密切关系，信号传输的距离越远，信号衰减就越厉害。电力线是非均匀不平衡的传输线，信号的衰减随距离的变化关系变得非常复杂，有可能出现近距离点的衰减比远距离点还大的现象。出现信号衰减无法采集时，可通过安装另外一台集抄设备同时抄表，或是安装无线中继设备。

4. 负荷干扰与零线干扰

主要常见问题是负荷侧干扰，零线问题，极个例会遇到台区电路电压不稳定，变压器无功补偿原因，10kV 线路的电磁干扰数十个台区采集失败。

（三）处理步骤及方法

第一步：隔离负荷侧干扰源，干扰源负荷侧远离用户进线。

第二步：采用滤波电容屏蔽噪声。

第三步：更换异常设备。

第四步：系统核实集中器是否正常上线。

（四）注意事项

（1）插拔载波模块时，须注意竖直插入，避免顶针弯曲短路或通信异常。

（2）排查故障现场恢复原样，清理工作垃圾等。

（3）现场作业完成及时加封加锁。

十一、公变台区添加新用户场景案例分析

（一）场景问题概述

公变台区添加新用户时，会发生集中器召测数据不返回、集中器召测显示否认报文与集中器召测返回数据为空值等异常现象，如图 3-54 所示。

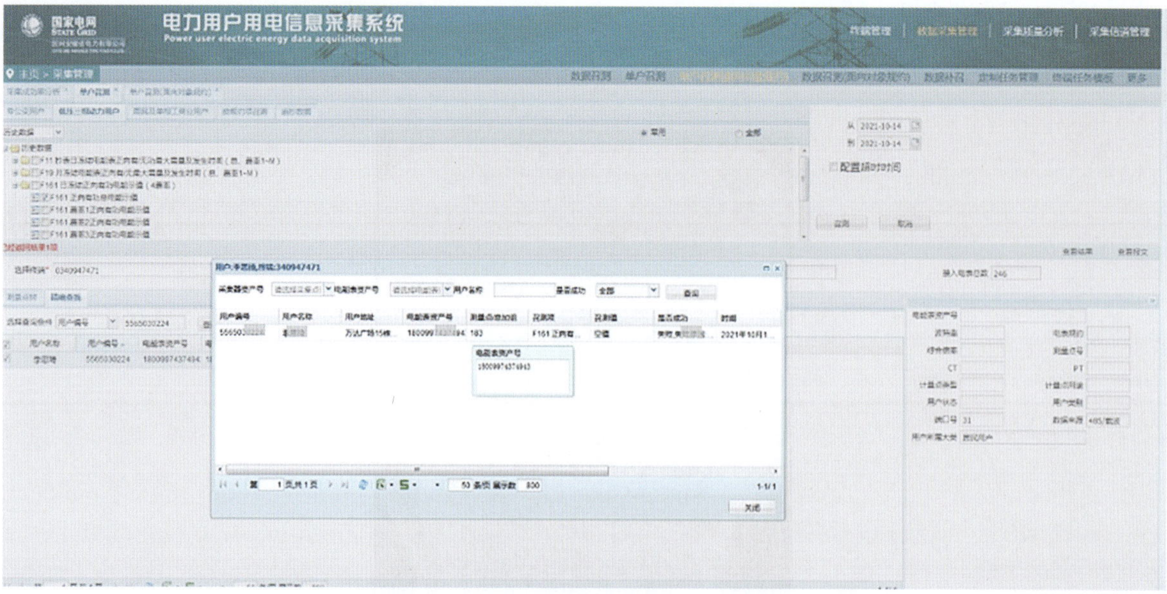

图 3-54　集中器单户召测数据为空

（二）问题分析及排查思路

在采集系统已有的老台区添加新用户后数据采集失败，比如：用户调台区，新上用户接入。系统档案归档超前于现场实际接入，导致异常。

（1）系统排查档案是否正常。

（2）抄表方式核对。现场确认抄表方式与系统配置是否一致。

（3）载波方案核对。新装表计载波方案是否与集中器载波方案适配。

（4）现场确认该表是否属于档案所属台区。

（三）故障原因判断及处理方法

第一步：档案问题排查。电能表参数丢失或电能表参数与实际接入电能表参数不一致，导致集中器无法正常抄表。通过主站电能表注册界面或者 SG186 查看电能表档案及参数配置，判读有无参数配置错误。如图 3-55 所示。

图 3-55　档案问题排查

流程未同步：SG186 系统先查询已经接入，采集系统查询不到用户如图 3-56 所示，需要 SG186 手动空推流程同步采集系统，如图 3-57 所示。

图 3-56　采集系统查询结果

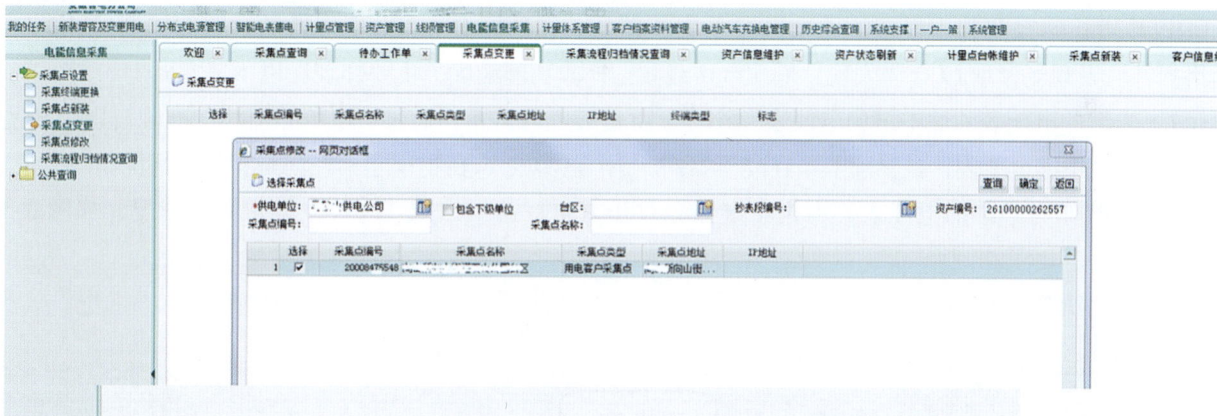

图 3-57　SG186 手动空推流程

第二步：抄表方式现场核查。确认表计抄表方式是载波还是 RS-485 转采集器抄表，如图 3-58 所示，如 RS-485 表需接采集器抄表，则需加装采集器，SG186 走挂采流程。

图 3-58　表计抄表方式

第三步：现场确认电能表载波方案与集中器是否匹配。上报网格换表或者加装集中器与电能表性质一致。

第四步：现场排查 RS-485 线问题。召测 F129 实时数据，如召测返回数据正常，无冻结，则判定 RS-485 线无问题；反之 RS-485 接线异常。需现场对电能表及采集器及 RS-485 线进行现场处理。

（1）电能表（采集器）无电源；现场送电，无法送电报到电检处理。

（2）现场电能表故障：载波表的载波模块故障、RS-485 电能表的通信口故障、电能表黑屏，需要换表。

（3）采集器故障：现场读取采集器资产号与系统不一致，采集器地址丢失，采集器通信故障；更换采集器或重新设置采集器地址。

第五步：台户关系核对。系统台区与实际台区不符，现场核对正确台户关系，通过 186 走流程进行调整。

（四）注意事项

在工程项目安装调试完成前，做好档案验收与现场察看工作。严格管控好安装施工与采集运维移交工作。对未抄收到的对象，由运维单位确认后，方可进行合格接入。

十二、基于 HPLC 拓扑功能的采集故障处理及优化

（一）场景问题概述

HPLC 拓扑路径非物理最优，导致曲线采集率较低。在处理 HPLC 采集率低的台区时，通过用采主站"网络拓扑"及现场读取 CCO 时发现：低压台区载波拓扑非物理最优，主要体现在以下三方面。

（1）中继的电能表和被中继的电能表在物理上不是最近的关系，通过"电流差值法"准确辨别出某些中继电能表和被中继电能表，在物理上不在变压器同一出线电缆上，在物理上不在同一相位的情况。

（2）某些作为中继的电能表，承担中继任务过于繁重，甚至出现"取代"集中器的情况，如图 3-59、3-60 所示。

（3）开闭所跨台采集的情况，通过"电流差值法"准确辨别户台，有跨台采集的情况。

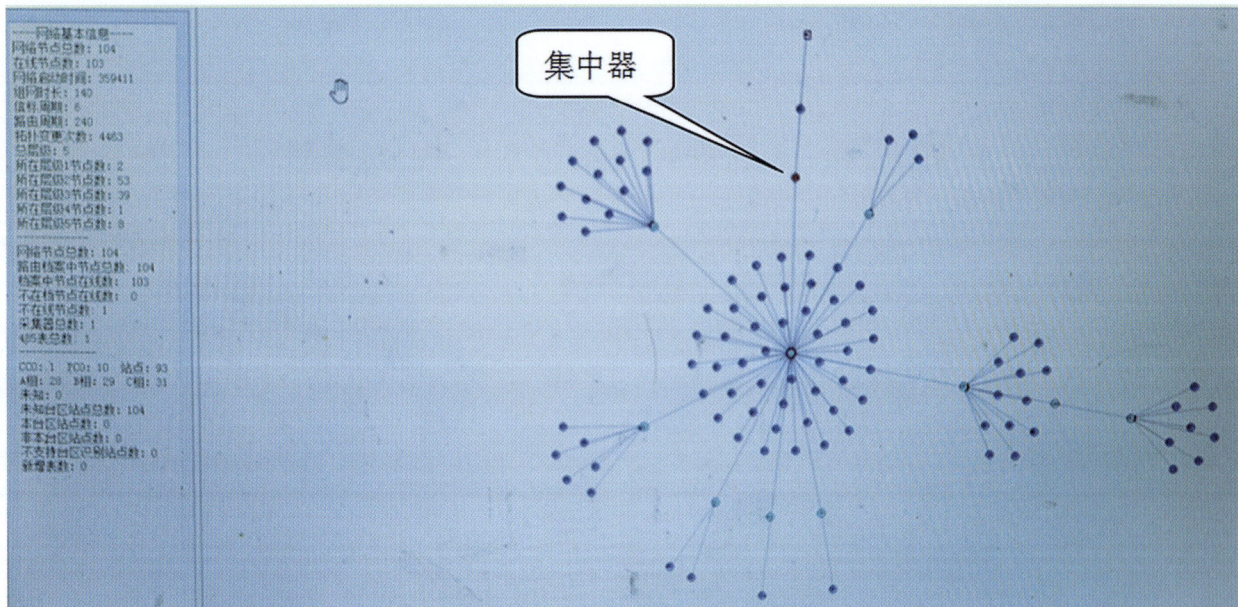

图 3-59 "取代"集中器显示图（一）

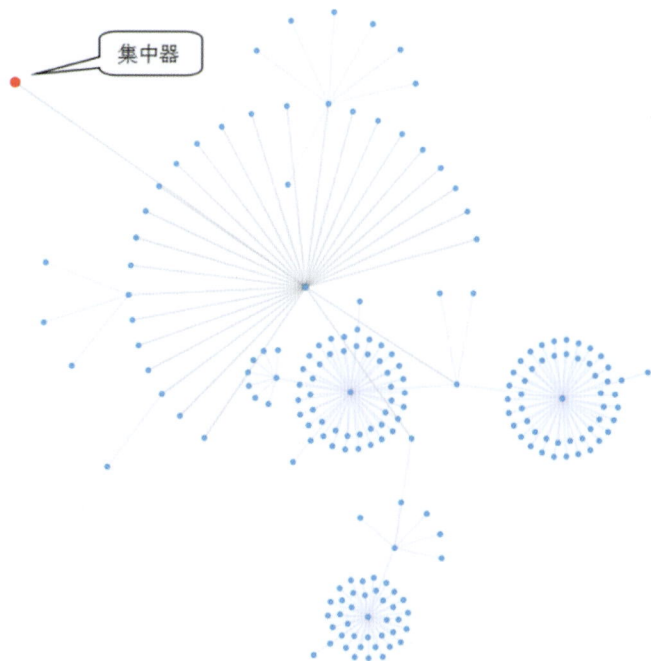

图 3-60 "取代"集中器显示图（二）

（二）问题分析及排查思路

（1）集中器的电源接入点，位于低压总断路器的变压器侧，存在到用户侧层级较多，周转设备较多，信号传输衰减的情况。

（2）台区位于一个开闭所配电室内，一共 4 台变压器，同时存四台集中器一起工作，四个台区集中器属于共零线工作，现场确认四个台区的载波信号串扰较严重。

（3）存在部分表计跨台区情况，该情况也会造成载波信号稳定性较差，网络拓扑就会变更频繁。

（4）集中器抄曲线数据存在部分问题，华立集中器抄读三相表计曲线全部失败，现场通过电脑点抄都可以抄回数据，确认集中器程序不够优化。

（5）载波工作在 0.7~3M 频段时，台区信号干扰较严重，STA 组网路径是只以两级节点之间通过计算 SNR 值确认链路信号质量，选择时间最短。

（三）处理步骤及方法

第一步：更改集中器电源接入点，物理层面减少本台区设备层级，增加台区间的物理层级。

第二步：调整 CCO 频段，把 CCO 工作频段修改为 2.5~5.7M，提高靠干扰性。

第三步：通过"电流差值法"确定 4 个台区准确的户台关系及故障表。

第四步：优化升级华立集中器程序。

第五步：增加中继节点，通过加装采集器作为信号中继节点，提高台区载波组网的稳定性，减少台区网络拓扑变更次数，提高信号稳定性。

通过以上措施，该台区采集率特别是曲线采集率已有较大幅度好转。网络拓扑也趋于合理：大多数电能表为集中器的一级节点，二级节点合理，不再出现不同相中继的情况，图 3-61 为较理想的 HPLC 网络拓扑——电能表多为一级节点，二级节点极少，图 3-62 为较理想的 HPLC 网络拓扑——电能表多为一级节点，二级节点较少，三级节点极少。

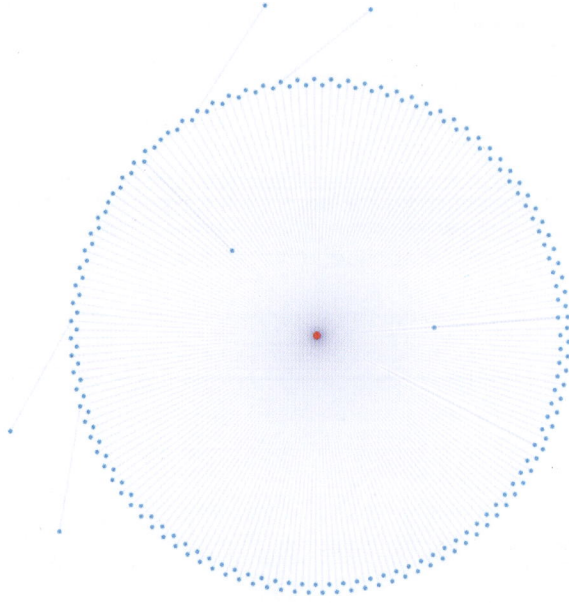

图 3-61　较理想的 HPLC 网络拓扑——电能表多为一级节点，二级节点极少

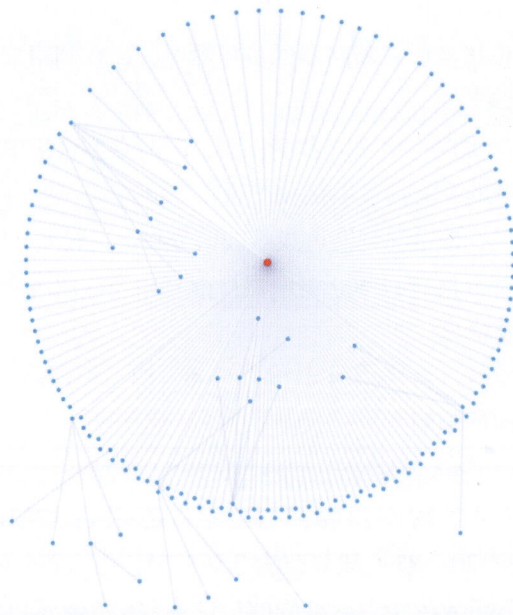

图 3-62　较理想的 HPLC 网络拓扑——电能表多为一级节点，二级节点较少，三级节点极少

第四章

用电信息采集典型
应用

第一节　台区线损管理

一、台区线损管理基础知识

台区同期线损管理工作，以采集全覆盖和营配调全贯通为依托，以供电量、用电量同步采集为基础，以台区线损率在线监测为核心，以台区线损率达标治理和规范业务管理为重点，实现台区线损专业管理水平持续提升。

（一）基本概念

台区：指一台或一组变压器的供电范围或区域。

台区线损：台区配电网在输送和分配电能的过程中，由于配电线路及配电设备存在着阻抗，在电流流过时就会产生一定数量的有功功率损耗。在给定的时间段（日、月、季、年）内，所消耗的全部电量称为线损电量。台区线损电量 = 台区供电量 − 台区用电量。从管理的角度分为技术线损和管理线损。

技术线损：又称为理论线损。它是电网各元件电能损耗的总称，主要包括不变损耗和可变损耗。技术线损可通过理论计算来预测，在现实生产中是不可避免，可以采取技术措施达到降低的目的。

管理线损：包括的内容主要有计量设备误差引起的线损以及由于管理不善和失误等原因造成的线损。管理线损可以通过规范业务管理等手段降低。

$$台区线损率 = （台区线损电量 / 台区供电量）× 100\% \tag{4-1}$$

$$台区供电量 = 台区考核表正向电量 + 光伏用户上网电量 \tag{4-2}$$

$$台区用电量 = 考核表反向电量 + 普通用户用电量 + 光伏用户用电量 \\ + 其他（无表用户电量、业务变更电量、退补电量等） \tag{4-3}$$

互感器：互感器又称为仪用变压器，是电流互感器和电压互感器的统称，能将高电压变成低电压、大电流变成小电流，用于测量或保护系统。TA 代表电流互感器。电流互感器是将一次接线系统的大电流换成标准等级的小电流，向二次测量、控制与调节装置及仪表提供电流信号的装置。TA 变比指电流互感器的大电流与转换后的小电流数值的比值。TV 代表电压互感器。电压互感器是将一次接线系统的高电压换成标准等级的低电压，向二次测量、控制与调节装置及仪表提供电压信号的装置。PT 变比指电压互感器的高电压与转换后的低电压数值的比值。

$$综合倍率 = TA 变比 × TV 变比 \tag{4-4}$$

缺相：三相电能表在运行过程中，由于接线接触不良等原因造成的 TV 电压丢失或低于某一电压值（但不为零）的现象称为缺相。

断相：指三相电能表在运行过程某相电压为零的现象。

高损台区：高损台区是指在某一统计期内台区同期线损率超过管理单位设定指标要求的异常台区。

负损台区：负损台区是指在某一统计期内台区同期线损率低于零的异常台区。

不可计算线损台区：不可计算线损台区是指台区因计量故障、采集异常等原因造成供电量为零或空、用电量为空，造成台区线损无法按模型准确计算台区线损率。

分布式电源：指在用户所在场地或附近建设安装、运行方式以用户侧自发自用为主、多余电量上网，且在配电网系统平衡调节为特征的发电设施或有电力输出的能量综合梯级利用多联供设施。包括太阳能、天然气、生物质能、风能、地热能、海洋能、资源综合利用发电（含煤矿瓦斯发电）等。本手册内主要指光伏发电用户。

台户关系：指台区所供电用户与台区配电变压器的隶属关系，一个用户内任一个计量点应对应唯一配电变压器，但多电源用户除外。台户关系也称户变关系。

（二）线损模型计算模型生成

1.台区线损计算模型

（1）变户关系生成模型。采集系统每日自动同步营销系统所有公变台区/用户/计量点/表计等档案信息，包括拆除公变、销户用户、定量用户计量点、拆除表计及换表等。

（2）台区档案冻结时间。台区日档案：系统在 T 日 20:00 至 T+1 日 6:00 冻结 T 日档案数据，在 T+1 日后根据冻结的档案数据计算 T 日线损。

台区月档案：系统在月末最后一天 20:00 至 24:00 冻结台区月档案数据。

（3）不可算等台区定义。

1）不可监测台区。台区是否监测与线损计算无关，不再考虑在线监测率指标。

2）不可算台区。满足以下任意一个条件的台区为不可算台区。

◆ 台区同期线损率计算过程中，供电量和用电量至少有一个无法获取。

◆ 空台区（定义：存在在运变压器、有关口表但无用户的台区）关口表无采集时为不可算台区。

◆ 空台区关口表有采集且月供电量大于等于 150 千瓦时时为不可算台区。

但是，空台区关口表有采集且月供电量小于 150 千瓦时时为可算台区，线损率默认 100%。

3）标签化管理台区。

◆ 空台区关口表有采集且月供电量小于 150 千瓦时的可算台区采用标签化管理。

◆ 对于小水电自供区接收、三供一业等政策性台区，采用标签化进行管理。

◆ 对于供售两侧互感器倍率差异造成线损率异常情况的台区，采用标签化进行管理。

◆ 纯分布式电源上网台区参与台区线损计算，采用标签化管理。

◆ 标签化管理台区以台区多维度标签库建设为主。

2.台区线损计算算法

$$台区供电量 = 台区关口表正向电量 + 分布式电源上网电量 + 用户反向电量 \qquad (4-5)$$

$$\begin{aligned}台区售电量 = &用户正向电量 + 台区关口表反向电量 + 余电上网用户用电量 \\ &+ 全额上网用户下网电量 + 固定损耗\end{aligned} \qquad (4-6)$$

$$台区同期日线损率 = （当日供电量 - 当日用电量）/ 当日供电量 \times 100\% \qquad (4-7)$$

$$台区同期月线损率 = （当月供电量 - 当月用电量）/ 当月供电量 \times 100\% \qquad (4-8)$$

（1）用户反向电量：所有低压用户反向电量都要进行正常采集，纳入供电量计算。

（2）定量用户电量和协议表电量纳入用户正向电量统计。在营销系统中按台区对每个定量用户设置计量点，采集系统获取定量用户计量点信息计算线损。

（3）存量余电上网用户、全额上网用户计量点正反向根据各省公司实际情况处理。新增分布式电源用户建议按以下规则进行统一。

分布式电源电能表应配置具有计量双向有功和四象限无功的电能表，其中自发自用、余电上网模式下，用户用电计量点设置在电网和用户的产权分界点，配置双方向电能表，分别计量用户与电网上下电量，正向有功计量用电，反向有功计量发电；发电计量点设置在并网点，配置单方向电能表，电能表正向有功计量光伏发电量。

全额上网模式下，上网计量点和发电计量点合并，设置在电网和用户的产权分界点，配置双方向电能表，分别计量用户与电网间的上下网电量和光伏发电量（上网电量即为发电量），正向有功计量发电，反向有功计量用电。

（4）固定损耗值待测算后加入用电量统计。

（5）供、售电量根据电能表表位数据保留小数位，最少保留 2 位小数。

3. 0.4kV 综合线损率

$$单位 0.4kV 综合线损率 = （单位所有台区供电量 - 单位所有台区售电量） / 单位所有台区供电量 \times 100\% \tag{4-9}$$

0.4kV 综合线损率计算应考虑当期窃电追补电量、拆除台区电量、新上台区电量、负荷切改台区电量。

4. 电量及线损计算时间

（1）日线损计算。

1）T 日数据采集失败时，在 T+1 日生成补采任务，对 T 日采集失败的数据进行补采。在 T+1 完成补采后完成线损计算（T+1 日 14：00 后可多次计算但保留一版数据）。

2）在 T+2 日早上 8:00 前数据仍补采失败的，通过拟合电量算法计算一版线损并增量覆盖 T+1 日计算数据。指标数据统计以 T+2 计算结果为准。

3）T+1、T+2 日后计算的线损数据，各网省公司可根据系统性能及实际需要自行进行存储，用于数据比对分析。

（2）月线损计算。日零点数据在 4 日零点前可进行多次补采，最终仍旧采集失败的，对月度电量进行拟合，并在 2 日、4 日零点后计算月线损。

5. 负荷切改

T 日现场进行切改后，台区责任人在 T+1 日 16:00 前采集系统中完成切改数据（切改涉及的台区、用户）的录入或同步营销系统工单信息。

系统在 T+1 日 22:00 后通过判断录入用户的停电记录、台区供售电量变化超过 20% 对切改录入数据进行校验，校验后按录入切改后档案进行线损计算，其中月线损计算采用分段计算，月初至 T-1 日计算一段线损，T 日不计算，T+1 日至月末计算一段线损，分段累加得到对应切改台区月线损。切改数据仅用于线损计算，不更改原变户关系。

假设在 T 日从 A 台区将用户切改至 B 台区：

则 A 台区当月线损 =

$$\frac{（T-1 日前台区供电量） - （T-1 日前所有用户电量） + （T+1 后台区供电量） - （T+1 后剔除切改用户电量）}{（T-1 日前台区供电量） + （T+1 后台区供电量）} \tag{4-10}$$

B 台区当月线损 =

$$\frac{（T-1 日前台区供电量） - （T-1 日前所有用户电量） + （T+1 后台区供电量） - （T+1 后 B 台区用户电量 + 切改用户电量）}{（T-1 日前台区供电量） + （T+1 后台区供电量）} \tag{4-11}$$

6. 电能表新装与拆换

（1）针对电能表拆换，取当月历史表的所有档案，然后关联到电能示值进行电量计算；根据拆表记录，取电能表当天的拆表指数和采集指数，计算电量；若取不到采集指数，则旧表当日电量不计算、旧表前电量累加计算如图 4-1 所示。

$$换表当日的用电量 = （旧表拆表示值 - 旧表最后一次采集示值） \times 综合倍率 \tag{4-12}$$

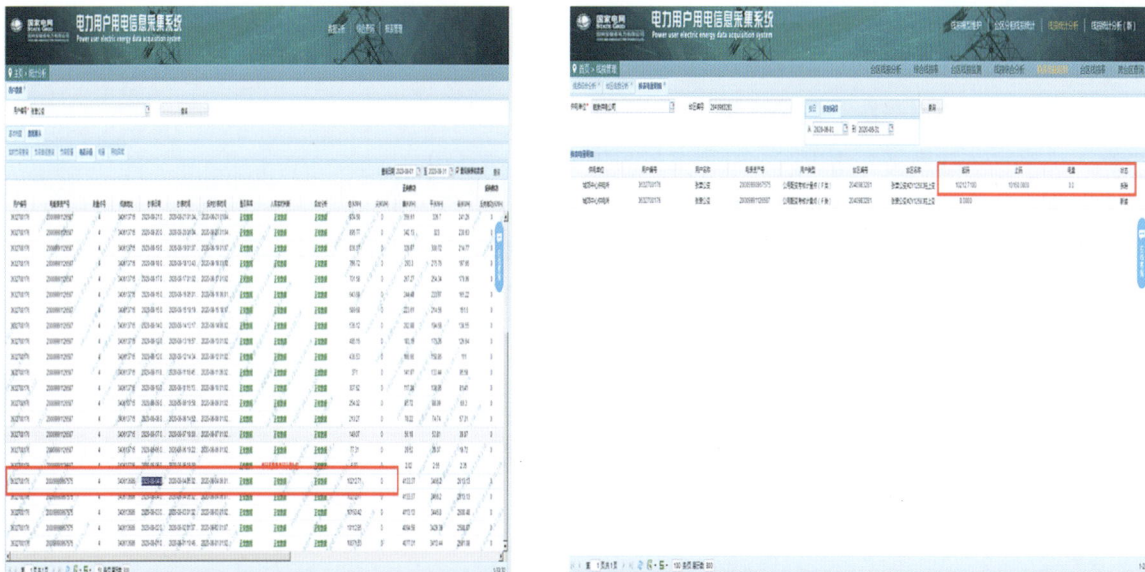

图 4-1　电能表拆换线损模型电量计算

（2）针对电能表新装，取录入营销的数据为初始值，根据新装记录取新装示数和采集指数，计算电量；若取不到采集指数，则新表当日电量不计算、新表电量累加计算，如图 4-2 所示。

$$新装电能表电量 =（新表同步到采集的一次采集到的示值 - 新表录入示值）× 综合倍率 \quad （4-13）$$

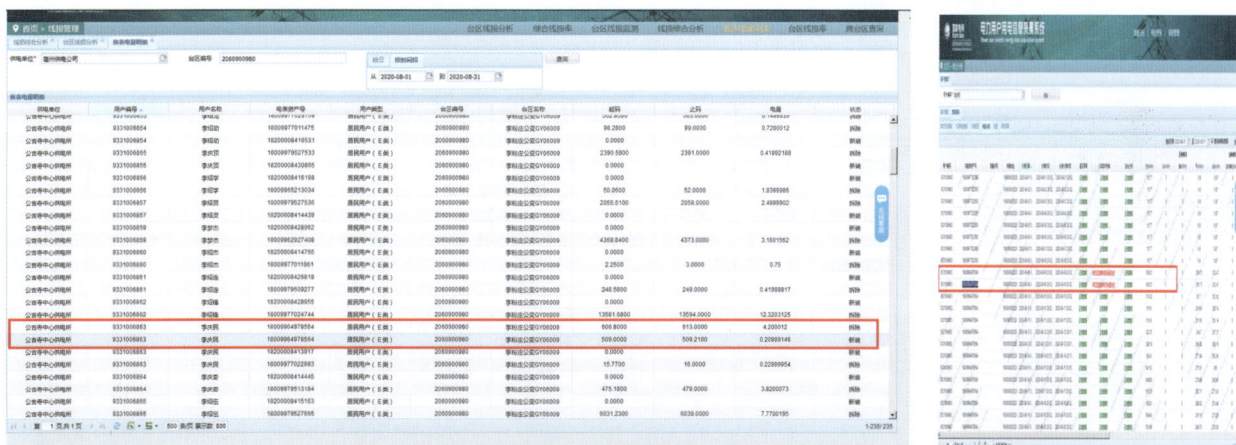

图 4-2　电能表新装线损模型电量计算示意图

（3）针对虚拆、虚装，根据计量点标识、判断电能表标识和综合倍率是否一致，若一致，直接计算电量。

（4）针对换集中器，计算月电量时直接每天电量相加。

（5）针对换综合倍率，计算月电量时分段计算。

（6）台区分容，计算月电量时分段计算，排除 T 日线损。

二、线损管理模块操作介绍

（一）线损统计分析

1. 台区线损分析

台区线损分析主要根据台区编号或台区名称，查询全省各地市所选日期（日、月、季、年）内的台区线损信息。线损情况分"全部""可算""不可算""达标""高损"和"异常"六种类型，其中"全部"包括"可算"与"不可算"，"可算"包括"达标""高损"与"异常"。

"可算"是指台区线损率不为 –100%；

"不可算"是指台区线损率为 –100%；

"达标"是指台区线损率在 1%~10% 之间；

"高损"是指台区线损率大于 10%，且售电量与供电量均大于 0；

"异常"是指台区线损为空或者小于 0。

台区"可算"与"不可算"明细里显示了供电单位、台区名称、台区编号、考核单元名称、日期、供电量、售电量、自用电、发电量、线损率、采集成功率和采集覆盖率等内容，如图 4-3 所示。其中，发电量统计的是台区下光伏用户发出的电量。自用电统计的是台区下自用电用户所消耗的电量，自用电的电量已经统计到售电量内。

$$供电量 = 台区总表的正向有功总电量$$

$$售电量 = 总表反向有功总电量 + 各个分表电量之和$$

$$线损率 = （发电量 + 供电量 － 售电量）/（发电量 + 供电量）$$

点击供电量、售电量、自用电、发电量可以查看明细，以供电量为例，就会显示该台区下总表电量统计的详细信息，如图 4-4 所示。

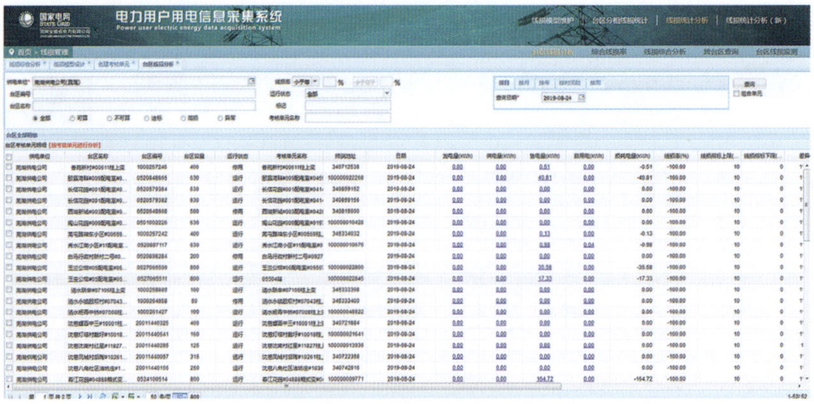

图 4-3　台区线损明细

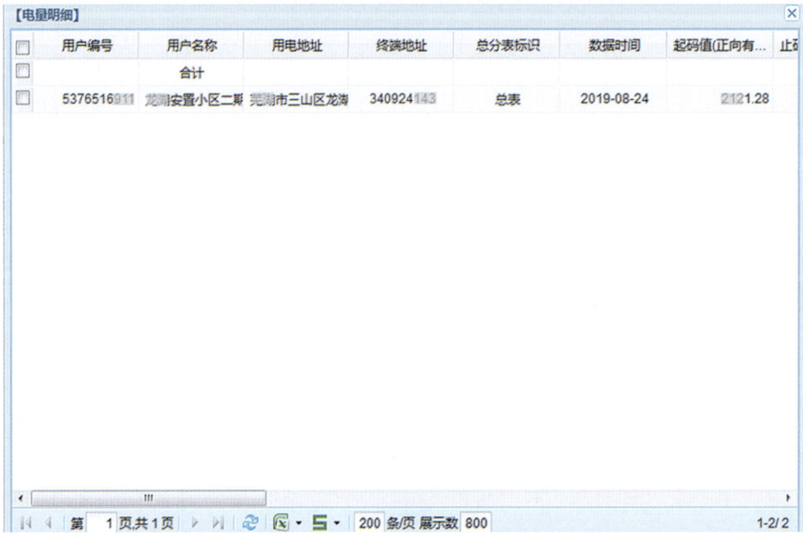

图 4-4　台区总表供电量明细

点击台区考核单元明细中的一条记录，可以显示台区或者组合台区的考核单元组成、安装情况、抄表分析、异常分析、趋势分析。

其中，"考核单元组成部分"显示了台区所在的考核单元下的台区名称、台区编号，台区发电量、台区供电量、台区的售电量、台区的自用电等信息，如图 4-5 所示。

"安装情况"部分显示了该台区下营销、采集安装的电能表数目与接入率，如果是组合台区就是两个台区下营销、采集安装的总电能表数目与接入率，如图 4-6 所示，点击接入数，可以详细查看该台区安装哪些电能表。

"抄表分析"部分显示了该台区下采集接入的电能表数，抄表成功率与抄表失败数，如图 4-7 所示，点击"失败数"可以查看哪些电能表抄表失败。

"异常分析"部分显示了该台区下哪些电能表出现什么样的异常，如图 4-8 所示。

"趋势分析"部分可以进行本月的售电量、供电量、线损率与其他月进行比较，曲线图方便地展示出两个月的差异，如图 4-9 所示。

图 4-5 考核单元组成

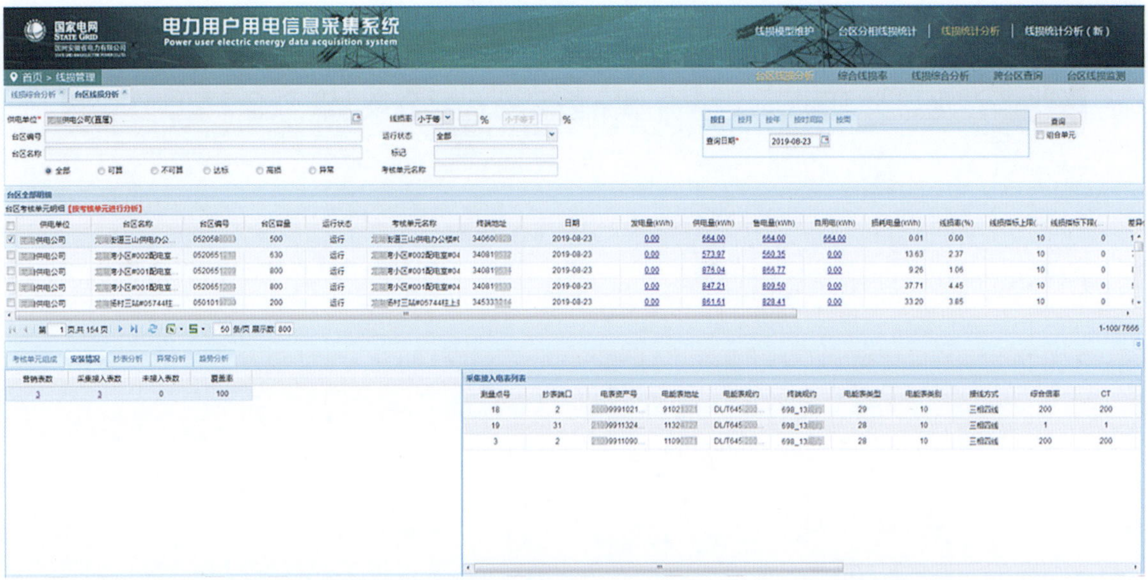

图 4-6 台区安装电能表情况

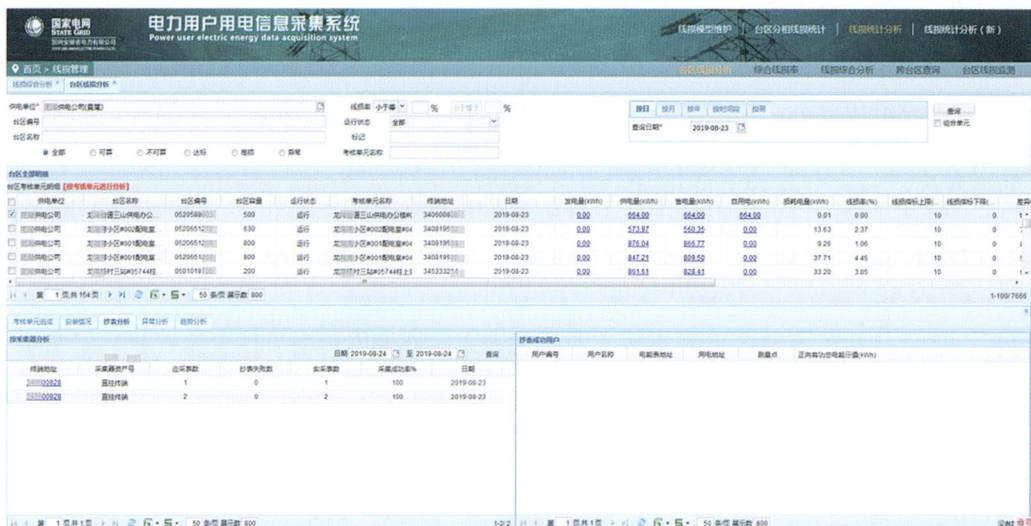

图 4-7 台区抄表情况

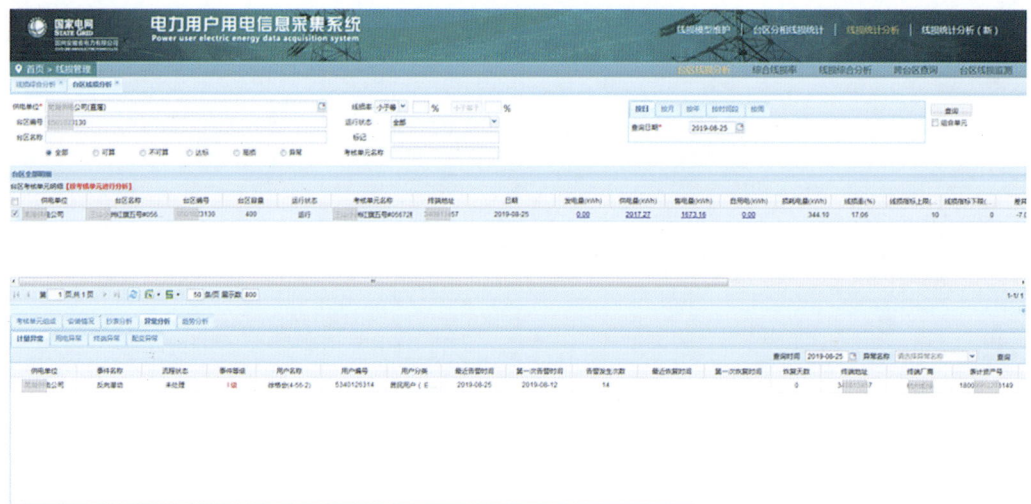

图 4-8 异常分析情况

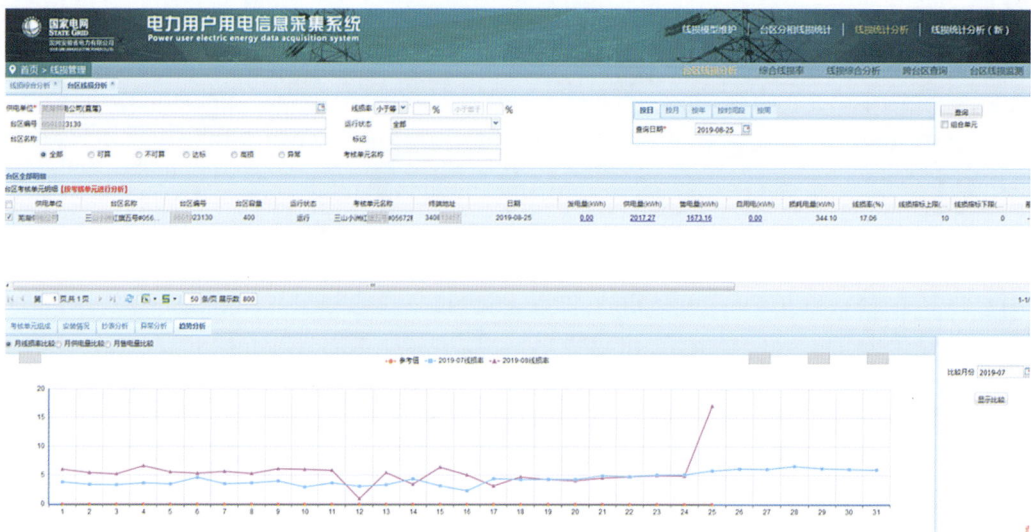

图 4-9 趋势分析情况

2.综合线损率

统计各地市、县的线损率情况,如图4-10所示,异常台区包含线损不可算台区和负损台区,线损不可算台区是供电量为0的台区,负损台区是线损率小于等于0的台区。

$$综合线损下供电量 = 各地市台区的总供电量 - 异常台区的供电量 \quad (4-14)$$

$$综合线损下售电量 = 各地市台区的总售电量 - 异常台区的售电量 \quad (4-15)$$

$$综合线损下发电量 = 各地市台区的总发电量 - 异常台区的发电量 \quad (4-16)$$

图 4-10 综合线损率

3.线损综合分析

根据供电单位查询全省各地市所选日期(日、月、季、年)内"台区统计""线损异常统计""台区线损分段统计"的信息。如图4-11所示。注:按照运行考核单元统计。

图 4-11 线损综合分析情况

4.跨台区查询

该页面可以根据供电单位、终端类型、终端规约或者终端地址，查看某个供电单位下或者某个终端的跨台区情况，如图 4-12 所示。点击"终端地址"，可以详细查看该终端地址下有哪些用户跨台区，如图 4-13 所示。

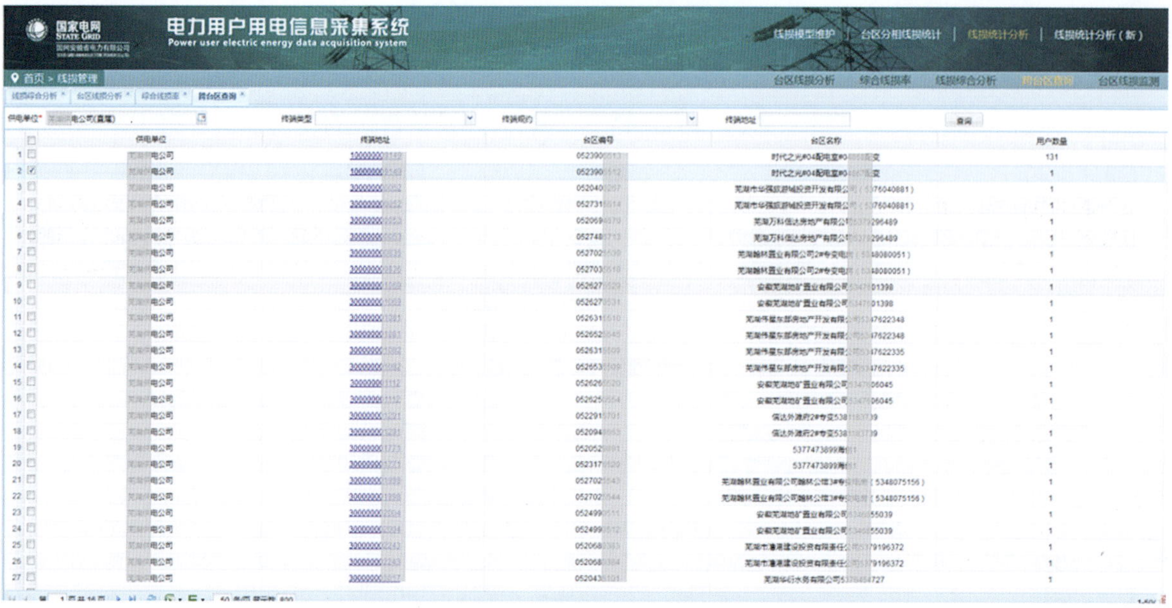

图 4-12　跨台区明细情况

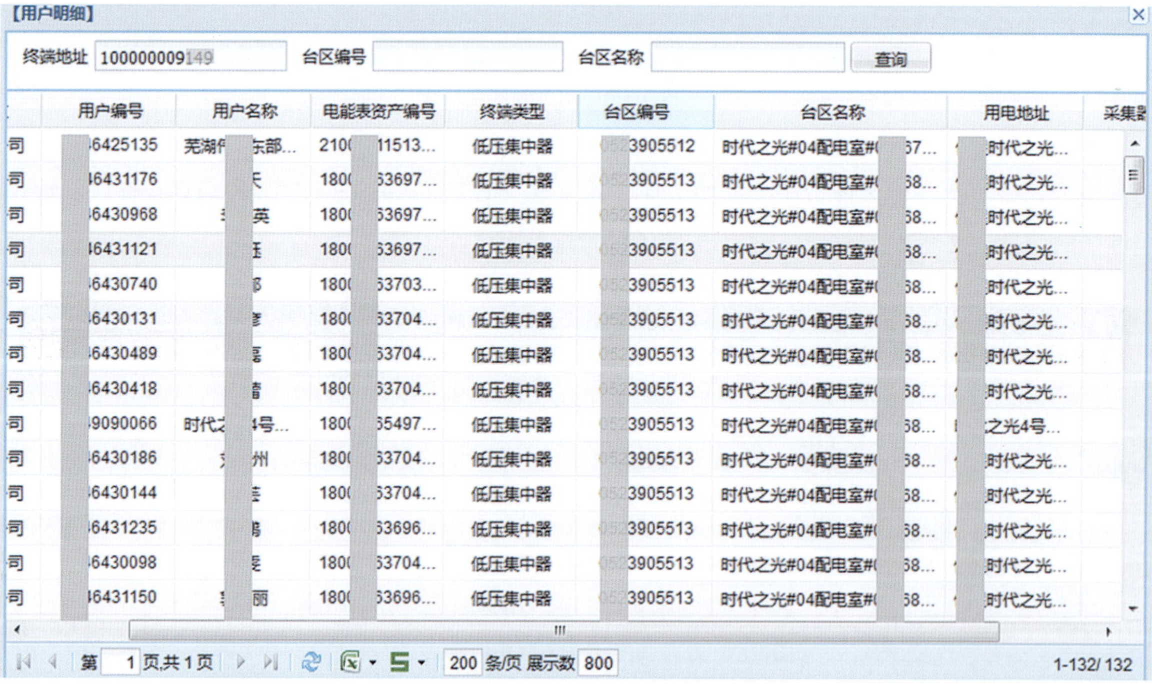

图 4-13　跨台区用户明细情况

5.台区线损监测

该页面选择供电单位可以查询全省各地市所选日期（月、年）内的台区线损可监测率，如图 4-14 所示。

图 4-14 台区线损监测率

（二）线损统计分析拓展模块

1. 线损计算模型管理

根据营销台区档案信息自动生成台区线损计算模型，提供对台区线损计算模型基本信息查询管理功能，如图 4-15 所示，实现台区线损计算模型按照管理单位以及线损责任人维度的询功能，支持台区线损责任人信息维护，如图 4-16 所示。

图 4-15 台区模型

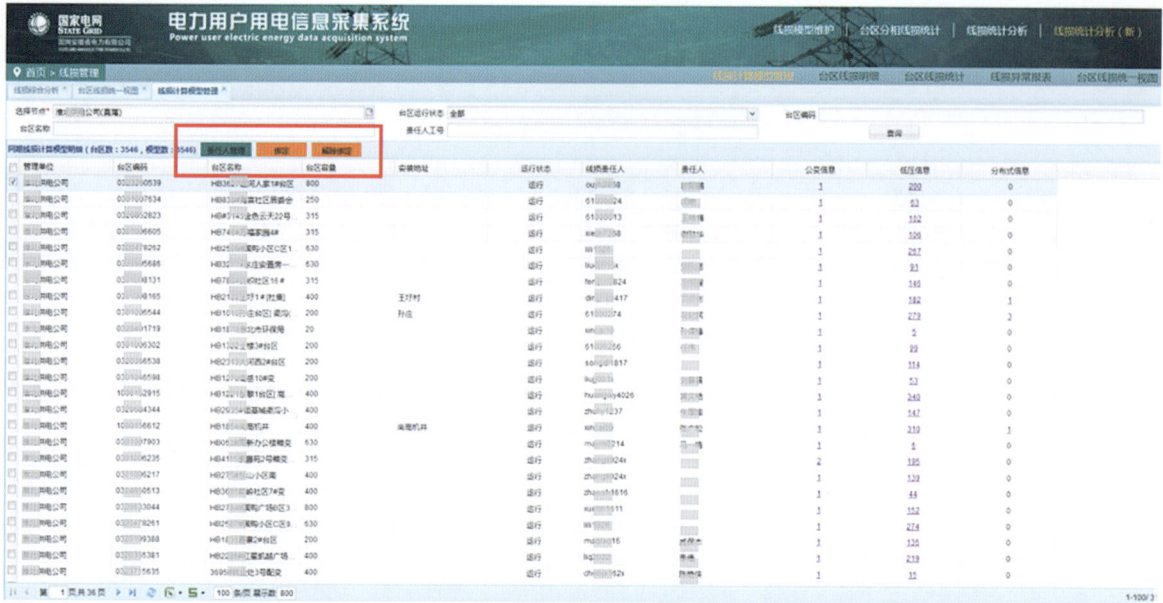

图 4-16 责任人维护界面

2. 台区线损明细

台区线损明细主要根据台区编号或台区名称，提供采集覆盖情况、成功情况、管理单位、责任人、线损率分布等多维度台区明细查询功能，点击台区编号可以跳转到台区线损统一视图。如图 4-17 所示。

图 4-17 台区线损明细界面

3. 台区线损统计

根据查询条件查询台区线损不可算、可算、监测、轻载、线损率分布情况。

不可算台区：台区同期线损率计算过程中，供电量、用电量至少其一无法获取。

监测率：日台区采集成功率和覆盖率同时大于等于 98% 为日可监测。

轻载：台区日供售电量同时大于等于 0，且小于台区总表运行容量的三十分之一。

台区月供售电量同时大于等于 0，且小于台区总表运行容量；台区线损统计（供电单位）如图 4-18 所示，台区线损统计（责任人）如图 4-19 所示。

图 4-18 台区线损统计（供电单位）界面

图 4-19 台区线损统计（责任人）界面

4. 线损异常报表

此页面无数据，如图 4-20 所示。

图 4-20 线损异常报表界面

5.台区线损统一视图

台区线损运维人员角度，在一张图中综合展示一个台区下的用户明细、采集覆盖率、采集成功率、违约用电情况、零电量、计量异常、用电异常、档案变更情况、营销月度统计线损（包括抄表例日和发行电量）、采集月度同期线损等信息。台区用户信息界面如图4-21所示，台区线损统一视图如图4-22所示。

图4-21 台区用户信息界面

图4-22 台区线损统一视图界面

三、用电信息采集系统分析诊断

利用用电信息采集系统、营销业务应用系统等，开展高、负损台区诊断分析，实现线损异常原因精准定位，为台区线损监测分析与诊断提供有效途径，为台区责任人现场开展综合整治提供参考依据，提升线损异常处理效率具有重要意义。

（一）档案分析

1.台户关系一致性分析

通过营销基础数据平台，按照营配调贯通建模原则，开展营配调贯通、营销系统、采集系统台户关系一致性比对，分析台区下采集点、电源点与台户关系一致性情况。

2.台区总表综合倍率一致性分析

通过数据抽取方式，开展营配调贯通、PMS系统、营销业务应用系统、采集系统台区总表倍率一致性分析，并分析倍率值在不同计算周期内是否有变化。

3.用户电能表倍率一致性分析

通过数据抽取方式，开展营配调贯通、营销系统、采集系统中的用户电能表倍率的一致性比对，并分析倍率值在不同计算周期内是否有变化。

4.用户计量点状态分析

核对营销系统中用户的计量状态，确保在运；及时处理台区下销户在途流程，避免因采集失败不能及时补录电能表电能示值，造成台区线损过高。

5.台区总表倍率配置合理性分析

分析台区总表所配互感器倍率是否合理，倍率宜配置为配变容量值的1.5~2倍，或正常运行负荷电流不少于额定值的30%。

6.台区线损模型分析

根据台区线损建模原则主要分析单集中器台区线损模型中存在多供入电量；台区是否安装台区总表、台区下无用户电能表；台区状态不为运行、台区属性为专变；台区总表计量点用途状态不为台区供电考核、计量点状态不为在用、低压用户计量点主用途类型不为售电侧结算、计量点状态不为在用、计量点级数不为1级等。

（二）采集数据分析

1.台区总表数据分析

通过采集系统分析台区总表连续7天无表码、倒走、飞走、停走、三相电流不平衡、失压、断相、逆相序、电能表故障更换、异常开盖事件，确定台区线损异常原因。

2.用户电能表数据分析

采集系统自动分析台区用户电能表是否存在连续7天无表码、倒走、飞走、停走、故障更换、异常开盖事件等情况，确定台区线损异常原因。

3.时钟分析

统计分析总、分表与日历时钟偏差、台区总表时钟与台区下用户电能表时钟偏差情况，是否存在电能表时钟超偏差，导致采集数据异常，进而确定台区线损异常原因。

4.集中器与主站参数一致性分析

比对分析主站与集中器参数设置是否一致，分析参数设置差异情况，确定是否影响台区线损计算。

5.采集异常分析

分析台区总表通信端口设置情况，台区总表采用RS-485方式进行通信，采集系统中通信端口是否设置为2；分析用户电能表通信端口设置情况，系统与现场序号是否一致、系统与现场规约是否一致、系统与现场通信地址是否一致、系统中通信端口是否设置为31。

（三）人工判研

1.负荷电量分析

在采集系统中查询台区总表、台区内用户电能表的日冻结电能示值，分析电量突增、突减时间点，并结合用户历史用电趋势，分析是否符合实际用电情况，剔除错误数据，避免因系统或电能表异常引起电量突变，造成台区线损异常。

2.电能表电压、电流曲线分析

（1）在采集系统中召测电能表 A、B、C 三相电压数据，查询是否有失压、断相、逆相序等情况，诊断线损异常原因。

（2）在采集系统中召测电能表数据，A、B、C 三相电压 / 电流 / 零序电流 / 视在功率，查看三相电流是否有失流情况，并查看用户正向有功最大需量值与用电量是否有明显不匹配的情况。

（3）在采集系统召测台区总表三相功率因数，两相功率因数偏低，可能存在跨相等接线错误问题，一相功率因数偏低，可能存在接线错误。

3.窃电研判

（1）在采集系统中召测单相电能表相电流及零线电流数据，核对电流值是否一致，避免出现一线一地窃电情况。

（2）定期跟踪窃电用户的后续用电情况，对用电量进行比对分析，避免出现反复窃电情况。

（3）定期梳理营销系统中电量为零的用户，分析比对近期用户用电量情况，并在采集系统中进行召测，避免出现系统原因造成用户用电量为零度情况。

（4）在采集系统中召测电能表电压、电流曲线电能量示值数据，查看三相电流曲线是否有断续的情况，并判断是否符合实际用电规律，确定用户是否存在窃电嫌疑。

（5）分析电能表总示数不等于各费率之和情况、电量为零但功率不为零、电费剩余金额与购电记录严重不符、电流不平衡超阈值、电压不平衡超阈值、功率曲线全部为零、用电负荷超容量、总功率不等于各相功率之和、电量曲线有负值、功率曲线有负值、电能表零火线反接等其他情况。

4.数据分析

（1）异常用电情况分析。对电能表开盖事件记录可结合异常时间长短、频次以及最后一次异常记录前后的用电量变化情况分析，排除因电能表质量原因而造成的开盖误动。对停电事件记录同该台区其他用户电能表是否有类似时间段的停电记录事件进行佐证分析判断。

（2）电量比对分析。通过对台区历史线损合理期间用户用电量与当前线损率突增期间用户用电量进行比对分析，对电量差动大，诸如突然出现零度户、电能表示值不平、电能表反向电量异常等重点用户进行监控分析，确定台区线损异常原因。

（3）相邻台区用电量情况分析。结合高损台区发生时间，对地理位置相邻台区用电量情况进行同期比对分析，核查是否存在跨台区隐蔽窃电现象。对电能表费率设置异常、电费剩余金额异常的用户结合用户购电次数、时间以及现场开展综合判断是否存在窃电现象。

第二节　计量异常在线监测与处理

一、计量异常在线监测基础知识

国网安徽省电力有限公司在用电信息采集系统大数据平台上，接入营销业务、PMS、营配贯通等数据，基于多源数据融合开展计量装置在线监测与智能诊断工作，应用新一代用电信息采集系统的大数据、云计算和机器学习等技术，构建计算架构、优化异常研判算法和调整分析模型，制定异常事件过滤和归并方法，研究和分析各类计量异常状态、计量装置在线工况，支撑采集系统高效运维，故障电能表精准定位，为设备质量评价、台区线损精益化管理和反窃电分析，及配电变压器运行状况准实时监测与分析、状态检修提供数据支撑，服务公司各级业务部门的工作由"经验判断"变为"数据驱动"，由"计划检修"转向"状态检查"，由"事后被动处理"转向"事前主动预防"。电信息采集系统大数据平台如图 4-23 所示。

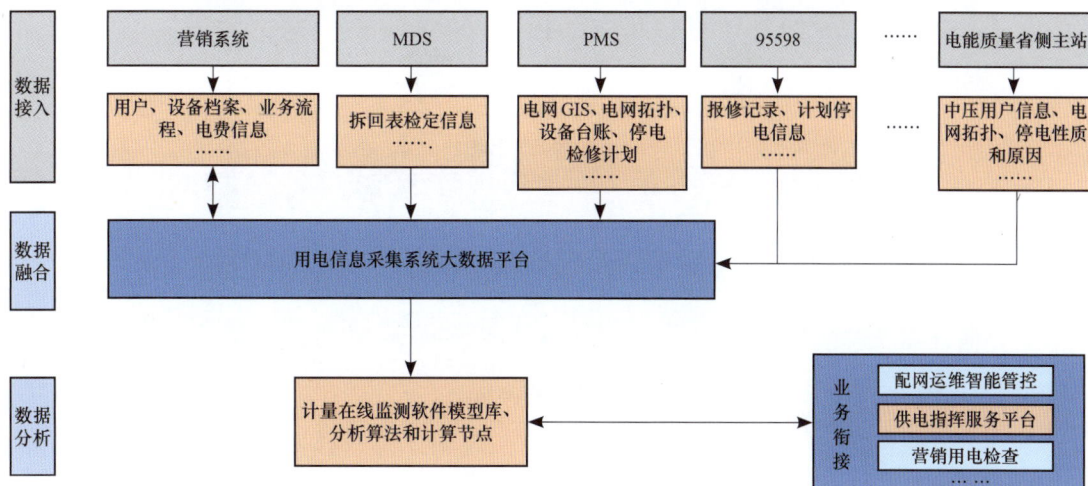

图 4-23　电信息采集系统大数据平台示意图

接入的数据源如表 4-1 所示。

表 4-1　数据源

系统名称	数据描述	频度要求	接口方式	数据量
营销业务系统	用户与档案	实时	OGG	每天同步数据达到 1 亿多条记录
	业务流程	实时	Webserverice	1000 多条记录
MDS	故障表拆回检定信息	按日	数据抽取	平均每天 5~7 条记录
馈线配网自动化系统	馈线电流	96 点 / 日	FTP 服务	每天同步数据超过 1 千万条记录
	馈线跳闸信息	准实时接入	FTP 服务	
	母线台账	按日	台账	
	母线电压	96 点	FTP 服务	
电能质量省侧主站系统	设备台账数据	按日	数据中心	每天同步数据接近 60 万条记录
	停电事件性质与原因	按日	数据中心	
PMS 系统	设备台账信息	按日	数据中心	每天同步数据接近 60 万条记录
95598 系统	用户报修信息	按日	营销基础数据平台	每天接入数据在 1000 多条左右
	停电发布信息	按日	营销基础数据平台	
其他系统	检修计划	按日	FTP 服务	每天接入数据在 3M 左右
	运行方式	按日	FTP 服务	

　　数据接入到用电信息采集系统后，为支撑计量在线监测软件进行快速、准确地分析，需提前进行数据预处理，采集清洗、转换、归集等方式，将外部系统的数据与用电信息采集系统的数据融合为分析对象，满足计量在线监测软件运行需求。数据预处理流程如图 4-24 所示。

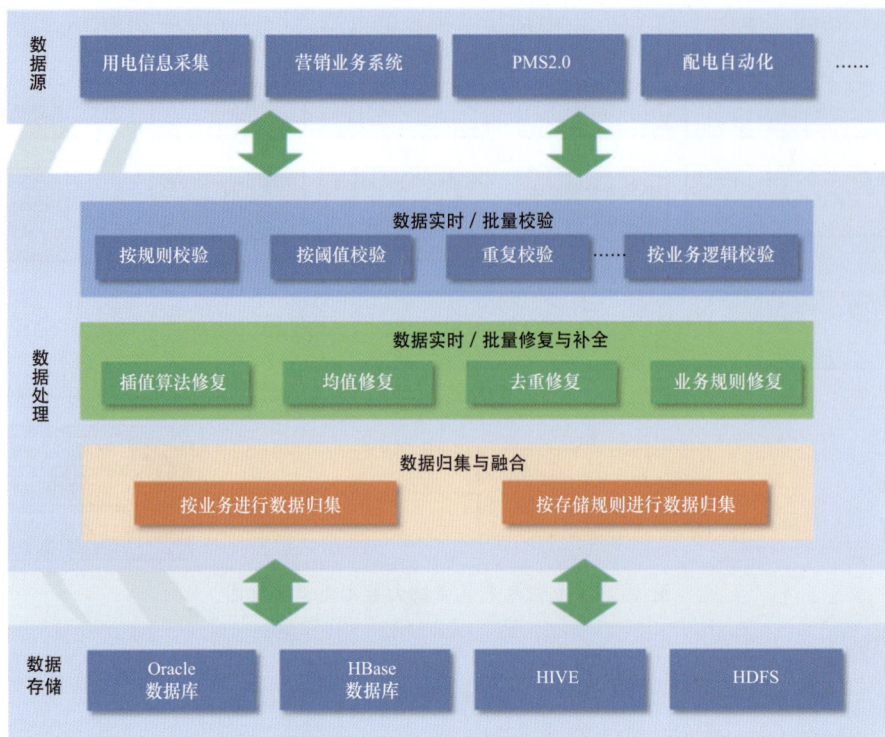

图 4-24 数据预处理流程图

计量在线监测软件分为计量、用电和终端三大类异常，涵盖电压电流、时钟、运行工况、电量异常等七小类，每类异常根据特定的业务场景实现的分析方式、频度和关联分析不一样，国网安徽电力已经实现的异常分析功能如图 4-25 所示。

图 4-25 异常分析功能图

二、计量异常在线监测模块操作介绍

（一）首页

新计量在线监测模块下包含异常综合查询、异常主题查询、电能表状态字分析、家族缺陷查询、配置管理五个子模块，如图 4-26 所示。

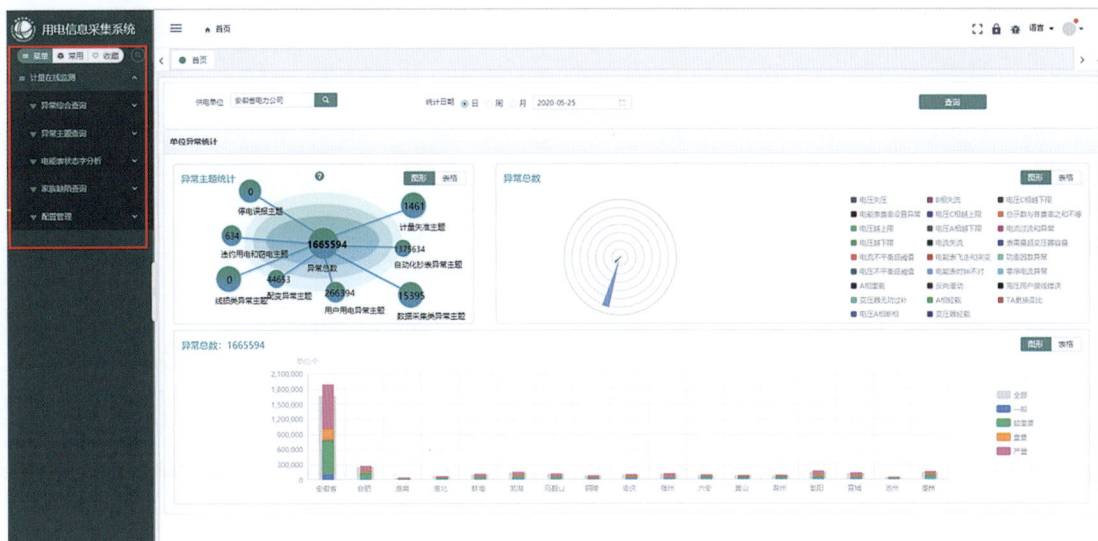

图 4-26 新计量在线监测模块

首页中可按供电单位、统计日期等查询条件，按图形及表格形式展示供电单位的异常主题统计和各类异常总数。

（二）异常综合查询

异常综合查询下包含异常明细查询及台区经理异常查询两个子模块。

1.异常明细查询

该模块可按供电单位、异常主题等筛选条件，查询供电单位的异常明细。也可点击右下角导出功能，导出所查询异常明细。如图 4-27 所示。

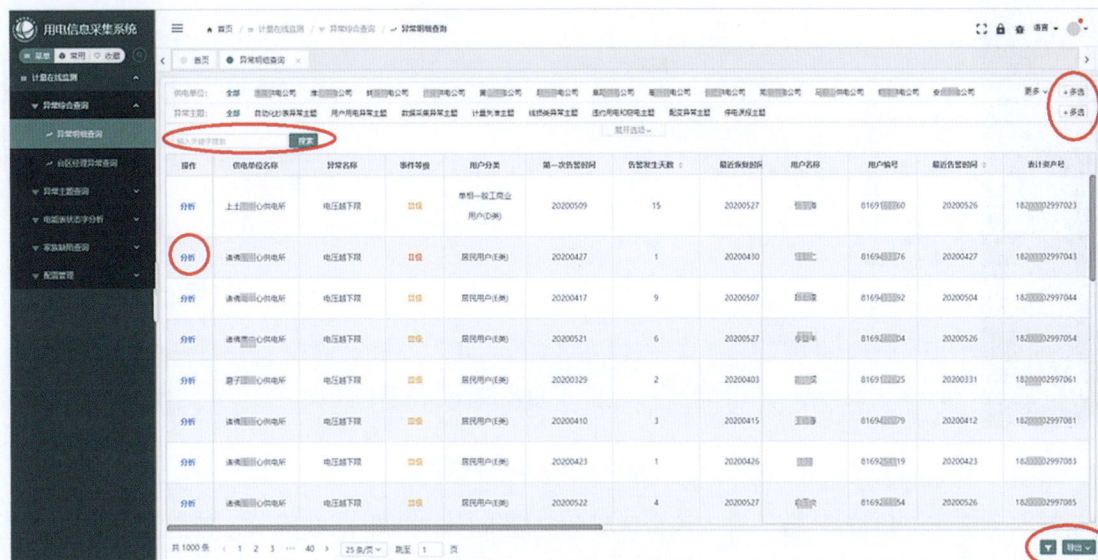

图 4-27 异常明细查询

在搜索栏中可按关键字搜索查询所需条件；异常类型也可多选添加；点击明细中的分析，可展示对此条异常明细的具体数据分析，及曲线图展示。如图 4-28 所示。

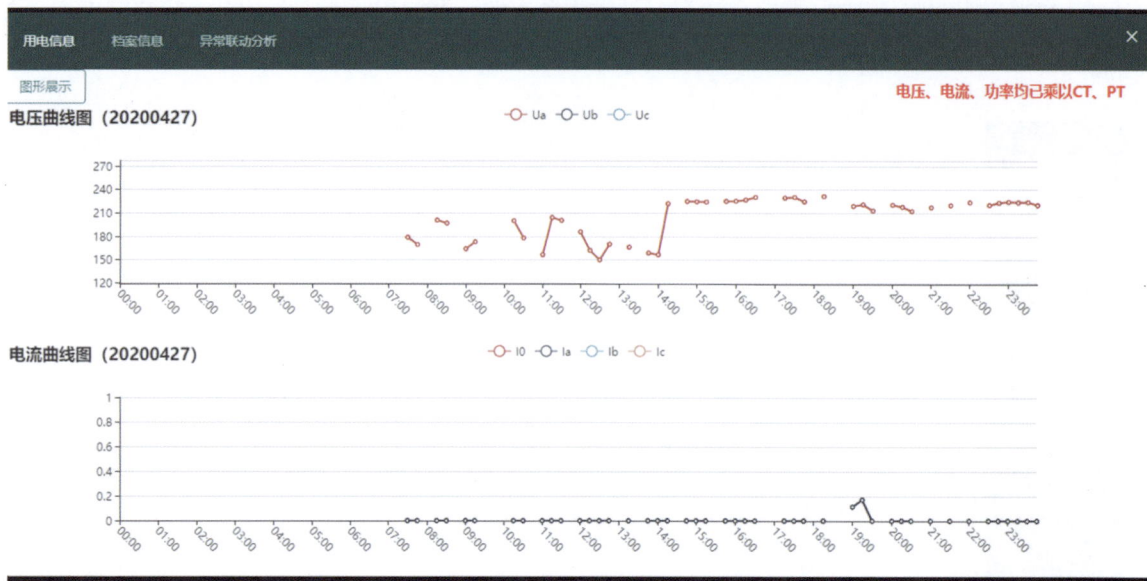

图 4-28　异常明细具体数据分析

2. 台区经理异常查询

该模块可展示台区基本档案（台区对应经理人、台区总表、台区下用户、对应终端地址、台区安装地址等信息）、台区异常主题（按异常严重等级查询：自动化抄表异常、用户用电异常、数据采集异常、计量失准、线损类异常、违约用电和窃电、配变异常、停电误报等信息）。点击相关异常信息链接，可进入相关主题明细展示。如图 4-29 所示。

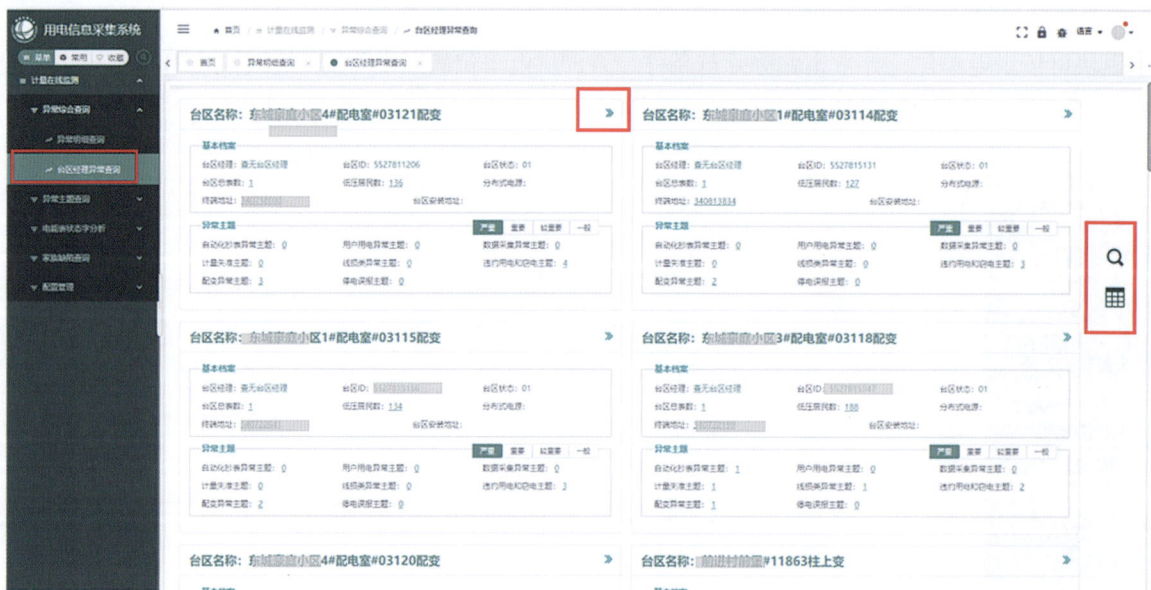

图 4-29　台区基本档案

点击台区名称旁小三角符号 ，进入该台区异常监测统计，如图 4-30 所示；点击上图中搜索或表单切换，可按供电单位、台区 ID、台区名称、日期等条件查询台区明细，如图 4-31 所示。

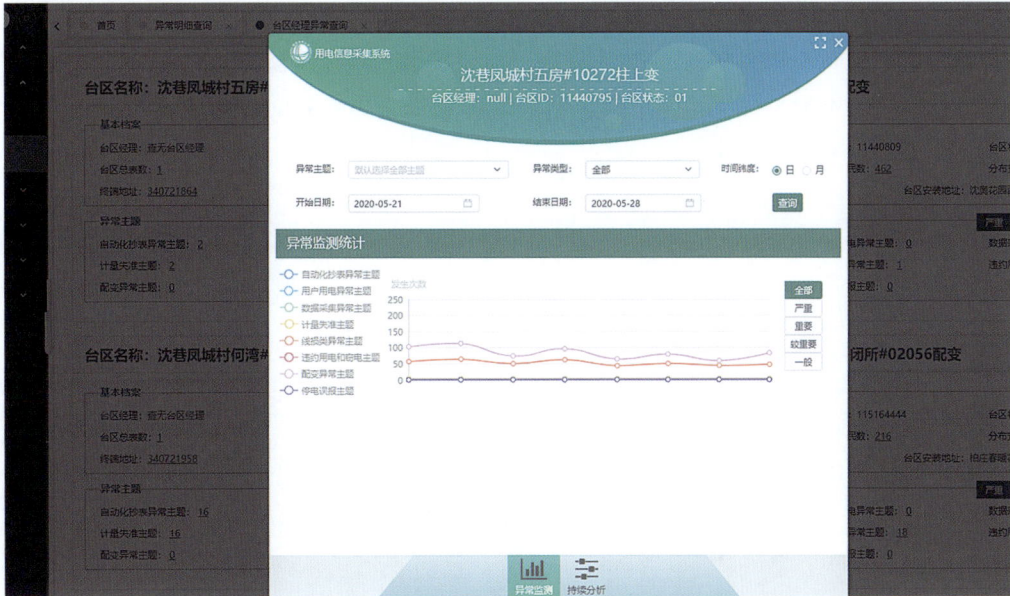

图 4-30 异常监测统计

图 4-31 台区明细

（三）异常主题查询

该模块包含：计量失准、违约用电和窃电、线损类异常、数据采集异常、自动化抄表异常、配电变压器异常、停电误报、用户用电异常八个子模块，如图 4-32 所示。

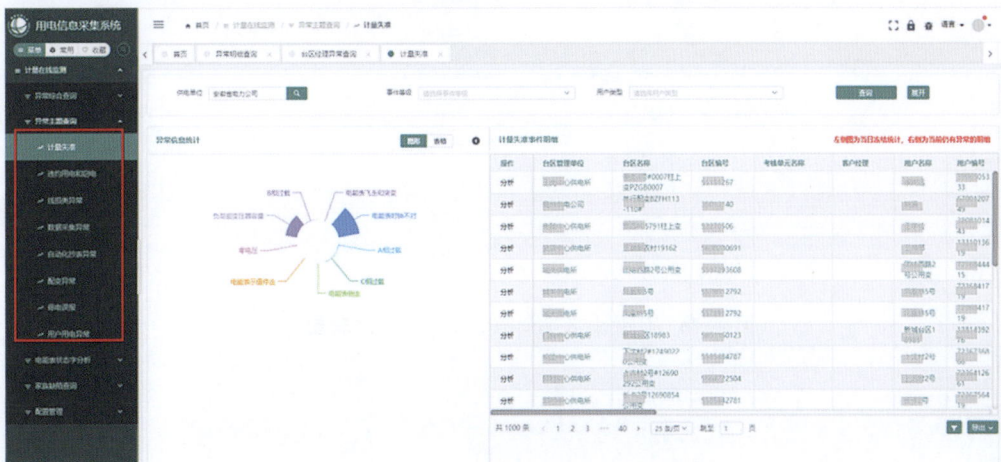

图 4-32 异常主题查询子模块

1.计量失准

该子模块可按供电单位、事件等级、用户类型、容量等级、电压等级、用户编号、终端地址、电能表资产号、最近告警时间等查询条件，按图形和表格形式展示计量失准异常统计和异常事件明细，如图4-33所示。

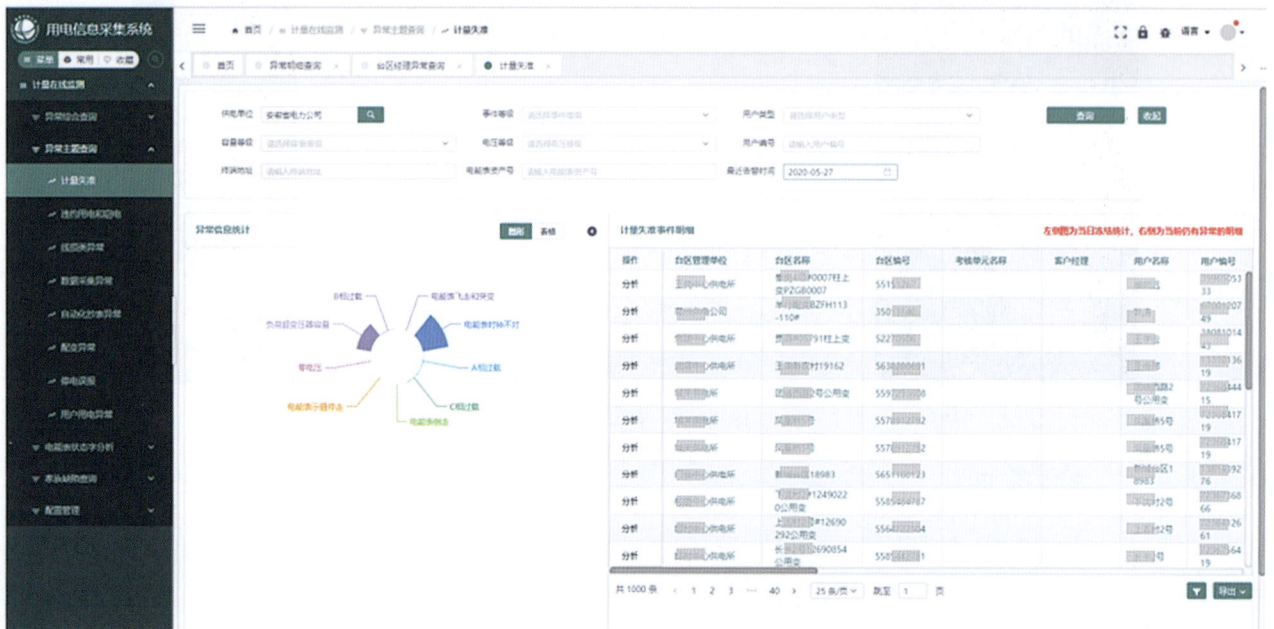

图 4-33　计量失准查询条件

点击明细中的分析，可查看档案信息及异常联动分析，如图4-34所示，并可Excel导出，如图4-35所示。

图 4-34　计量失准查询档案信息及异常联动分析

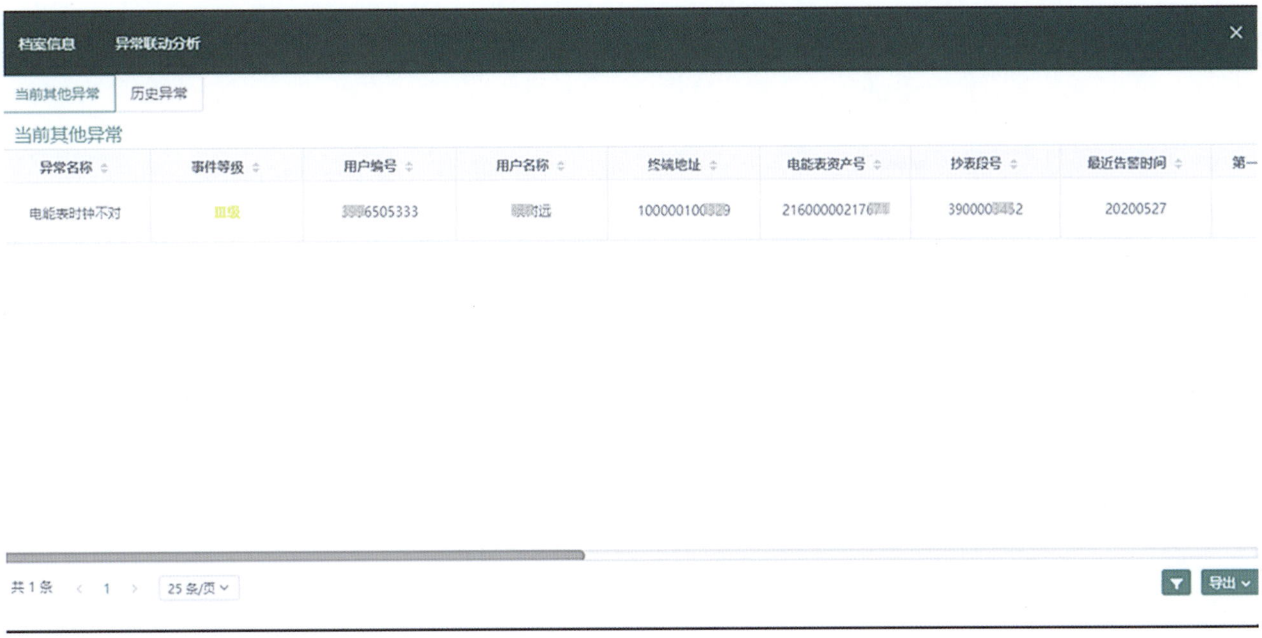

图 4-35 计量失准查询异常联动 Excel 分析

2.违约用电和窃电分析

该子模块可按供电单位、事件等级、用户类型、容量等级、电压等级、用户编号、终端地址、电能表资产号、最近告警时间等查询条件，按图形和表格形式展示异常信息统计和违约用电及窃电明细，如图 4-36 所示。

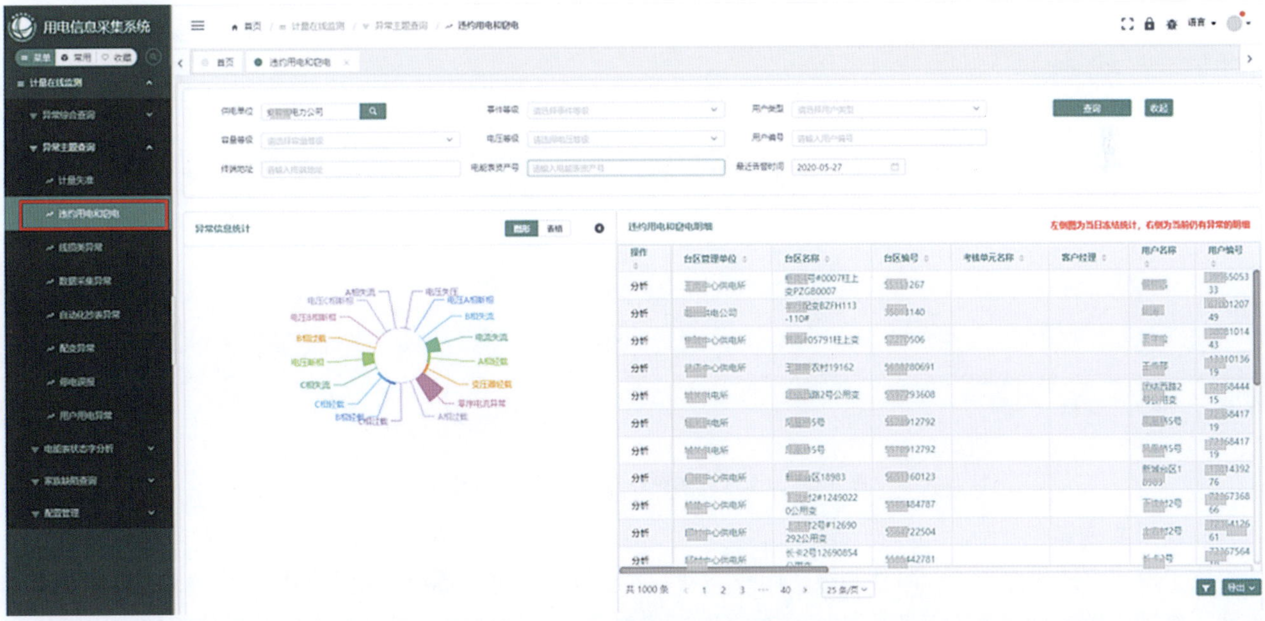

图 4-36 违约用电和窃电模块

点击明细中的分析，可查看档案信息及异常联动分析，如图 4-37 所示，并可 Excel 导出，如图 4-38 所示。

图 4-37　违约用电和窃电档案信息及异常联动分析

图 4-38　违约用电和窃电异常联动 Excel 分析

3. 线损类异常

该子模块可按供电单位、事件等级、用户类型、容量等级、电压等级、用户编号、终端地址、电能表资产号、最近告警时间等查询条件，按图形和表格形式展示异常信息统计和线损类异常事件明细，如图 4-39 所示。

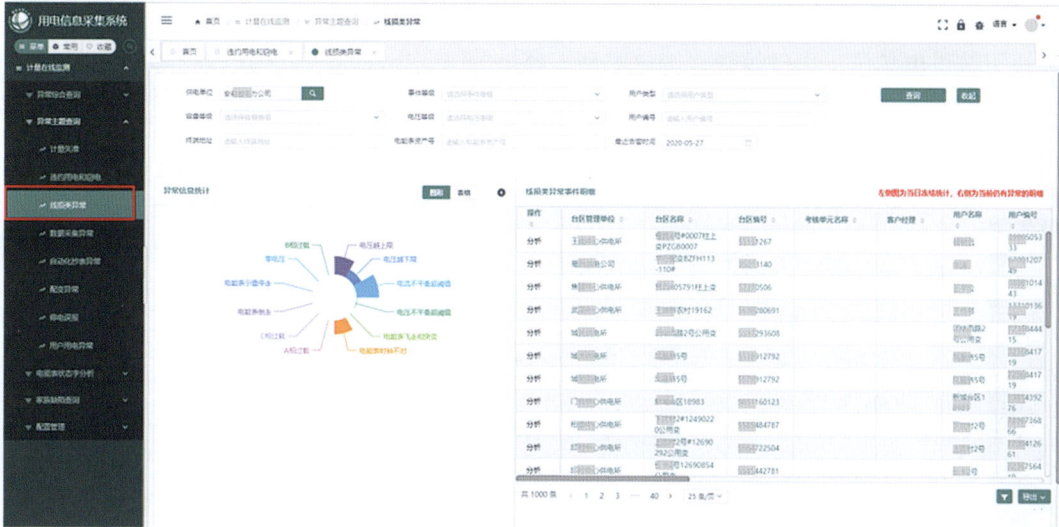

图 4-39　线损类异常模块

点击明细中的分析，可查看档案信息及异常联动分析，如图 4-40 所示，并可 Excel 导出，如图 4-41 所示。

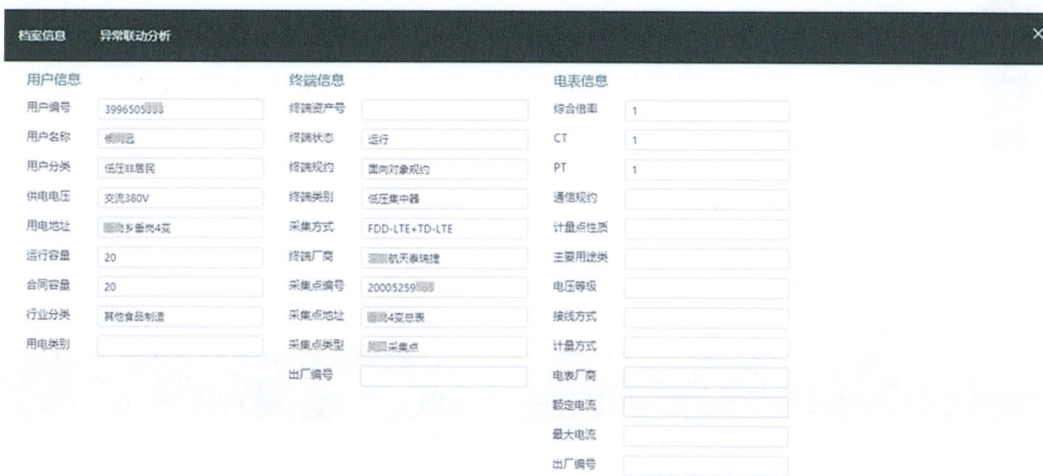

图 4-40　线损类异常档案信息及异常联动分析

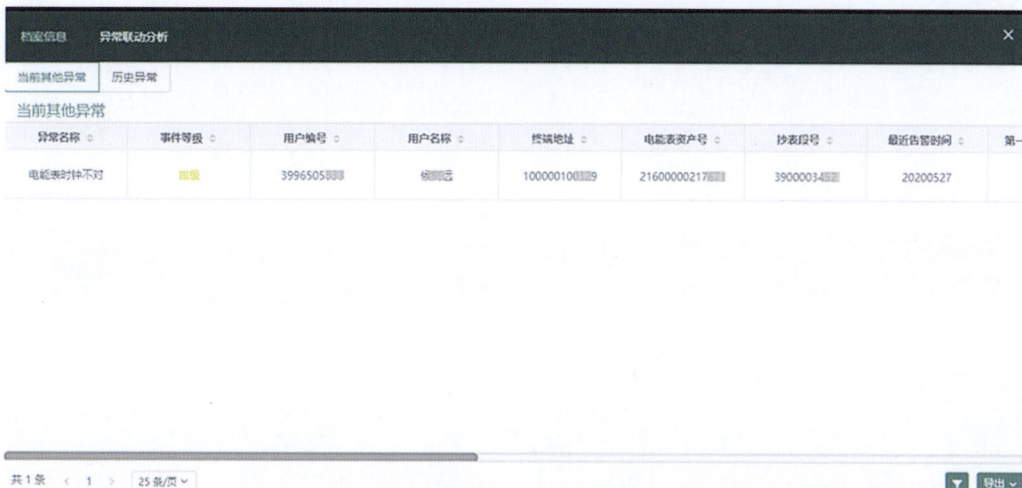

图 4-41　线损类异常联动 Excel 分析

4. 数据采集异常

该子模块可按供电单位、事件等级、用户类型、容量等级、电压等级、用户编号、终端地址、电能表资产号、最近告警时间等查询条件，按图形和表格形式展示异常信息统计和数据采集类异常明细，如图 4-42所示。

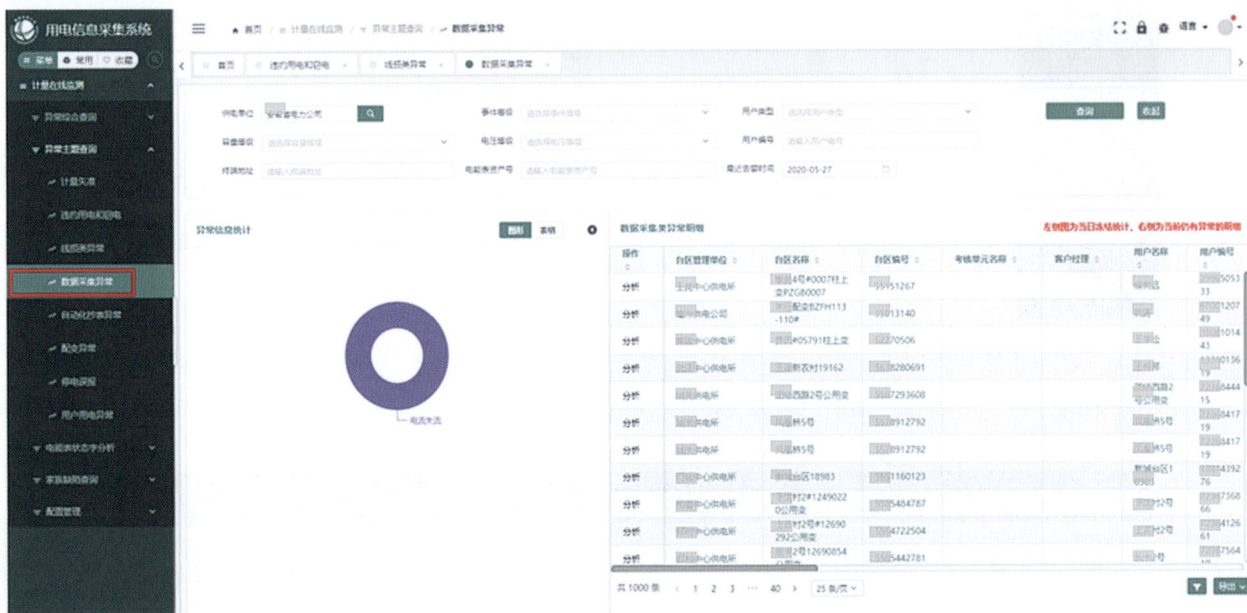

图 4-42　数据采集异常模块

点击明细中的分析，可查看档案信息及异常联动分析，如图 4-43 所示，并可 Excel 导出，如图 4-44所示。

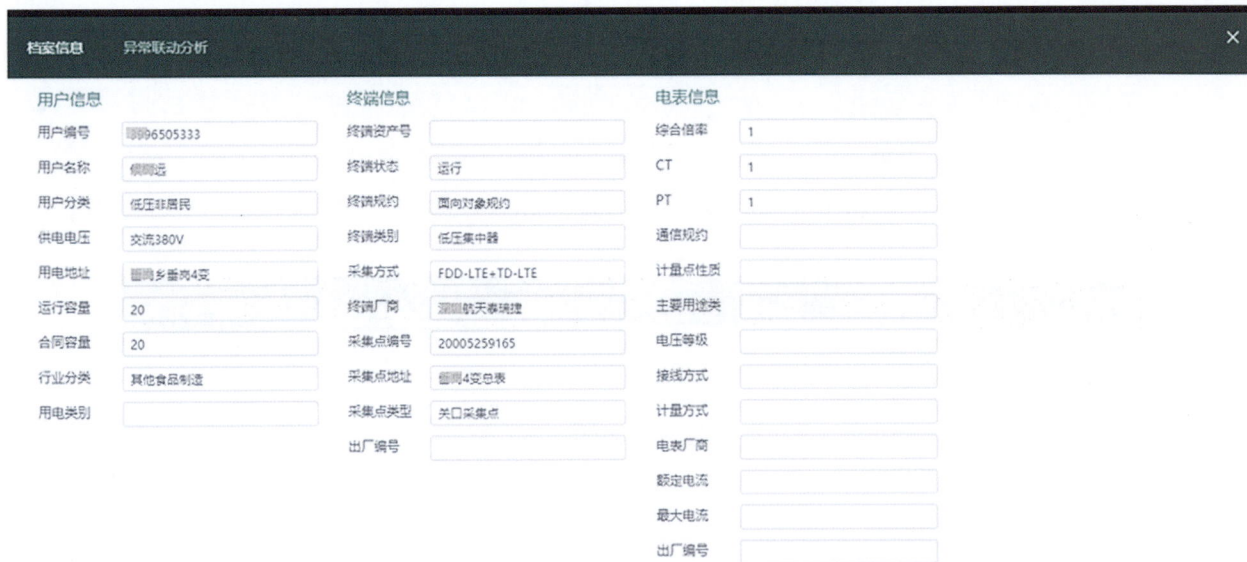

图 4-43　数据采集异常档案信息及异常联动分析

图 4-44　数据采集异常联动 Excel 分析

5.自动化抄表异常

该子模块可按供电单位、事件等级、用户类型、容量等级、电压等级、用户编号、终端地址、电能表资产号、最近告警时间等查询条件，按图形和表格形式展示异常信息统计和自动化抄表异常明细，如图 4-45所示。

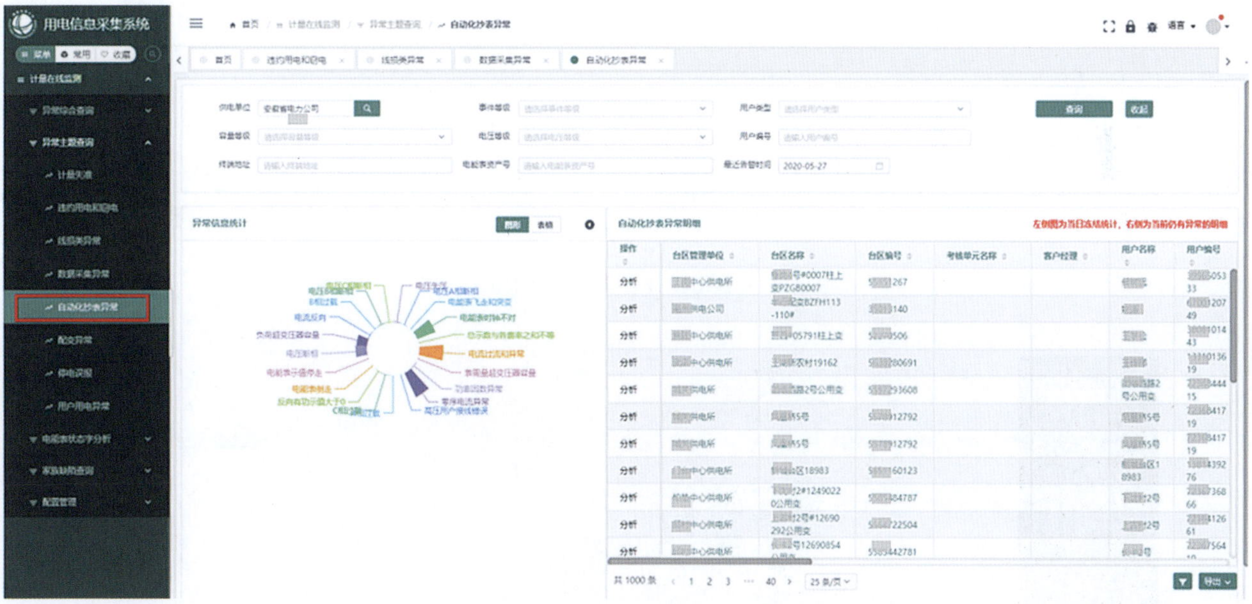

图 4-45　自动化抄表异常模块

点击明细中的分析，可查看档案信息及异常联动分析，如图 4-46 所示，并可 Excel 导出，如图 4-47所示。

6.配电变压器异常

该子模块可按供电单位、事件等级、用户类型、容量等级、电压等级、用户编号、终端地址、电能表资产号、最近告警时间等查询条件，按图形和表格形式展示异常信息统计和配变异常事件明细，如图 4-48所示。

图 4-46　自动化抄表档案信息及异常联动分析

图 4-47　自动化抄表异常联动 Excel 分析

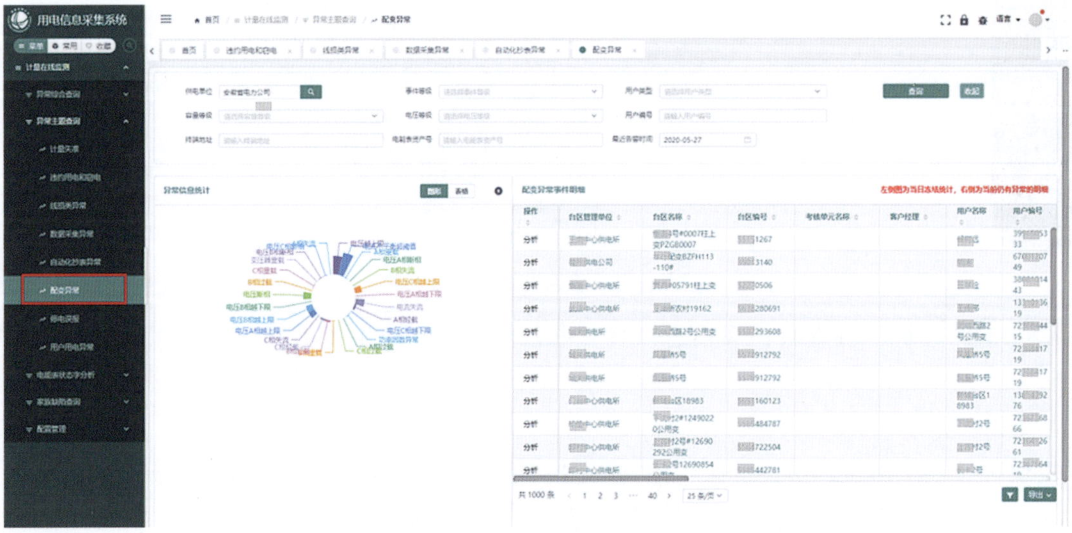

图 4-48　配变异常模块

点击明细中的分析，可查看档案信息及异常联动分析，如图 4-49 所示，并可 Excel 导出，如图 4-50 所示。

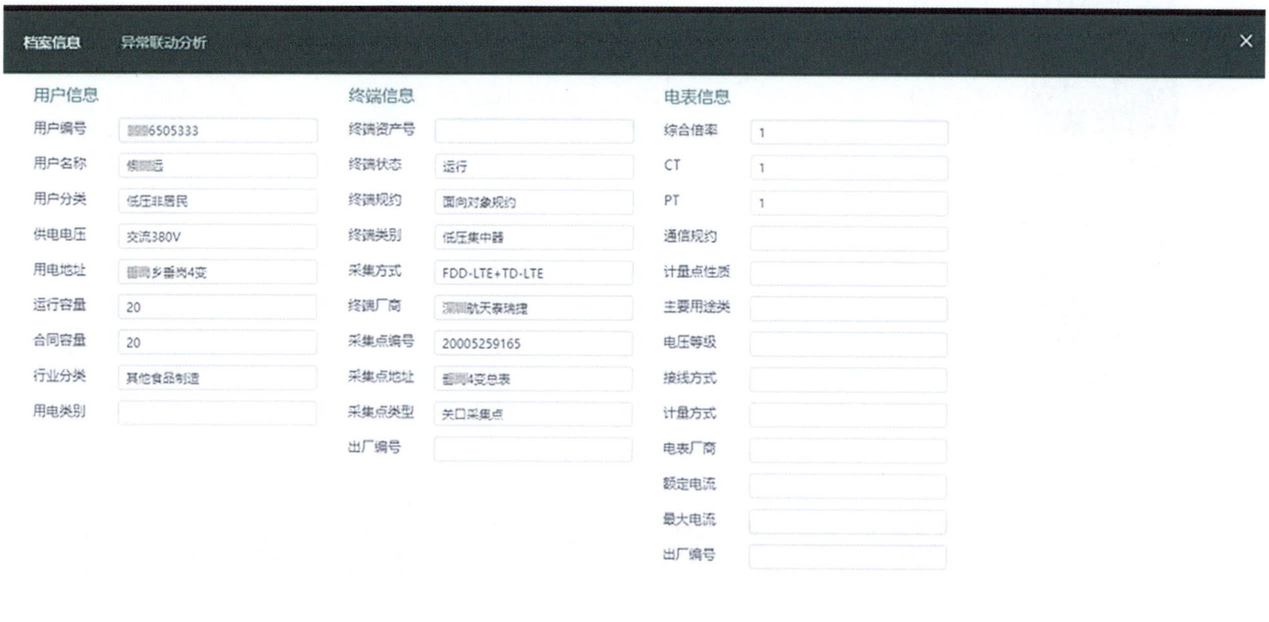

图 4-49　配变异常档案信息及异常联动分析

图 4-50　配变异常异常联动 Excel 分析

7. 停电误报

该子模块可按供电单位、事件等级、用户类型、容量等级、电压等级、用户编号、终端地址、电能表资产号、最近告警时间等查询条件，按图形和表格形式展示异常信息统计和停电误报事件明细，如图 4-51 所示。

点击明细中的分析，可查看档案信息及异常联动分析，如图 4-52 所示，并可 Excel 导出，如图 4-53 所示。

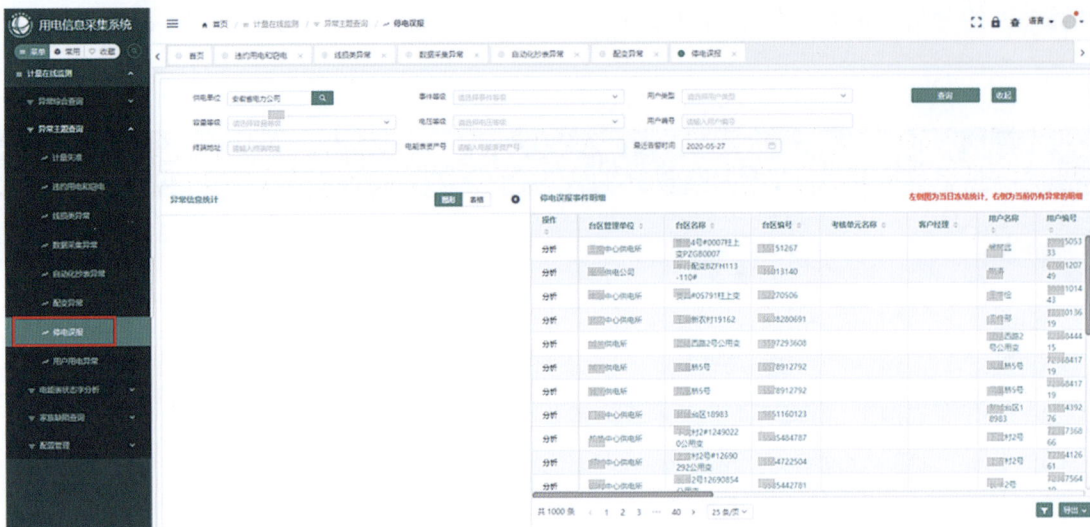

图 4-51　停电误报模块

图 4-52　停电误报档案信息及异常联动分析

图 4-53　停电误报异常联动 Excel 分析

8.用户用电异常

该子模块可按供电单位、用户用电异常类型、时间等查询条件，按图形和表格形式展示异常信息统计和各级异常信息（异常信息可按用户数、电能表数、发生次数展示），如图4-54所示。

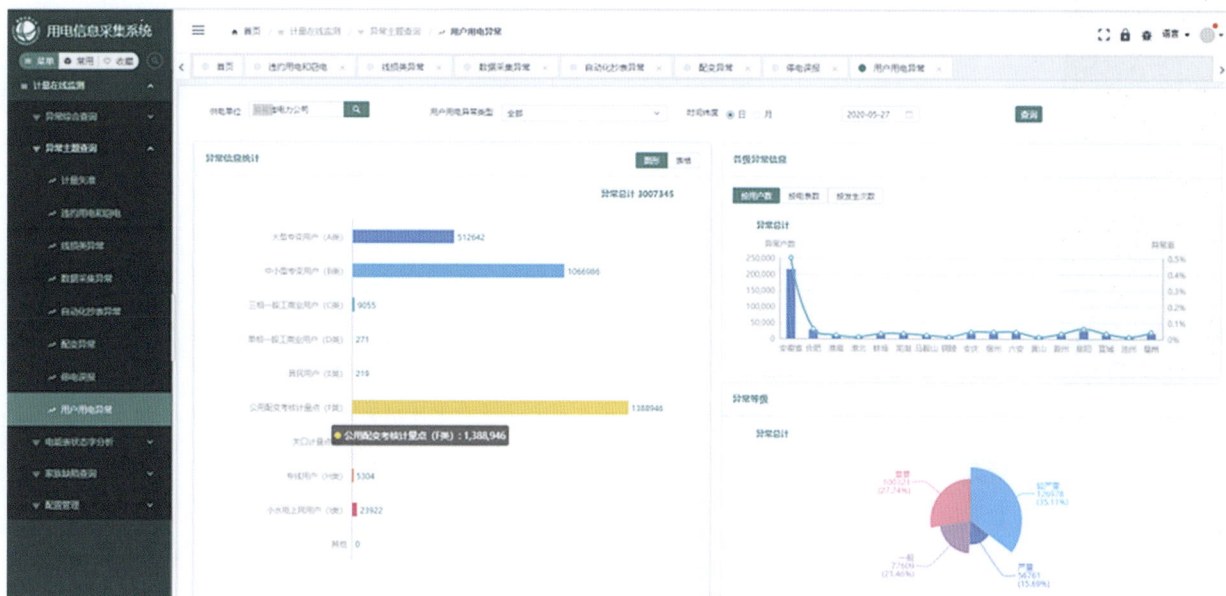

图 4-54　用户用电异常模块

（四）电能表状态字分析

该模块包含电能表状态字分析一个子模块。

电能表状态字分析：该子模块可按供电单位、日期等查询条件，按图形和表格形式展示异常信息统计和各级故障信息（异常信息按供电单位展示），如图4-55所示。

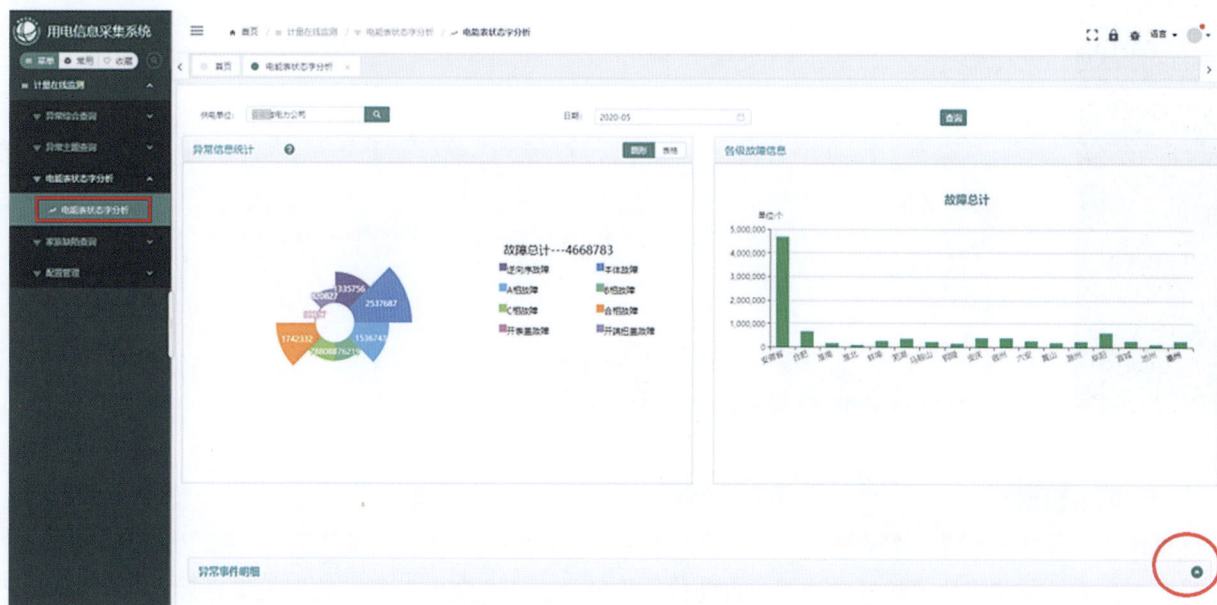

图 4-55　电能表状态字分析模块

点击右下角小三角，可按供电单位、故障大类、状态字异常、出厂日期范围、电能表厂家、通信规约、电压等级、选择对象等条件查询异常事件明细，并可 Excel 导出。如图4-56所示。

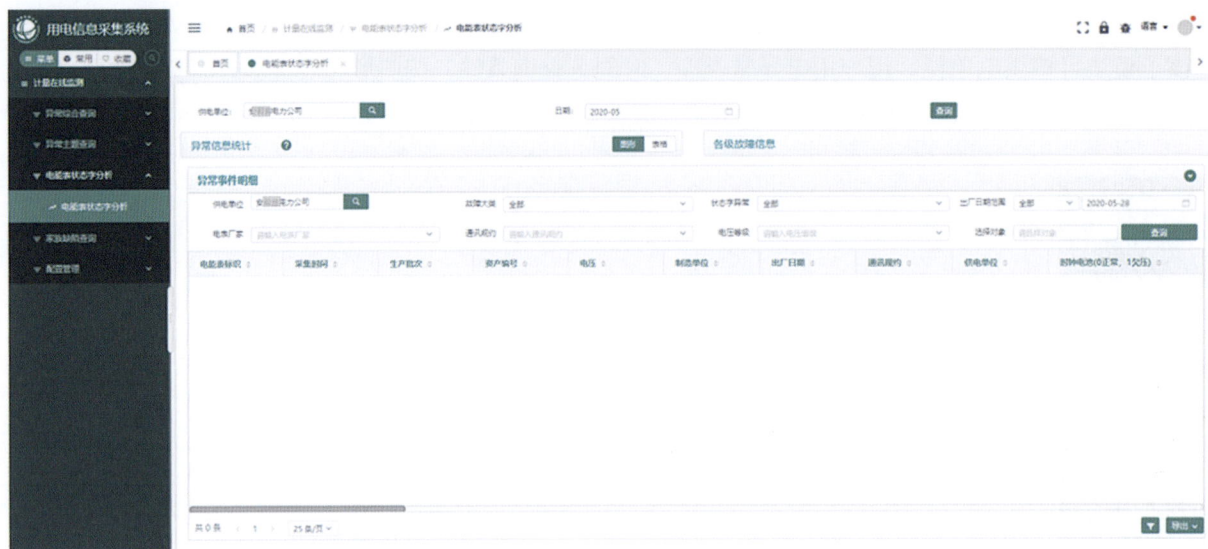

图 4-56　电能表状态字分析条件查询异常事件明细

（五）家族缺陷查询

该模块包含电能表家族缺陷查询一个子模块。

电能表家族缺陷查询：该子模块可按供电单位、统计日期、制作日期、厂商、批次、健康值跨度等查询条件，展示电能表家族缺陷查询结果，如图 4-57 所示。

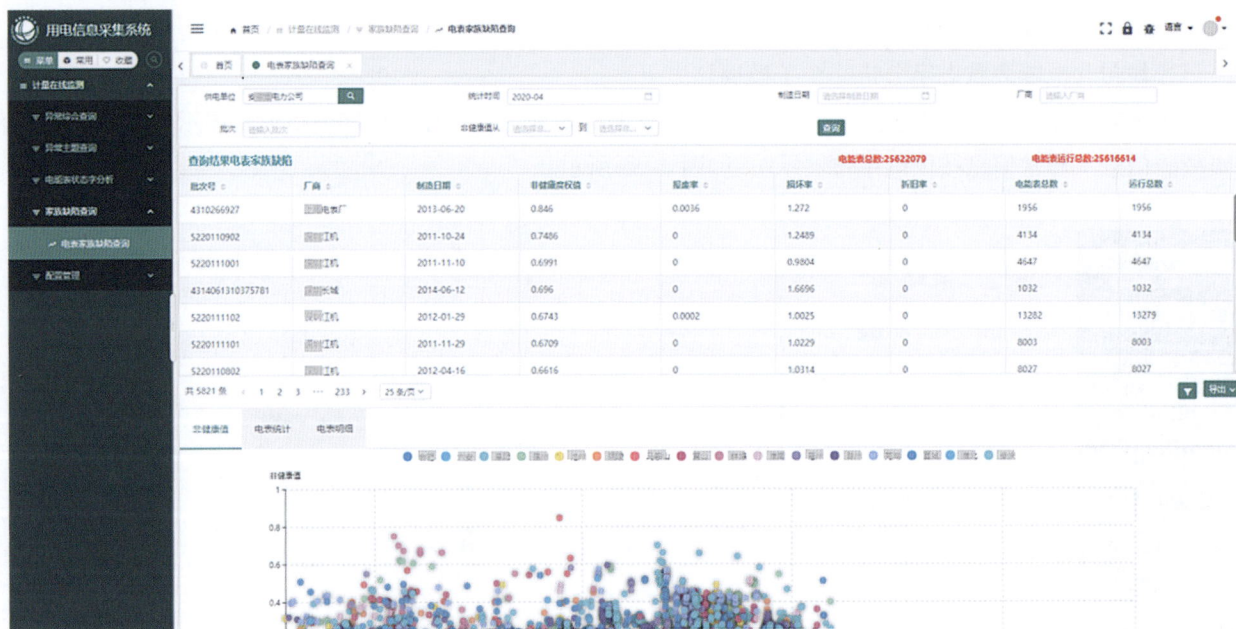

图 4-57　家族缺陷查询模块

（六）配置管理

该模块包含异常项配置一个子模块。

异常项配置：该子模块可按异常类型（自动化抄表异常、用户用电异常、数据采集异常、计量失准、线损类异常、违约用电和窃电、配变异常、停电误报）自定义添加 / 删除异常项明细，以此来配置相应的异常项主题。如图 4-58 所示。

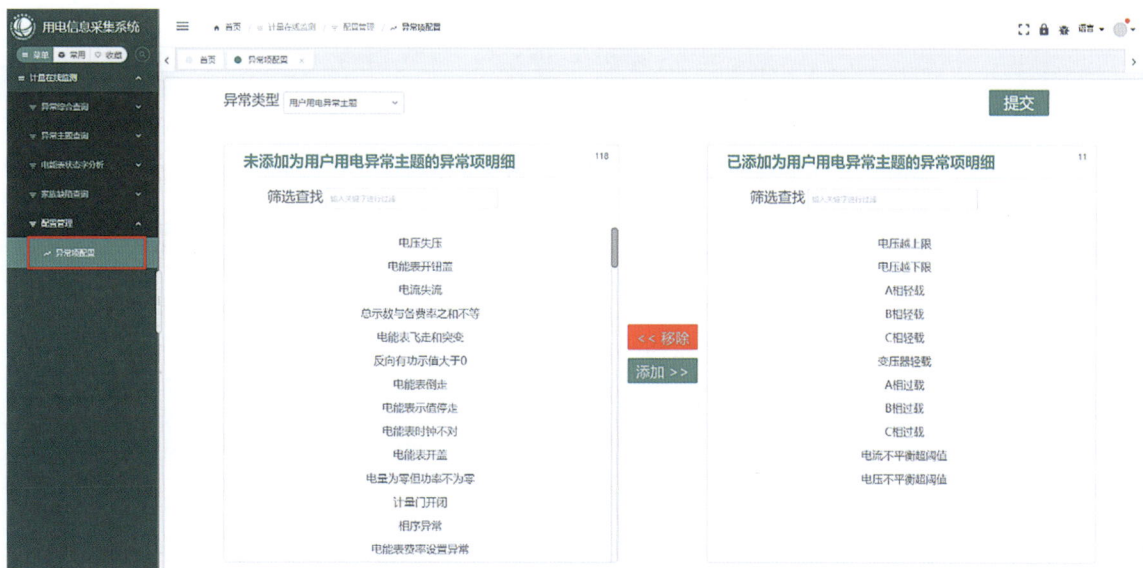

图 4-58 异常项配置模块示意图

三、计量异常在线监测判定规则

国网安徽电力针对计量异常分析模型流程及主要异常事件过滤规则如下，计量异常分析整体模型如图 4-59 所示，典型异常事件过滤规则如表 4-2 所示。

（一）计量异常分析整体模型

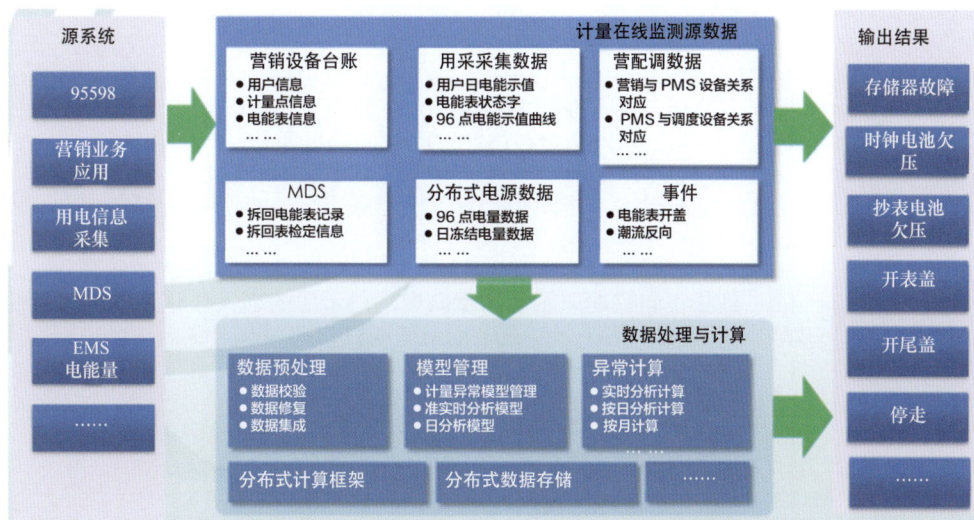

图 4-59 计量异常分析整体模型示意图

（二）典型异常事件过滤规则

表 4-2 典型异常事件过滤规则

异常类型	异常事件	事件判断阈值
计量异常	费率不平衡（00103）	（1）电能表正反向有功电能示值（总、峰、平、谷）大于 0。 （2）电能示值与各费率之和差值的绝对值大于 10。日电量大于 10 为严重，大于 5 为重要，否则为较重要。 （3）按同一个用户和电能表进行异常事件归并和去重；判断时排除台区总表用户；判断说明：第一次发生设为持续关注，连续 3 天存在就置为新异常

异常类型	异常事件	事件判断阈值
计量异常	电能表飞走和突变（00104）	（一）低压用户的判别规则 （1）针对居民表和单相、三相低压非居用户，计算日正向有功总、反向有功总电量，并与日理论最大用电量 *K 进行比较。 （2）用户日计算电量大于理论最大电量 *K（K=2，可配置）的 60%。 用户理论最大用电量计算方法： 专公变用户的理论最大用电量 = 合同容量 *24*K； 低压单相用户理论最大用电量 =220*Imax*24/1000； 低压三相用户理论最大用电量 =220*Imax**CT*24*3*K/1000。 （3）事件等级：用户日计算电量大于理论最大电量 *K（K=2，可配置）的 60%~80%，为关注级别；用户日计算电量大于理论最大电量 *K（K=2，可配置）的 80%~90%，为较重要级别；用户日计算电量大于理论最大电量 *K（K=2，可配置）的 90%~100%，为重要级别；用户日计算电量大于理论最大电量 *K（K=2，可配置）的 100% 及以上，为严重级别。 注意：Imax 取自电能表档案"额定最大电流"字段，若缺失则默认为 CT=1；60A，CT > 1，5A。 （二）专公变用户判别规则 （1）专公变用户，计算日正向有功总、反向有功总电量，并与日理论最大用电量 *K 进行比较。 （2）理论日最大用电量按合同容量计算（注：CONTACT_CAP*24）。 （3）按同一个用户和电能表进行异常事件归并和去重。 （4）发生电能表飞走，重新采集终端冻结数据进行比较，排除信道干扰。 （5）如果重新召测的终端冻结数据与原采集数据一致，则透抄电能表冻结数据进行比较，如果不一致则生成新异常
	反向有功示值大于 0（00105）	（1）电能表出现反向有功总示值大于 0。 （2）低压用户：对低压用户首先判断示值大于 1。日示值增量大于 1 度为 Ⅰ级，日示值增量小于 1 且大于 0.5 为 Ⅱ级，日示值增加大于 0 且小于等于 0.5 为 Ⅲ级。 （3）专公变：对专变用户首先判断示值大于 10kWh。日示值增量大于 0.2kWh。等级为 Ⅰ级，日示值增量在 0.1 ～ 0.2 之间等级为 Ⅱ，日示值增量小于 0.1 等级为 Ⅲ级。 （4）按同一个用户和电能表进行异常事件归并和去重。 （5）专变排除安装电动机用户，及自备电厂、小水火电和光伏电站等发电用户；低压用户排除微网发电用户
	电能表倒走（00106）	（1）判断正向有功总示值和反向有功总示值的当天与昨天的抄表示值进行比较，如果当天电能示值小于昨天电能示值成立，则列入异常。 （2）按同一个用户和电能表进行异常事件归并和去重。 （3）排除抄读电能示值正、反向有功总为空的记录。 （4）考虑换表（二天示值对应的电能表标识是否一致）用户。 （5）排除电能表满码情况
	电能表示值停走（00107）	（1）电能表示值二天正向有功总示值反向有功总示值不变化，且前一天负荷数据有三个及以上的点有电流且大于 0.05A（电流变动，但电能表示数不变）。 （2）异常等级严重
	电能表时钟异常（00108）	（1）规则：终端与电能表相差 Δt。如果 2s ≤ Δt ≤ 5s，异常程度为一般；如果 5s < Δt ≤ 15s，异常程度为较重要；如果 15s < Δt ≤ 60s，异常程度为重要。Δt > 60s 或者二次对时周期日均偏差超 1 秒（或配置）为严重。 （2）判断时过滤电能表对时次数超阈值的电能表。 （如果同一厂家且同一个批次存在 3 个及以及上的电能表，则列入家族缺陷。）
	电能表对时次数超阈值（0010H）	针对电能表近一年内对时超 2 次（含 2 次），或者累计对时超 3 次（含 3 次）则判断成立。判断时排除电能表时钟超差的电能表；其中，等级规则如下： （1）近一年内对时达到 2 次，或者累计对时达到 3 次，判断为重要； （2）近一年内对时超过 2 次，或者累计对时超过 3 次，判断为严重。

续表

异常类型	异常事件	事件判断阈值
计量异常	电能表开盖（00109）	（1）ERC37：电能表开表盖事件记录，结合 interface.a_meter_status_alarm 的 OPEN_COVER 字段分析，发生次数小于 10 次，同时成立则成立。 （2）借助状态字 + 事件发生次数联合判断
	电能表开钮盖（00101）	（1）ERC38：电能表开钮盖事件记录，结合 interface.a_meter_status_alarm 的 START_BUTTON_COVER 字段分析，发生次数小于 10 次，同时成立则成立。 （2）借助状态字 + 事件发生次数联合判断
	电能费率设置异常（0010D）	（1）针对专变用户判断是否存在正向或反向尖示值；针对居民用户（CONS_SORT=04，05）判断是否存正向或反向尖、峰示值。判断时排除台区总表用户。 （2）只判断 DLT-2007 规约的电能表
	电能表反向潜动（0010F）	（1）现象：针对结算类的电能表（usage_type_code=01）（分析 RS-485，排除交采、脉冲类型、小水火电、分布式电源用户和台区总表）正向有功总电量和反向有功总电量同时存在并大于 0.1（二次侧电量）的情况（排除插值数据）。 （2）分布式电源用户通过测量点主表（FC_GC_Flag=1）进行判断，或者通过 FC_GC 表进行判断。 注：连续 3 天恢复则迁移到历史表
	电池欠压（0010G）	（1）实现要求：透抄电能表状态字 1，判断第 6 位是否为 1。 （2）分析数据源：interface.a_meter_status_alarm 的 Clock_battery_status 为 1 则为欠压；若为 0 则表示正常
	零电压（0010I）	单相电能表 A 相曲线中，存在 3 点以上电压为零；三相表，A、B、C 任意一相存在 3 点以上电压为零，异常成立，等级严重
	正向有功总示值曲线倒走（0010N）	（1）针对所有用户，如果正向有功总曲线，存在 3 个及以上的点发生倒走，或者一个点倒走且发生三天，即成立。 （2）低压用户是针对 HPLC 进行统计。 （3）异常等级严重
	反向有功总示值曲线倒走（0010K）	（1）针对所有用户：如果反向有功总曲线，存在 3 个及以上的点发生倒走，或者一个点倒走且发生三天，即成立。 （2）低压用户是针对 HPLC 进行统计。 （3）异常等级严重
	正向无功总示值曲线倒走（0010L）	（1）针对三相表用户：如果正向无功总曲线，存在 3 个及以上的点发生倒走，或者一个点倒走且发生三天，即成立。 （2）低压用户是针对 HPLC 进行统计。 （3）异常等级严重
	反向无功总示值曲线倒走（0010M）	（1）针对三相表用户：如果反向无功总曲线，存在 3 个及以上的点发生倒走，或者一个点倒走且发生三天，即成立。 （2）低压用户是针对 HPLC 进行统计。 （3）异常等级严重

国网安徽电力针对用电异常分析模型流程如图 4-60 所示，典型异常事件过滤规则如表 4-3 所示。

图 4-60　用电异常分析整体模型

表 4-3　典型异常事件过滤规则

异常类型	主站计算事件	事件判断阈值
用电异常	电压越上限（00110）	（1）高供高计 B 相接地：额定电压 100，判断 AC 相。 高供高计三相：额定电压 57.7，判断 ABC 相。 低供低计：额定电压 220V，判断 ABC 相。 （2）Ⅰ级：任一相电压 / 额定电压 > 1.50，发生 8 个点。 Ⅱ级：1.20 <任一相电压 / 额定电压 ≤ 1.50，发生 8 个点。 Ⅲ级：1.07 <任一相电压 / 额定电压 < 1.20，发生 8 个点
	电压越下限（00111）	（1）高供高计 B 相接地：额定电压 100V；高供高计 3 相：额定电压 57.7V；低供低计：额定电压 220V。 （2）单相表。Ⅰ级：$0 \leqslant$ A 相电压 / 额定电压 < 0.8，发生 4 个点。 Ⅱ级：$0.8 \leqslant$ A 相电压 / 额定电压 < 0.9，发生 8 个点。 Ⅲ级：$0.8 \leqslant$ A 相电压 / 额定电压 < 0.9，发生 4 个点。 （3）只判断电压在 0.7 倍额定电压以上的点。 Ⅰ级：0.7 <任一相电压 / 额定电压 < 0.9，发生 4 个点。 Ⅱ级：0.9 <任一相电压 / 额定电压 < 0.93，发生 8 个点。Ⅲ级：0.9 <任一相电压 / 额定电压 < 0.93，发生 4 个点
	电流三相不平衡（00112）	（1）负载率大于 0.3 的点。 高供高计 B 相接地：AC 项电流 > 0.1、电压 > 0。 高供高计三相：ABC 项电流 > 0.25、电压 > 0。 高供低计和低压三相：ABC 项电流 > 0.25、电压 > 0。 （2）Ⅰ级：$0.6 \leqslant$ 电流不平衡度 ≤ 1，发生 4 个点。 Ⅱ级：$0.4 \leqslant$ 电流不平衡度 < 0.6，发生 4 个点。 Ⅲ级：$0.3 \leqslant$ 电流不平衡度 < 0.4，发生 4 个点。 Ⅳ级：$0.15 \leqslant$ 电流不平衡度 < 0.3，发生 8 个点

续表

异常类型	主站计算事件	事件判断阈值
用电异常	电压缺相 （00100）	（1）高供高计 B 相接地：额定电压 U 为 100，只判断 AC 相。 高供高计三相：额定电压 U 为 57.7。 低压三相：额定电压 U 为 100。 （2）1 相或 2 相电压大于 0.7U 且小于 1.3U，其他 1 相或 2 相小于 0.7U、电流大于 0.5（低压三相 1），连续发生 4 个点
	电压断相 （0010J）	（1）高供高计 B 相接地：额定电压 U 为 100，只判断 AC 相，AC 相电流不同时为 0。 高供高计三相：额定电压 U 为 57.7，ABC 相电流不同时为 0。 低压三相：额定电压 U 为 100，ABC 相电流不同时为 0。 （2）某一相或两相电压小于 0.6U，其他相电压在正常范围内（0.6U ≤ 电压 <1.3U）、电流小于 0.05 额定电流 (5) 且连续发生 4 个点及以上
	电流失流 （00102）	（1）排除公共照明，排除最大负载率小于 0.3 的用户。 （2）高供高计 B 相接地：I_A、I_C 其中一相小于 0.05A 另一相大于 0.5，连续发生 4 点。异常等级 I 级。 （3）高供高计三相四线，高供低计：I_A、I_B、I_C 其中一相小于 0.05A 另 2 相大于 0.5A 或 2 相小于 0.05A 一项大于 1，连续发生 4 点。异常等级 I 级。 （4）低压三相：I_A、I_B、I_C 其中一相小于 0.05A，另 2 相大于 0.5A 或 2 相小于 0.05A 一项大于 1，连续发生 4 点。异常等级 IV 级
	单相过载（电流过流） （00113）	（1）高供高计 B 相接地：判断 AC 相电流。 其他判断 ABC 相电流。 （2）I 级：电流 / 额定电流 ≥ 2，发生 4 个点。 II 级：1.5 ≤ 电流 / 额定电流 < 2，发生 4 个点。 III 级：1.0 ≤ 电流 / 额定电流 < 1.5，发生 8 个点。 任意一项电流单独满足条件
	表需量超变压器容量 （00114）	（1）比值 [即（日冻结需量 * 综合倍率）/ 变压器容量] > 1 （2）I 级：比值 ≥ 1.5。 II 级：1.3 ≤ 比值 < 1.5。 III 级：1.2 ≤ 比值 < 1.3。 IV 级：1 ≤ 比值 < 1.2
	过载（00115）	（1）专变用户：使用负载率。 低压三相用户：使用电流与额定电流的比值，3 相任一相满足算一点。 低压单相用户：使用电流与额定电流的比值。 （综合倍率 >1 时，额定电流 5A；综合倍率 =1 时，额定电流 60A）。 （2）I 级：使用电流 / 额定电流 ≥ 1.5，发生 4 个点。 II 级：1.3 ≤ 使用电流 / 额定电流 < 1.5，发生 4 个点。 III 级：1.2 ≤ 使用电流 / 额定电流 < 1.3，发生 4 个点。 IV 级：1.0 ≤ 使用电流 / 额定电流 < 1.2，发生 8 个点

异常类型	主站计算事件	事件判断阈值
用电异常	功率因数异常（00116）	（1）视在功率大于0，负载率大于等于0.3。 （2）Ⅰ级：0≤平均功率因数≤0.3，发生4个点。 Ⅱ级：0.3≤平均功率因数＜0.5，发生4个点。 Ⅲ级：0.5≤平均功率因数＜0.6，发生4个点。 Ⅳ级：0.6≤平均功率因数＜0.8，发生8个点
	电压三相不平衡（00118）	（1）负载率大于0.3的点。 高供高计B相接地：AC相电压大于0。 高供高计三相，高供低计：ABC相电压大于0。 （2）Ⅰ级：不平衡度≥0.60，发生4个点。 Ⅱ级：0.4≤不平衡度＜0.60，发生4个点。 Ⅲ级：0.20≤不平衡度＜0.40，发生4个点。 Ⅳ级：0.15≤不平衡度＜0.20，发生8个点。 排除断相和失压异常
	轻载（负荷持续超下限）（00119）	针对运行容量大于等于100kVA的专变用户，（上一个月视在功率最高值＊综合倍率）低于运行容量20%~10%为较重要，10%~5%为重要，5%及以下为严重
	电流反向（0011B）	（1）排除总表，电动机，分布式电源用户。 满足有功功率大于无功功率。 单相：I_A小于0。 三相三线：I_A或I_C小于0。 三相四线：I_A或I_B或I_C小于0。 （2）Ⅰ级：电流＜−0.5，发生4个点。 Ⅱ级：电流＜−0.3，发生4个点。 Ⅲ级：电流＜−0.1，发生4个点。 Ⅳ级：电流＜0，发生8个点
	零线与火线电流超差（0011E）	（1）低压单相用户：满足$\lvert I_0 \rvert - \lvert I_A \rvert >0.5$。 低压三相用户：当$I_0>1$，$I_A+I_B+I_C=0$时，记录比值2；$I_A+I_B+I_C \neq 0$时，$\lvert I_0/(I_A+I_B+I_C) \rvert >1.5$。 （2）存在连续3个点满足条件记录异常。 Ⅰ级：最大I_A为0且平均I_0大于0.5。 Ⅱ级：最大I_A为0且有连续4个点满足条件。 Ⅲ级：存在连续3个点满足条件
	上网电量异常（0011V）	（1）光伏发电用户（FC_GC.GC_TYPE_CODE=04）。 满足USAGE_TYPE_CODE是1101或1102。 只判断当天19：00到第二天05：00的数据。 （2）Ⅰ级：正接线情况下，A或B或C相电流大于等于0.25A，发生4个点。 反接线情况下，A或B或C相电流小于−0.25A，发生4个点

异常类型	主站计算事件	事件判断阈值
用电异常	变压器无功过补（0013B）	只分析主表，当电压越下限时，如果四象限无功电量大于一象限无功电量，则为无功过补。事件状态（Flow_status_code=9）
	变压器无功欠补（0013C）	只分析主表，当电压越上限时，如果四象限无功电量小于一象限无功电量，则为无功欠补。事件状态（Flow_status_code=9）
	用户重载（00139）	Ⅱ级：专变：0.8 ≤ 负载率（视在功率 * 综合倍率 / 运行容量）< 1，发生 8 个点。 低压三相：0.8 ≤ 电流 / 额定电流 < 1，发生 8 个点。 低压单相：0.8 ≤ 电流 / 额定电流 < 1，发生 8 个点。 （综合倍率 >1：额定电流 5A。综合倍率 =1：额定电流 60A）
	单相用户抄连续无负荷（0011Y）	只针对单相用户分析： （1）同时无电压、电流数据 连续 6 个点以上。 （2）电压、电流数据同时为 0，连续 6 个点以上。 若台区总表也有此异常，则排除此台区所有用户。 若同一台区存在 3 户以上，则排除此台区所有用户
	小时数异常（00170）	（1）利用小时数 = 发电量 / 装机容量。利用小时数与地区平均利用小时数差异比例。I 利用小时数 – 地区平均利用小时数 I/ 地区平均利用小时数。 （2）Ⅰ级：小时数 ≥ 1.2。 Ⅱ级：0.9 ≤ 小时数 < 1.2。 Ⅲ级：0.6 ≤ 小时数 < 0.9。 Ⅳ级：0.3 ≤ 小时数 < 0.6
	光伏上网电压异常 –171	（1）总表电压正常。 （2）低供低计：额定电压 220V，三相表判断 ABC 相，单相表判断 A 相。 Ⅰ级：任一相电压 / 额定电压 > 1.50，发生 4 个点。 Ⅱ级：1.20 < 任一相电压 / 额定电压 ≤ 1.50，发生 4 个点。 Ⅲ级：1.07 < 任一相电压 / 额定电压 ≤ 1.20，发生 8 个点
	发电负荷超容 –172	（1）05：00–19：00（可配）发电量 / 发电小时 = 发电负荷，发电负荷与发电容量比值。 （2）Ⅰ级：K=2
	发电量小于上网电量异常 –173	（1）上网电量与发电量的比值。 （2）Ⅰ级：上网电量 / 发电量 ≥ 1.5。 Ⅱ级：1.3 ≤ 上网电量 / 发电量 < 1.5。 Ⅲ级：1.2 ≤ 上网电量 / 发电量 < 1.3。 Ⅳ级：1.0 < 上网电量 / 发电量 < 1.2
	光伏反接线 –174	光伏发电用户。正接线情况下，正常情况，正向有功走字，反向有功不走字或者走字极小。异常的判断依据为发电表的反向电量 > 正向电量，反向电量 >0.5，反向示数 >5；反接线情况下，正常情况，反向有功走字，正向有功不走字或者走字极小。异常判据为发电表的正向电量 > 反向电量，正向电量 >0.5，正向示数 >5

国网安徽电力针对终端异常分析模型流如图 4-61 所示及主要异常事件过滤规则如表 4-4 所示。

图 4-61 终端异常分析整体模型

表 4-4 典型异常事件过滤规则

异常类型	异常事件	事件判断阈值
终端异常	终端与主站无通信（00121）	（1）终端通信报文表中当天的上行报文为空。 （2）统计时间：T-1，昨日为空，且只有这一天为空，则较重要；连续 2 天为空，则重要；连续 3 天为空，则严重
	终端连续 N 天抄表失败只分析（00122）	（1）终端或集中器与主站通信正常。 （2）所挂的电能表中存在连续 3 天及以上抄表失败的电能表数，电能表失败明细另表保存。 （3）对应所有抄表失败的电能表数量占终端所接电能表数量比例：1-5 个表为较重要；5-10 个表为重要，超过 10 个表及以上为严重
	事件报文过多（00123）	终端通信报文表（E_TMNL_COMM_MSG_LOG）中当天，上送事件（0E）数量超过阈值：（关注：100-300，较重要：300-400；重要：400-500；严重：500 及以上）
	一类和二类报文过多（0012o）	终端通信报文表（E_TMNL_COMM_MSG_LOG）中当天，上送事件（0C 和 0D）数量超过阈值：（120），TYPE_CODE=1。
	终端时钟异常（00124）	（1）分析 T_TMNL_CHECK_CLOCK 偏差时间（OFFSET_MINUTE），对终端时钟进行判断和分析； （2）如果时钟偏差超过 1~5 为一般，超过 5~15 为较重要，超过 15~60 为重要，大于 60 以上为严重
	复位次数过多（00128）	终端通信报文表（E_TMNL_COMM_MSG_LOG）复位次数一天超过 2 次，或 7 天超 5 次
	终端停运但上报负荷（00129）	（1）终端已经停运，但是在 e_mp_curve 中还是有值。 （2）主站人工停运。不纳入考虑考核口径（加人工停运标志）
	调试失败时间超期（只分析已经未投运终端）（0012A）	终端（集中器）新装、更换终端调试失败时间超过 N 天（N 大于等于 10）：I_TMNL_TASK

续表

异常类型	异常事件	事件判断阈值
终端异常	终端抄表时间异常（0012B）	判断终端抄表时间、电能表数据冻结时标与主站发起抄表时间，如果三者不一致，报错。（不包括补召）
	拆除终端还有流量（00166）	终端已经拆除，但是在终端日通信流量表（a_tmnl_flow_d 中上行流量和上行报文的和还是大于 0）端未建档事项合并，取消此异常
	抄表参数不一致（0012D）	根据主站任务管理定期召测 376.1 规约的集中器参数 F10（AFN=04），比较数据库中 F10 的参数值与召测值。 规则： （1）F10 参数中测量点号 + 表地址不一致，由异常成立； （2）测量点号 + 表地址不一致的电能表如果上一日电量大于 1 度，设置为严重；小于 1 度则较严重
	负荷数据突变（0012G）	针对专变、集中器下主表的负荷（有功功率、无功功率和视在功率）存在冒大数，在对比透抄数据过（透抄电能表 96 点），如果同一点透抄数据正常，则判断终端负荷数据冒大数
	抄表示值突变（0012H）	针对专变、集中器下的电能表日冻结示值（正反有功、正反无功示值）存在冒大数、倒走，在对比透抄数据过（透抄日冻结示值），如果同一个数据项透抄数据正常，则判断终端抄表示值突变
	发现未知电能表（0012U）	终端发现未知电能表（在 F10 参数中不存在的电能表）
	终端参数下发失败（0012V）	针对投运终端或集中器，列出 F10 参数中下发失败的集中器，并标注下发失败的测量点
	停电事件误报异常（0012F）	（1）以供电可靠性分析的结果为基础，从终端停上电事件表分析终端和集中器一周上送所有的停电（不含上电事件）次数超过含 3 次为重要，或者一个月内过超且含 3 次为严重。日期 + 次数保存在备注字段（REMARK），以添加追加；同一个终端重复发生多天，只更新发生时间，终端 ID 不变。 （2）当天同一个终端停电事件上送超过 6 次，或者停复上电事件上报超过 10 次，则列为停电事件重复上送。此事件列为严重（重复上报）
	停电事件漏报异常（0012Q）	以供电可靠性分析的结果为基础，从终端停上电事件表分析终端和集中器一周漏报次数超过含 3 次为重要，或者一个月内漏报超过且含 5 次为严重。日期 + 次数保存在备注字段（REMARK），以添加追加；同一个终端重复发生多天，只更新发生时间，终端 ID 不变
	停电事件上送参数异常（0012T）	以供电可靠性分析的结果为基础，如果 F9 的停电事件主动上送被关闭，此事件列为严重
	费控下发异常（0012M）	（1）专变：根据 W_FEECTRL 表中统计昨天内下发失败或者没有下发的费控记录数，按终端 ID 生成异常。 （2）低压：根据 I_MET_FEESET_STATUS 表中统计昨天内没有下发成功（包括没有下发）的费控记录数，按终端 ID 生成异常
	剩余金额异常（0011H）	（1）专变：根据 E_FEE_USEVALUE 用户当天的剩余电量判定用户电量是处于告警状态，还是跳闸状态。 （2）低压：根据 E_MP_MET_BC_ENERGY 用户当天的剩余金额判定用户电量是处于告警状态，还是跳闸状态
	日电压合格率采集异常（0012K）	分析数据从 E_mp_day_vstat 中读取，判断越上限时间 + 越上上限时间 + 越下限时间 + 越下下限时间 + 合格时间是否等于一天的时间（1440 分钟），如果不满足，则认为终端电压合格率采集不准确；分析结果存入到 A_TMNL_EXCEPTION。日期 + 次数保存在备注字段（REMARK），以添加追加；同一个终端重复发生多天，只更新发生时间，终端 ID 不变

异常类型	异常事件	事件判断阈值
终端异常	终端通信流量异常（0012P）	针对 COLL_MODE=02，03 的终端（含集中器）进行判断： （1）对于每天流量超 0.4M（可配置）的终端和集中器进行告警，0.4~0.6 为Ⅳ级，06~0.9 为Ⅲ级，大于 0.9 为Ⅱ级； （2）对于月流量超到 10M（可配置）的终端和集中器进行告警，10~15M 为Ⅲ级，15~20M 为Ⅱ级，大于 20M 为Ⅰ级。 a_tmnl_flow_D，A_tmnl_flow_M
	终端对时次数超阈值（0012R）	（1）如果最近 12 个月对时次数达到 4 次为重要；超过 4 次为严重； （2）如果累积对时次数超过 10 次为重要；超过 10 次为严重
	终端总表曲线完整率异常（0012U）	以供电可靠性为基础，以 A_tg_Stat_d 的漏点数为依据，如果终端每个电能表漏点率：1%~3% 为关注；3%~6% 为较重要；6%~9% 为重要；9% 以上为严重。此异常只针对终端、集中器的总表进行分析
	HPLC 集中器曲线完整率异常（0012W）	以供电可靠性为基础，针对 HPLC 集中器，按每个电能表应采数（扣除停电影响点数）、实采数（扣除停电影响点数）进行分析： K= 实采数据 / 应采数，98% 以下为关注，98%~96% 为较重要，96%~93% 为重要，93% 以上为严重
	一表多示值异常（0012C）	根据报文分析终端一天抄表示值变化，如果报文解析结果中存在同一个终端地址 + 测量点号对应不同的日冻结示值（正向有功总或反向有功总存在两种及以上的示值），则算作抄表示值异常
	停电异常抄表（0012X）	根据终端停电事件（基于补全停电事件），分析在终端停电时间（00:00-6:00 期间），且能够抄表正常的集中器提取入库
	终端不抄读反向有功（0012Y）	终端下挂电能表，抄读反向有功总为空值的电能表超过下挂表数：5%~10% 为关注，10%~20% 为较重要；20%~30% 为重要；30% 以上为严重
	终端连续 3 天抄读成功率低于 80%（0012L）	终端连续 3 天抄读成功率低于 80%

同时，为加强终端、电能表事件判断的准确性，国网安徽电力加强对新购终端和电能表的校验工作，实验室模拟一类数据（包括电能表载波相位采集）、二类、三类（事件）数据采集的测试工作，针对事件类数据，重点对失压、失流、断相、潮流反向、强磁干扰等事件进行验证，确保安装到现场后，准确采集和上送各类数据和事件，支撑计量在线监测软件进行异常判断和二次分析功能。

第三节 配电监测

一、配电监测基础知识

配电监测是指配网中压线路、台区配电变压器、低压配电网及其覆盖用户的运行监测、统计分析和故障研判。通过对配电网的运行监测，及时发现配网运行故障和不合理的运行状态，为运行及管理人员判断配电网的运行状况提供数据支撑，从而提高配网的运行质量。

配电监测业务包括线路断线查询、台区异常查询、用户实时停上电查询、单线图、电压质量分析。其中线路断线查询包含线路断线分析、线路断线异常统计；台区异常查询包括台区异常故障查询、三相不平衡异常查询、台区电压异常查询、重过载异常查询、电流失流异常查询、台区异常统计；用户实时停上电查询包括实时停上电次数查询、实时停上电明细查询；单线图包括中压单线图、低压单线图；电压质量分析包括台区压降分析、台区压降分析明细、电压波动分析、配电变压器可开放容量分析等业务。

业务组件包括配电运行总览、运行监测信息、异常信息统计、中压停复电统计、低压停复电统计。如图4-62所示。

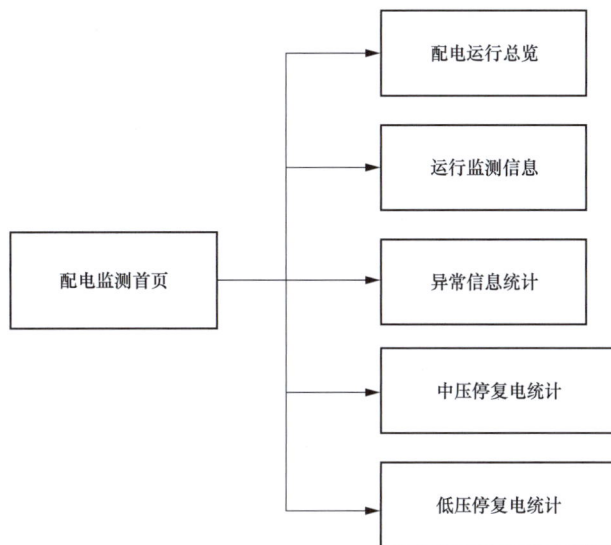

图 4-62 业务组件示意图

配电运行总览：根据用户权限生成管辖范围内的地图信息，使用 GIS 地图展示用户管辖范围内配电台区的公用变压器台区数、专用变压器用户数、台区容量为 20kVA、40kVA 和 60kVA 的台区总数。

运行监测信息：根据用户权限，统计管辖范围内的台区配电变压器运行监测信息，包括昨日总负荷、今日总负荷、昨日专用变压器负荷、今日专用变压器负荷、昨日公用变压器负荷和今日公变负荷等信息。

异常信息统计：根据用户权限，统计管辖范围内台区的异常信息，包括配电变压器空载、线路断线、配电变压器断相和配电变压器失流。

中压停复电统计：根据用户权限，统计管辖范围内中压停复电情况，包括线路馈线总数、线路馈线已复电数、线路馈线未复电数、线段分支线总数、线段分支线已复电数、线段分支线未复电数、台区停电总数、台区已复电数和台区未复电数。

低压停复电统计：根据用户权限，统计管辖范围内低压停复电情况，包括分相总数、分相已复电数、分相未复电数、表箱总数、表箱已复电数和表箱未复电数。

二、配电监测功能模块介绍

（一）线路断线查询与分析

1. 线路断线分析

按单位、线路名称、相位、日期查询线路断线信息，点击断线信息可链接单线图查询断线位置，并关联显示影响台区信息，展示台区负荷情况，如图4-63所示。

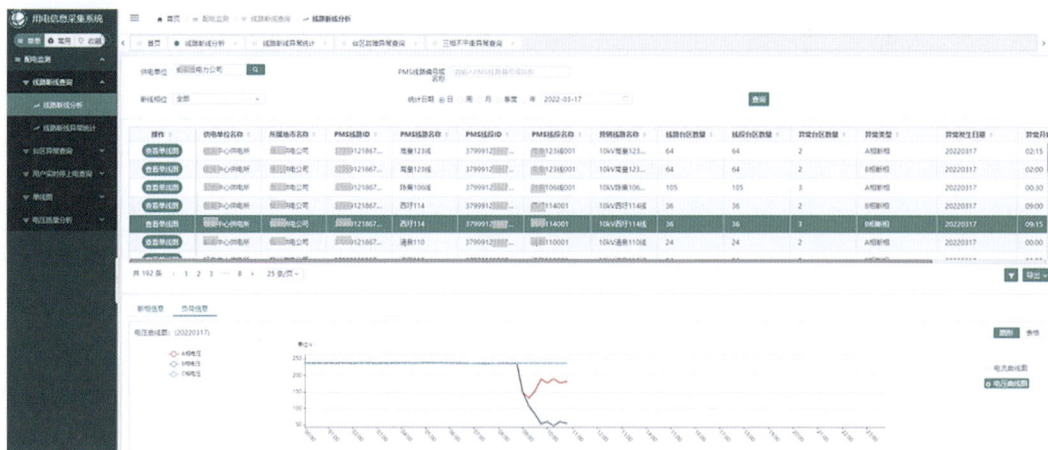

图 4-63　线路断线分析

2.线路断线异常统计

按单位统计线路断线时长、断线条数及台区数，评估影响范围，如图 4-64 所示。

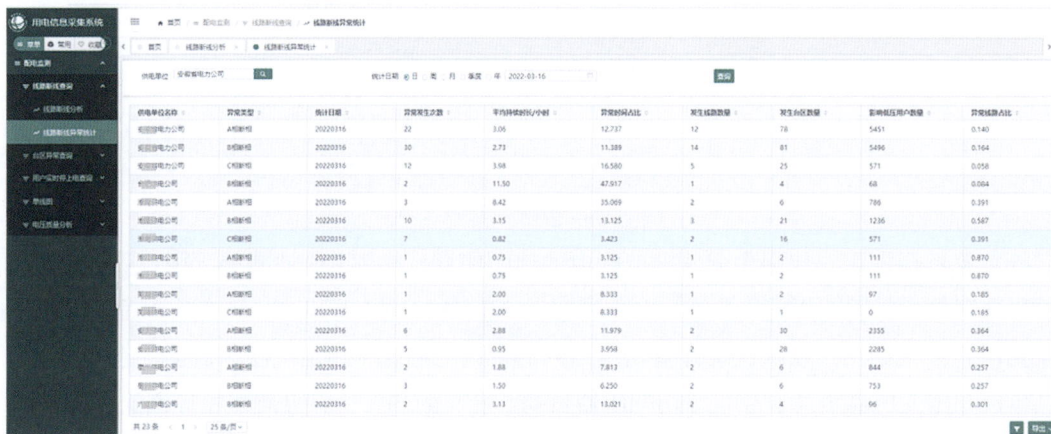

图 4-64　线路断线异常统计

（二）台区异常查询

1.台区故障异常查询

按单位、台区信息，查询台区下断相、失压、空载、接地等故障信息，点击故障信息可链接单线图查询故障位置，并关联显示负荷信息，如图 4-65 所示。

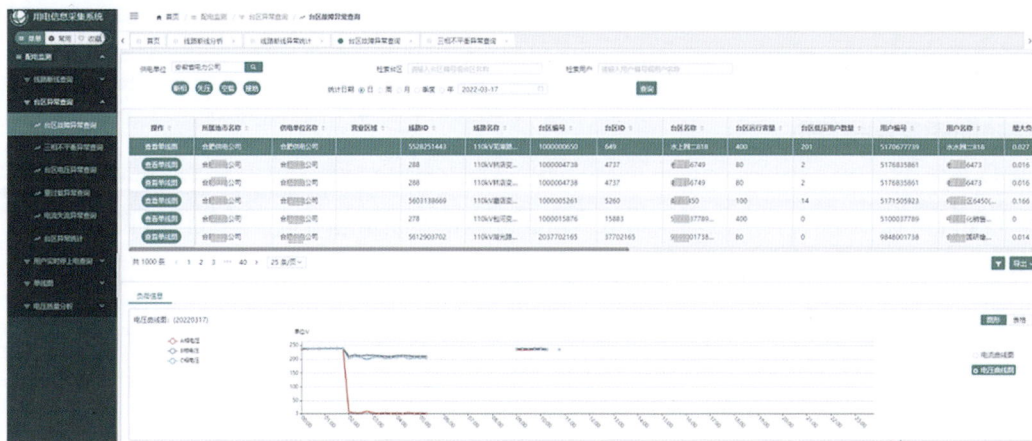

图 4-65　台区故障异常查询

2.三相不平衡异常查询

按单位、台区信息，查询台区下电流、电压三相不平衡故障信息，并关联显示负荷信息，如图 4-66 所示。

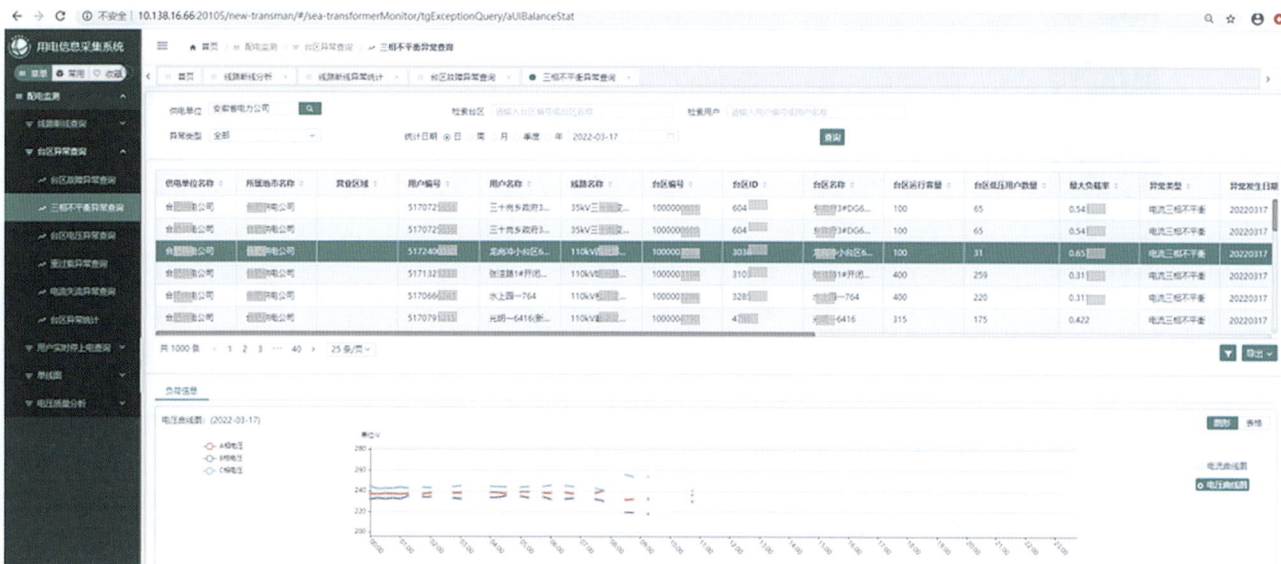

图 4-66　三相不平衡异常查询

3.台区电压异常查询

按单位、台区、用户信息，查询台区下电压异常故障信息，点击故障信息可链接单线图查询故障位置，并关联显示负荷信息，如图 4-67 所示。

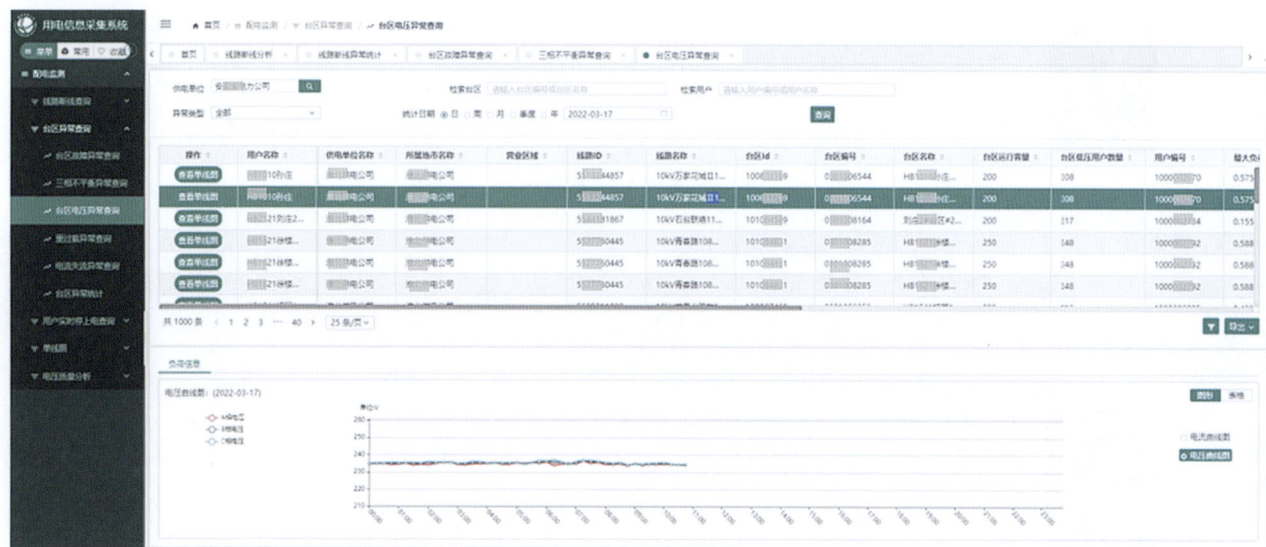

图 4-67　台区电压异常查询

4.重过载异常查询

按单位、台区、用户信息，查询台区下重过载异常信息，点击异常信息可链接单线图查询异常位置，并关联显示负荷信息如图 4-68 所示。

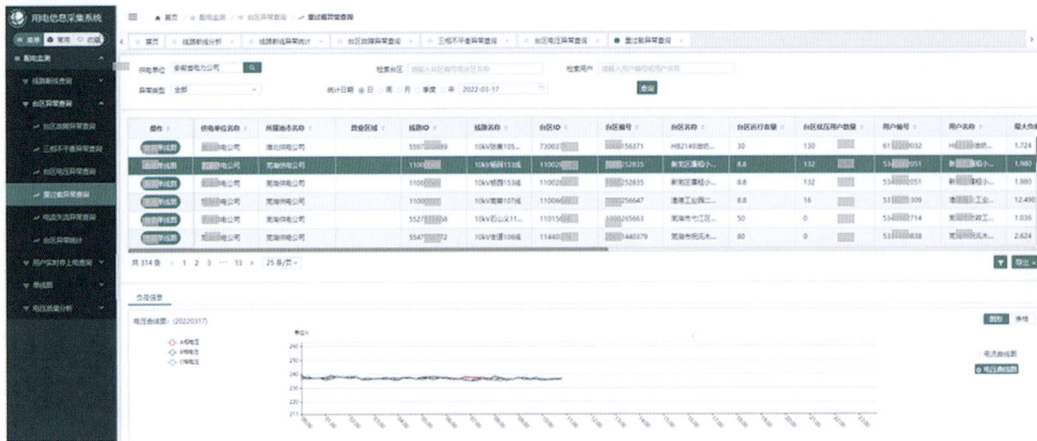

图 4-68　重过载异常查询

5. 电流失流异常查询

按单位、台区、用户信息，查询台区下失流异常信息，点击异常信息可链接单线图查询异常位置，并关联显示负荷信息，如图 4-69 所示。

图 4-69　电流失流异常查询

6. 台区异常统计

按单位对所有异常进行统计，计算异常发生次数、发生台区数、平均异常时长，评估异常影响，如图 4-70 所示。

图 4-70　台区异常统计

（三）用户实时停上电查询

1. 实时停上电次数查询

按单位统计发生停复电台区个数，计算台区日均停电次数，评估停电影响，如图4-71所示。

图 4-71　实时停上电次数查询

2. 实时停上电明细查询

按单位、用户、线路、线段、用户类型等维度查询发生停复电用户信息，点击停复电信息可链接单线图查询停复电位置，如图4-72所示。

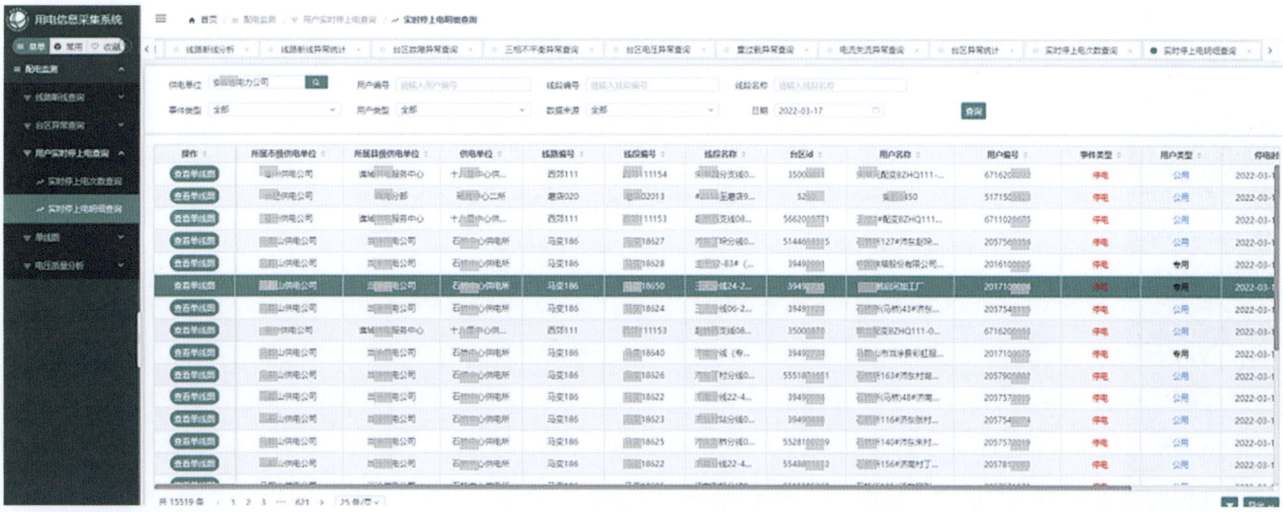

图 4-72　实时停上电明细查询

（四）单线图

该模块具有中压单线图、低压单线图查阅功能，可查询线路单线图信息，并在单线图上标注异常、负荷等信息。滚动鼠标滑轮，可对单相图进行放大缩小，如图4-73所示。

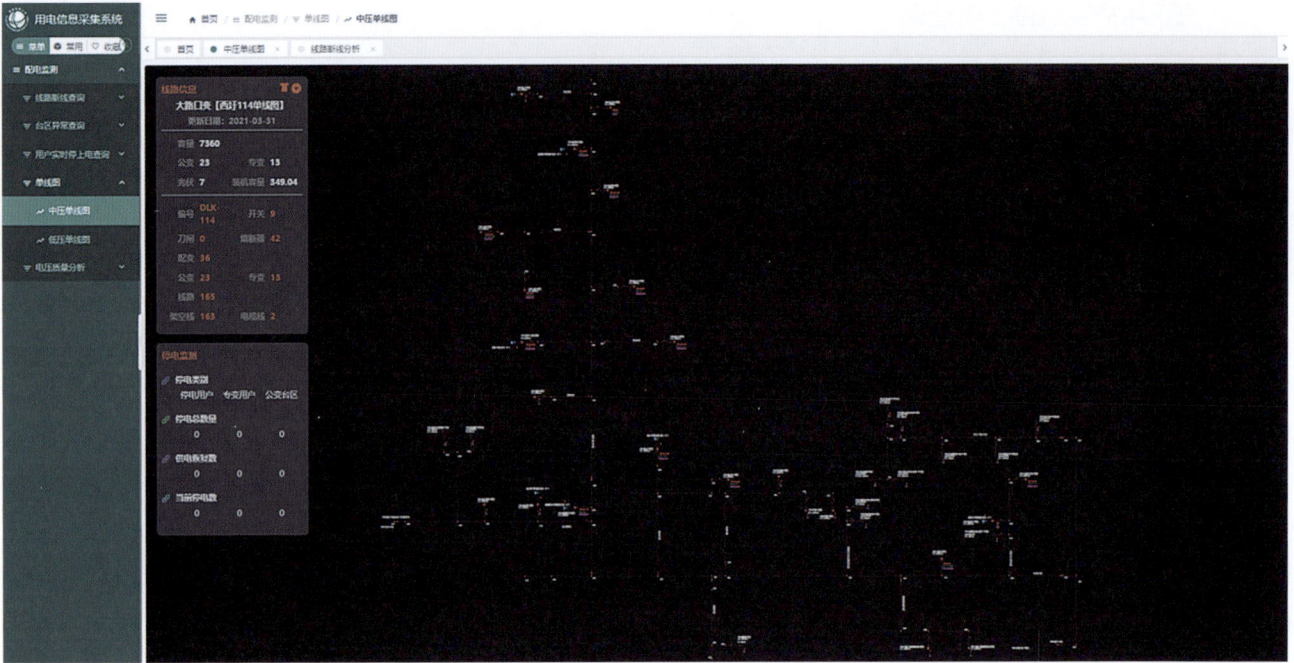

图 4-73　中压单线图

（五）电压质量分析

1. 台区压降分析

按单位、台区维度查询台区下用户压降信息，如图 4-74 所示。

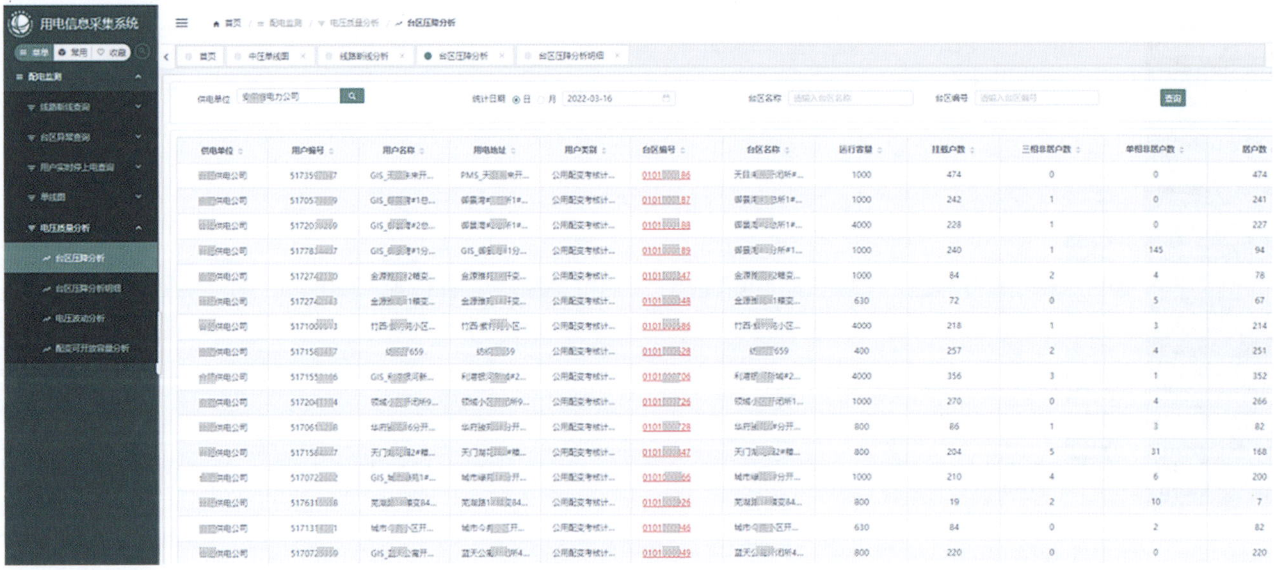

图 4-74　台区压降分析

2. 台区压降明细

按单位、台区维度查询台区下用户压降明细，如图 4-75 所示。

图 4-75 台区压降明细

3.配电变压器可开发容量分析

按单位、台区维度查询台区下每月配变负载情况，可开放容量情况，如图 4-76 所示。

图 4-76 配电变压器可开发容量分析

三、配电监测计算规则

（一）线路断线分析

1.配电变压器缺相判定

数据依赖于公用变压器或专用变压器出口相电压，配电变压器缺相特征如表 4-5 所示。

表 4-5 配变缺相特征表

Dyn11 型配变缺相研判规则	
低压侧相电压	故障相别
B 相电压 190~240V，且 A 相或 C 相电压在 80~140V	A
C 相电压 190~240V，且 A 相或 B 相电压在 80~140V	B
A 相电压 190~240V，且 B 相或 C 相电压在 80~140V	C

续表

Yyn0 型配变缺相研判规则	
低压侧相电压	故障相别
A 相电压 0~55V，且 B 相或 C 相电压在 170~210V	A
B 相电压 0~55V，且 A 相或 C 相电压在 170~210V	B
C 相电压 0~55V，且 A 相或 B 相电压在 170~210V	C

根据上述特征量，可判断台区具体缺相相别。

2.推送故障点与运维方案研判

根据变电站—配电线路—配变台区供电网络拓扑图以及出现缺相台区个数，判断是单个台区、支线或主干线缺相故障，具体研判算法如下。

（1）如果仅监测到一个台区出现上述特征表数据，故障判别某台区断相，则为跌落保险丝熔断或引线断线。

（2）如果配变监测系统监测到多个台区上述特征表数据，并根据网络拓扑图关系进行如下判定：

1）若是出现故障的台区隶属于一条分支线或是次支线，故障判别某线路某支线断相；

2）若是出现故障的台区不隶属于一条分支线或是次支线，而是隶属于两条及以上分支线，且不同的分支线不在搭火于主干线的相同杆，故障判别主干线断线。

（二）电压波动分析

1.电压频繁波动模型

基于电压 96 点数据的标准差提取出电压波动频繁用户，描述一组数据的波动程度以及频率可用方差、标准差、变异系数等，由于此处的数据无量纲差别，均值差别不大，用方差或标准差刻画即可，标准差相对于方差来说，标准差的大小可以直接刻画数据的波动范围，所以选用标准差来衡量一组数据的波动程度以及频率。

标准差：

$$\varphi = \sqrt{\frac{1}{n-1}\sum_{i=1}^{n}(x_i - \mu)^2} \tag{4-17}$$

其中，n 是样本量，x_i 是电压一天的 96 点数据，μ 是均值。

注：假定极端情况下：电压数据在电压合格上限和下限之间不停来回剧烈波动，此时标准差为 19。

从数据的分布来看，这里没有以 220v 为基准，而是以一序列数据的均值为基准，更为合理，若一定要以 220V 为基准，可更改。

建议：

光看标准差数值可能不清楚到底是波动频繁还是平稳，可以以 0~19 划分波动剧烈的层级，从实验数据来看，标准差在 0~5 较为平稳，大于 5 为波动剧烈，因此可以用于研判电压波动频繁。

2.电压与电流相关性分析模型

研判与电压波动与电流波动强相关，可能与用户负荷有关；反之电压波动与电流波动无关，可能与电网运行有关。

相关系数表达式为：

$$\rho = \frac{Cov(X,Y)}{\sigma X \sigma Y}$$ （4-18）

其中：

$$\sigma X = \sqrt{\frac{1}{N}\sum_{i=1}^{N}(X_i - \bar{X})^2}, \ \sigma Y = \sqrt{\frac{1}{N}\sum_{i=1}^{N}(Y_i - \bar{Y}_i)^2}$$ （4-19）

若 $\rho > 0$，则表示两个变量正相关，且相关系数越大，正相关性越高；

若 $\rho > 0$，则表示两个变量负相关，且相关系数越小，负相关性越高；

若 $\rho = 0$，相关系数等于零，则表示两个变量不相关。

一般认为：

当 $|\rho|$ 在 0.8~1.0 时，是极强相关；

当 $|\rho|$ 在 0.6~0.8 时，是强相关；

当 $|\rho|$ 在 0.4~0.6 时，是中等程度相关；

当 $|\rho|$ 在 0.2~0.4 时，是弱相关；

当 $|\rho|$ 在 0.0~0.2 时，是极弱相关或无相关。

3. 相邻计量箱分析模型

根据表箱地址进行文本相似度比较（余弦相似度），将电压频繁波动的用户所挂表箱地址提取，然后将所挂表箱地址与其他所有表箱地址做余弦相似度比较，余弦相似度比较首先需要将文本向量化，再计算向量之间的余弦相似度。

（1）向量空间模型 VSM。一个本文可以由文本中的一系列关键词组成，而 VSM 则是用这些关键词的向量组成一篇文本，其中的每个分量代表词项在文本中的相对重要性。

比如说，一个文本有分词和去停用词之后，有 N 个关键词（或许去重后就有 M 个关键词），文本关键词相应的表示为（d_1, d_2, d_3, …, d_n），而每个关键词都有一个对应的权重（w_1, w_2, w_3, …, w_n）。对于一个文本来说，或许所含的关键词项比较少，文本向量化后的向量维度可能不是很大。而对于多个文本（2 个文本或 2 个文本以上），则需要合并所有文本的关键词（关键词不能重复），形成一个不重复的关键词集合，这个关键词集合的个数就是每个文本向量化后的向量的维度。打个比方说，总共有 2 个文本 A 和 B，其中 A 有 5 个不重复的关键词（a_1, a_2, a_3, a_4, a_5），B 有 6 个关键词（b_1, b_2, b_3, b_4, b_5, b_6），而且假设 b_1 和 a_3 重复，则可以形成一个简单的关键词集（a_1, a_2, a_3, a_4, a_5, b_2, b_3, b_4, b_5, b_6），则 A 文本的向量可以表示为（t_{a_1}, t_{a_2} t_{a_3} t_{a_4} t_{a_5}, 0, 0, 0, 0, 0），B 文本可以表示为（0, 0, t_{b_1}, 0, 0, t_{b_2} t_{b_3} t_{b_4} t_{b_5}, t_{b_5}），向量表示的是对应的词汇的权重。最后，关键词的权重一般都是有 TF-IDF 来表示，这样的表示更加科学，更能反映出关键词在文本中的重要性，而如果仅仅是为数不大的文本进行比较并且关键词集也不是特别大，则可以采用词项的词频来表示其权重。

（2）TF-IDF 权重计算。以前在文本搜索的时候，一般只考虑词项在不在文本中，在就是 1，不在就是 0。其实这并不科学，因为那些出现了很多次的词项和只出现了一次的词项会处于等同的地位，即大家都是 1。按照常理来说，文本中词项出现的频率越高，那么就意味着这个词项在文本中的地位就越高，相应的权重就越大。而这个权重就是词项出现的次数，这样的权重计算结果被称为词频（term frequency），用 TF 来表示。

在用 TF 来表示权重的时候，会出现一个严重的问题，就是所有的词项都被认为是一样重要的。但在实际中，某些词项对文本相关性的计算来说毫无意义，举个例子，所有的文档都含有台区这个词汇，那么这个词汇就没有区分能力。解决这个问题的直接办法就是让那些在文档集合中出现频率较高的词项获得一个比较低的权重，而那些文档出现频率较低的词项应该获得一个较高的权重。

为了获得出现词项 T 的所有的文档的数目，我们需要引进一个文档频率 DF。由于 DF 一般都比较大，为了便于计算，需要把它映射成一个较小的范围。我们假设一个文档集里的所有的文档的数目是 N，而词项的逆文档频率（IDF）计算的表达式：

$$IDF = \log \frac{N}{DF} \tag{4-20}$$

根据公式不难发现：罕见词的 IDF 比较高，高频词的 IDF 比较低。

$$TF - IDF = TF * IDF \tag{4-21}$$

有了这个公式就可以对文本向量化后的每个词给予一个权重，若不含这个词，则权重为 0。

（3）余弦相似度的计算。将每个分好词和去停用词的文本进行文本向量化，并计算出每一个词项的权重，而且每个文本的向量的维度都是一样的，我们比较 2 个文档的相似性就可以通过计算这两个向量之间的夹角 θ 的余弦值来得出。即

$$sim(D_1, D_2) = \cos\theta = \frac{\sum_{k=1}^{n} w_k(D_1) \times w_k(D_2)}{\sqrt{\left[\sum_{k=1}^{n} w_k^2(D_1)\right) \times (\sum_{k=1}^{n} w_k^2(D_2)\right]}} \tag{4-22}$$

分母是每个文本向量的模的乘积，分子是两个向量的乘积，余弦值越趋向于 1，则说明两个文本越相似，反之越不相似。

根据此模型将与电压频繁波动的用户所挂表箱地址相似度达到 0.8 的其他表箱提取，然后根据表箱地址对其下面所挂的用户电压进行分析。

（三）低电压分析

准确定位台区低压电网供电半径最长的计量箱，分析低压电网低电压波动范围、影响因子和问题原因，及辅助开展治理工作。工作内容包括构建分析数据共享池、建立台区低压电网电压差分析指标、构建供电半径最长计量箱分析模型，及基于可视化技术全景展现台区低电压等方面完成关键技术的研发，为基层单位公司优化配电网优化运行模式、精准定位问题、合理布局电源点提供辅助决策依据。

1. 基于多源数据融合建立配电网台区低电压分析共享数据池

由于配电网台区低电压分析涉及配变和所有户表的运行数据，本课题需要计算每个户表在每一点与配电变压器总表的电压差值，并在此基础上根据低压电网模型，按计量箱、分支箱（可选）向上进行逐步汇总，对于每天采集 96 点，国网安徽电力低压用户超过 3100 万，采集低压电网运行数据超过 1 亿以上，需要借助大数据平台的分布式存储与并行计算框架完成配电网台区海量数据处理和加工工作。

整合用电信息采集、营销和 PMS 系统，运用大数据技术、分布式数据仓库建立"台区配电变压器—计量箱—相位—低压用户"低电压分析数据共享池，包括所有低压用户电能表 96 点 A 相电压、B 相电压、C 相电压，和 A 相电流、B 相电流、C 相电流，及日电量、光伏用户、低压三相用户、单相低压用户和计量箱等营销档案信息，为配电网台区低电压的分析及最长供电半径计量箱研判打好数据基础。

2. 开展面向低压电网的多层次低电压指标评价、分析及应用

由于针对户表、计量箱的低电压评价指标有差异，计量箱低电压分析指标除了每个户表与台区总表电压差值指标外，还需要考虑每个用户用电特征、是否光伏用户，针对轻载、正常运行、重过载及光伏发电等因

素构建合理的计量箱低电压评价指标。

为建立基于户表和计量箱的配网台区低电压统计模型，运用大数据技术统计户表与总表电压压差指标，结合光伏发电、用户日用电量和用户的负载率构建面向计量箱的低电压评价指标；构建低压用户基于电压下限合格率的电压频繁波动分析；为体现电压异常评价指标的合理性，曲线数据中剔除停电影响因素。

3.运用知识图谱和深度学习技术开展供电半径最长计量箱模型研究

构建台区配电网运行特征业务关系，建立低电网末端用户识别模型，结合应用情况和问题反馈机制，不断提升模型研判的准确性。运用知识图谱构建台区配电网运行特征业务关系，采用图神经网络建立低电网末端用户识别模型，基于知识图谱开展配电网台区末端用户分析，找出距配电变压器最远的计量箱。由于低压电网拓扑存在数据缺失的情况，还需要考虑运用 NLP 和 BK 模型开展计量箱空间位置分析，利用周边计量箱低电压评价指标辅助分析。

第四节　智能电能表运行误差监测

一、智能电能表运行误差监测基础知识

自 2010 年起，安徽全省开始全面推广应用智能电能表，截至 2018 年 12 月，在运智能电能表数量约 2960 万块，大批智能电能表运行时间将到检定周期，面临强制拆回检定。停电拆装表会给居民带来诸多不便，引起停电投诉，引发社会舆情，不利于社会和谐稳定。抽检数据表明，电能表在现场运行 8 年后仍稳定可靠，拆换电能表造成国家资源极大浪费。随着科学技术发展，安徽省已经建立电能表全覆盖在线监控系统，国网安徽电力在采集系统中部署了智能电能表运行误差监测模块，利用用电信息采集系统、营销业务应用系统及计量生产调度平台中电量、档案、检测等多维度数据，通过电能表运行状态评价模型，周期性自动计算输出电能表运行状态评价结果的过程，实时监控电能表的运行状态和计量误差，将电能表"定期更换"转变为"状态更换"，智能电能表运行误差监测图如图 4-77 所示。

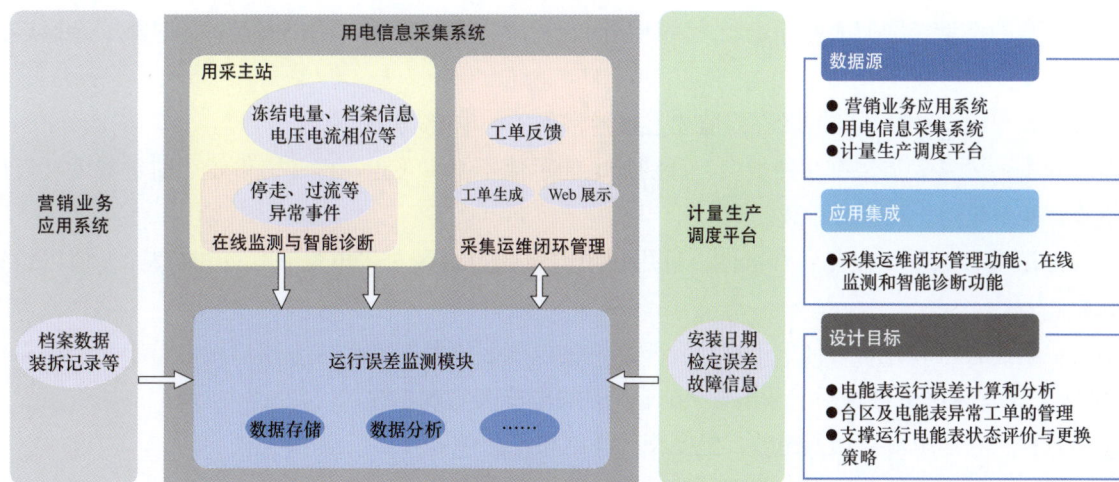

图 4-77　智能电能表运行误差监测图

1.基本概念

运行误差：通过误差分析模型计算出的电能表所在计量点 30 天内在实际用电环境下的平均计量误差。当计量点存在窃电、错接线、超量程运行、冲击性负荷和谐波等情况时，电能计量的损失会叠加到该计量点上，即便电能表拆回实验室检定合格，但模型会判定该计量点运行误差超差。

现场校验误差：在实际用电环境下，现场校验仪在设置时间段内的平均计量误差。该值受现场校验仪、

现场校验仪的参数及人工操作等多种因素的影响。

检定误差：在检定规程规定的参比条件下，电能表在规定负载条件下检出的计量误差。

新建台区：指台区投运时间小于300天的台区，其数据积累天数达不到模型求解的要求，导致无法求解得到该台区下的电能表运行误差。

异常台区：也称为不可算台区，指不满足失准模型计算要求的台区。

正常台区：也可称为可算台区，指台区总表及电能表的用电信息数据、档案数据、检定数据的数据质量和数量满足误差分析模型的计算要求，可通过模型求解得到该台区下电能表运行误差值的台区。

台区轻载：因台区负荷过低或互感器变比选择不合理，造成总表互感器二次侧电流很低、磁芯磁饱和导致少计量，总表互感器误差较大。总表互感器二次侧平均电流小于额定二次电流的5%，则判定当天数据为台区轻载。

台区重载：因台区负荷过高或互感器变比选择不合理，造成总表互感器二次侧电流很高、磁芯磁饱和导致少计量，总表互感器误差较大。总表互感器二次侧平均电流大于额定二次电流的80%，则判定当天数据为台区重载。

台区可算率：正常台区占全部台区的比例。

注意，无总表台区，新装总表后，按新建台区统计（新装户表不影响台区可算率，不按照新建台区进行计算）。

电能表可算率：可通过误差分析模型进行求解得到运行误差值的电能表数量占全部电能表数量的比例。

日评价：模型每天对计算范围内的电能表进行一次运行误差计算。

周评价：模型每周对计算范围内的电能表进行一次运行误差计算。

误差超差：模型计算出的运行误差超出电能表准确度等级规定的误差限值。

变差超差：模型计算出的运行误差在设定时间范围内变化超限。一级电能表误差值在 ±1% 之内，二级表误差值在 ±2% 之内。

计量点异常：模型计算异常或在线监测上报计量异常。

计量点异常的类型：疑似表底停走、总表计量问题、用户表超量程、用户表互感器过载、台区轻载、台区重载。

异常表：误差模型计算异常或者在线监测上报异常事件的电能表。

电能表异常：异常表类型有9种类型。分别是电能示值不平、飞走、停走、倒走、时钟异常、反向电量异常、超差、变差超差、互感器过载。

正常表：正常台区下不存在异常事件，且用户用电量超过台区总用电量 k% 的电能表。k 值可设置，参考值 k=0.1。

观察表：新建台区和异常台区下不存在异常事件的电能表以及正常台区下用户用电量小于台区总用电量 k% 的电能表。正常台区下日均用电量小于2.6千瓦时的电能表为观察表。

漏（错）检：在运电能表误差超差，但模型计算结果未超差。

误检：模型计算结果超差，但电能表经校验实际并未超差。

日冻结数据200天：在390天内有200天的日冻结数据用于模型计算。阈值设置10%：为了保证命中率，公司统一要求工单输出阈值设置为10%。异常电能表输出：电能表连续两次输出误差值超差，第三次还输出误差值超差，则输出为疑似超差电能表。

2. 可算率

（1）台区可算率。

$$台区可算率 = 可算台区总数 / （台区总数 - 新建台区数） \qquad （4-23）$$

（2）电能表可算率。

$$电能表可算率 = 可算电能表总数 / （电能表总数 - 新建台区的电能表总数） \qquad (4-24)$$

不包含总表

二、智能电能表运行误差监测模块操作介绍

智能电能表运行误差监测模块下包含信息总览、低压计量点分析、专公变计量点分析（开发中）、核查验证、台区分析、更换周期调整（开发中）、报表自助分析（开发中）、统计报表、数据治理共九个子模块。

（一）信息总览

该模块包含分析结果总览和监管成效看板，可查询供电单位台区总数、台区可算率、异常台区数量、工单派发和归档等情况，如图 4-78 所示，点击后可查看详细数据，如图 4-79 所示。

图 4-78　信息总览模块

图 4-79　信息总览详细数据

（二）低压计量点分析

该模块包含低压计量点分析、盲区质量监测、电能表明细、故障电能表明细，支持按供电单位、异常类型、到货批次进行统计、分析、展示，如图 4-80 所示，点击后可查看详细数据，如图 4-81 所示。

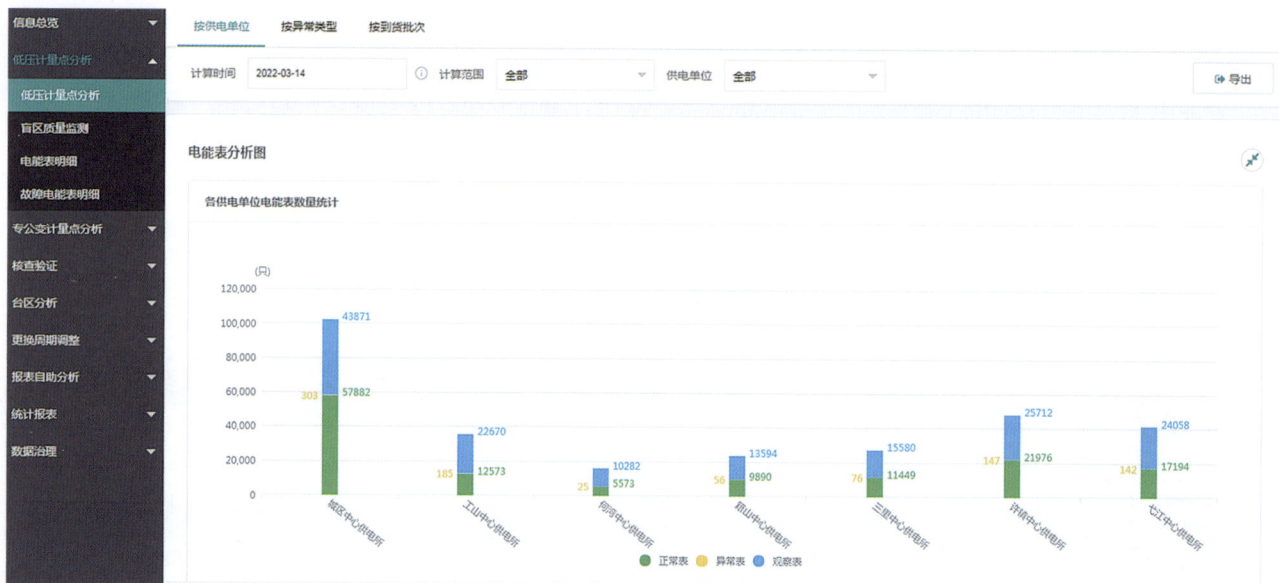

图 4-80 低压计量点分析模块

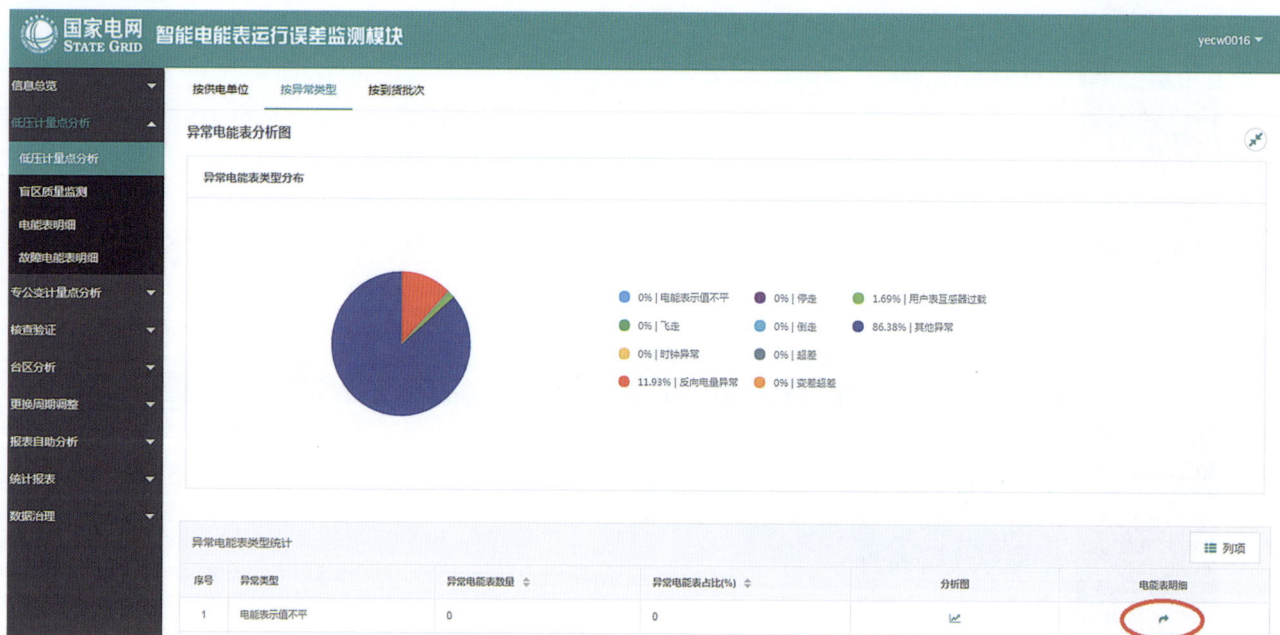

图 4-81 低压计量点分析详细数据

（三）核查验证

该模块包含核查验证统计分析和检查验证明细，对下发的失准工单现场核查验证情况进行统计分析、明细数据查询展示，点击后可查看详细数据，如图 4-82 所示。

图 4-82　核查验证模块

（四）统计明细

该模块包含台区统计和台区明细，以台区为单位展示台区内智能电能表运行误差分析结果，如图 4-83 所示，点击后可查看详细数据，如图 4-84 所示。

图 4-83　统计明细模块

图 4-84　核查验证详细数据

（五）统计报表

该模块包含工作开展情况分析、异常情况分析、评价异常电能表分析和 8 年以上电能表分析，点击后可查看详细数据。如图 4-85 所示。

图 4-85　统计报表

（六）数据治理

该模块包含数据质量治理、治理情况分析、增量数据质量日评价、数据治理知识库和台区白名单管理，可详细展示待治理台区存在问题、治理进度，提高台区可算率，点击后可查看详细数据。如图 4-86 所示。

图 4-86 数据治理模块

三、数据处理规则

电能表状态评价与更换以台区为基本单元,构建模型并进行计算,台区可算率是衡量智能电能表状态评价与更换效能的一项重要指标。影响台区可算率的异常原因共 25 种,判定规则详见表 4-6。

表 4-6 台区可算率的异常原因表

一级分类	二级分类	判定逻辑
多总表	多总表	台区下多个总表信息
无户表	无户表	台区下没有户表
无总表	无总表	台区下无总表信息
疑似户变关系问题	疑似户变关系问题	怀疑该电能表档案关系不属于该台区,即存在户变关系异常问题
全时段无数据	全时段无上报用户表问题	超过 10 个电能表缺失了整个计算窗口内的所有日冻结数据
用电量异常恒定	用电量异常恒定(即伪数或人工填数)	连续 6 天或 6 天以上电能表计量电量保持不变
	线损异常恒定(即伪数或人工填数)	连续 6 天或 6 天以上台区线损保持不变
数据坏点	示数上跳(即示数跳变)	通信问题导致数据错误,电能表日冻结示数出现异常升高后恢复的情况
	示数下跳(即示数回退)	通信问题导致数据错误,电能表日冻结示数相比前一天异常减小,并在第二天恢复(排除换表造成的表底翻转情况)
	表底翻转	电能表示数达到最大值后复位,示数重新从 0 开始
	电量突增(即冒大数)	发生增补电费或因窃电恢复等情况时,电量在某一天有突增现象
	疑似采集自动补数	前一天的示值作为当天的示值进行了补数
	正线损率异常	台区线损率大于 10% 的,当天的台区日冻结数据作为坏点数据

续表

一级分类	二级分类	判定逻辑
数据坏点	负线损率异常	台区线损率小于 - 1% 的，当天的台区日冻结数据作为坏点数据
	线损率跳变	计算窗口内台区线损率最高和最低的 5%，与平均线损率偏差高于 2%，判定为线损率跳变点
	采集通信异常	用户用电量总和为 0；总表供电量小于 0.2；用电量与供电量的比值大于 1000
	用电量异常为 0（即停走）	电能表某段时间出现连续的用电量为 0，且该段时间的线损异常，认为电能表该段时间存在用电量异常为 0 情况
	用户表超量程	用户表电流超过额定最大值，从而造成电能计量偏差严重，影响用户表运行误差的计算结果
	用户表互感器过载	用户表互感器二次侧平均电流大于额定二次电流的 120%，则判定当天数据为户表互感器过载
	台区轻载	总表互感器二次侧平均电流小于额定二次电流的 5%，则判定当天数据为台区轻载点
	台区重载	总表互感器二次侧平均电流大于额定二次电流，则判定当天数据为台区重载点
数据缺失	用户表数据缺失	用户表当日数据缺失，导致整个台区当天数据无法使用
	总表数据缺失	总表当日数据缺失，导致整个台区当天数据无法使用
	疑似新上线电能表	电能表在台区计算窗口起始一段时间没有数据，且没有查到该电能表的建户、安装时间等档案信息，怀疑该电能表为新上线电能表
	疑似销户（调台区）	电能表在台区计算窗口结尾一段时间没有数据，且没有查到该电能表的销户、拆除时间等档案信息，怀疑该电能表为下线电能表

注　上述 25 种异常原因中的一种或多种叠加会导致台区不可算。

四、数据治理方案

为保证台区可算，需要对影响台区可算率的异常情况进行治理，针对各类异常给出治理方案。

（一）数据缺失

1.电能表异常引起的数据缺失

异常输出规则：最近 n 天（n 默认为 5）日冻结数据中，单个电能表发生电能表异常引起的数据缺失异常。

治理方案：核对缺失数据与用采数据的一致性。如不一致则透抄电能表数据，从用采补抽数据；如一致则通过失准工单检查电能表功能及通信模块，如有异常则更换。

2.总表异常引起的数据缺失

异常输出规则：最近 n 天日冻结数据中，总表数据为空（n 默认为 3）。

治理方案：核对缺失数据与用采数据的一致性。如不一致则透抄电能表数据，从用采补抽数据；如一致则通过失准工单检查总表功能及通信模块，如有异常则更换。

3.偶发性数据缺失

异常输出规则：最近 n 天的日冻结数据中，整台区数据缺失率≥30%（n 默认为 30）。

数据缺失率＝因数据缺失清除的数据点数／模型取数窗口范围内的总数据点数。

治理方案：核对缺失数据与用采数据的一致性，如不一致则透抄电能表数据，从用采补抽数据。

（二）数据异常

1.示数上跳

异常输出规则：最近 n 天出现示数上跳异常（n 默认为 30）。

治理方案：核对缺失数据与用采数据的一致性，如不一致则透抄电能表数据，从用采补抽数据。

2.示数下跳

异常输出规则：最近 n 天出现示数下跳异常（n 默认为 30）。

治理方案：核对缺失数据与用采数据的一致性，如不一致则透抄电能表数据，从用采补抽数据。

3.疑似补数

异常输出规则：最近 n 天出现疑似补数异常（n 默认为 30）。

治理方案：核对异常数据与用采数据的一致性。如不一致则透抄电能表数据，从用采补抽数据；若一致则对自动填充情况进行复查，如属实则通知相关单位改正。

（三）计量异常

1.疑似表底停走

异常输出规则：最近 n 天出现疑似表底停走异常，且未恢复（n 默认为 5）。

治理方案：核对异常数据与用采数据的一致性。如不一致则透抄电能表数据，从用采补抽数据；若一致则与用采在线监测异常事件进行对比，若电能表存在计量异常事件，则进行换表处理。

2.总表计量问题

异常输出规则：最近 n 天出现总表计量异常，且未恢复（n 默认为 10）。

治理方案：核对异常数据与用采数据的一致性。如不一致则透抄电能表数据，从用采补抽数据；如一致则通过失准工单现场核查总表是否存在接线问题、是否互感器变比问题、互感器失准问题。

3.用户表超量程

异常输出规则：最近 n 天出现用户表超量程异常（n 默认为 30）。

治理方案：核对异常数据与用采数据的一致性。如不一致则透抄电能表数据，从用采补抽数据；如一致则改装大量程电能表，或加装互感器。

4.用户表互感器过载

异常输出规则：最近 n 天出现用户表互感器过载异常（n 默认为 30）。

治理方案：核对异常数据与用采数据的一致性。如不一致则透抄电能表数据，从用采补抽数据；如一致则更换大变比的互感器。

5.台区重载

异常输出规则：最近 n 天出现台区重载异常（n 默认为 30）。

治理方案：需对现场进行核实，如季节性、临时性用电则可不治理；若影响设备运行则更换大变比互感器。

（四）档案异常

1.总表变比异常

异常输出规则：最近 n 天出现台区总表互感器变比错误导致台区线损异常或者总表综合倍率为 0（n 默

认为 30）。

治理方案：需对现场进行核实，如季节性、临时性用电则可不治理；若影响设备运行则更换大变比互感器。

2. 历史档案异常

异常输出规则：最近 n 天出现换表后旧表数据找不到，或者没换表，部分历史数据丢失（n 默认为 30）。

治理方案：补充旧电能表数据或者电能表的历史数据。

3. 无总表

异常输出规则：最近 n 天出现台区下无总表信息（n 默认为 30）。

治理方案：

（1）核实采集系统是否有总表，如采集正常，请核实数据抽取程序是否存在异常，导致数据推送缺失问题；

（2）如采集也无总表，请核查营销系统是否未将总表接入采集；

（3）如采集和营销都无总表，请核查现场是否安装总表。

4. 多总表

异常输出规则：最近 n 天出现台区下多个总表信息（n 默认为 30）。

治理方案：

（1）核实采集系统是否有多表，如采集无多总表，请核实数据抽取程序是否存在异常，导致数据重复推送等问题；

（2）如采集也存在多总表，建议遵循国家电网"一台区、一终端、一总表"要求，拆分台区。

5. 无户表

异常输出规则：最近 n 天出现台区下没有户表（n 默认为 30）。

治理方案：

（1）核实采集系统是否有户表，如采集有表，请核实数据抽取程序是否存在异常，导致数据推送缺失等问题；

（2）如采集也无户表，请核查营销系统档案，确认是否需要重新同步台区档案。

6. 户变档案异常

异常输出规则：最近 n 天存在户变档案异常（n 默认为 30）。

治理方案：核查并调整户变档案。

五、电能表运行误差分析

以测量台区总电量的电能表（以下简称总表）作为标准器，利用台区总表与台区范围内所有被校电能表的定时冻结电量，基于电能表运行校准平台计算被校电能表的运行误差。电能表运行误差校准数据应满足以下要求：

（1）校准数据应能组成满足能量守恒定律的方程；

（2）校准数据构成的方程组中，方程数量应能保证方程组求解。

台区拓扑结构如图 4-87 所示。

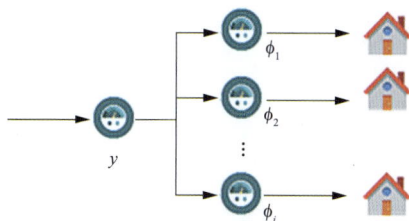

图 4-87 台区拓扑结构

校准方法：基于能量守恒定律，"台区总表电能量" = "所有分表用电量之和" + "线路损耗" + "台区固定损耗"，可得：

$$y(i) = \sum_{j=1}^{p} \phi_j(i)(1-\varepsilon_j) + \varepsilon_y y(i) + \varepsilon_0 \tag{4-25}$$

式中　P　——　台区分表总数；

$y(i)$　——　计量周期 i 供电总表电能量，kWh；

$\phi_j(i)$　——　计量周期 i 分表 j 电能量，kWh；

ε_j　——　分表 j 的估计相对误差，因电能表相对误差 $\varepsilon'_j = \dfrac{\varepsilon_j}{1-\varepsilon_j}$，当 $\varepsilon_j \ll 1$，用 ε_j 近似 ε'_j；

ε_y　——　台区线损率；

ε_0　——　台区固定损耗。

以台区总表作为标准器校准台区各分表，以台区总表的电能量 $y'(i)$ 近似台区总电能量 $y(i)$，可得：

$$y'(i) = \sum_{j=1}^{p} \phi_j(i)(1-\varepsilon_j) + \varepsilon_y y'(i) + \varepsilon_0 \tag{4-26}$$

以台区 N 个周期的数据，可由式（4-25）得到方程组：

$$\begin{cases} \phi_1(1)(1-\varepsilon_1) + \phi_2(1)(1-\varepsilon_2) + \cdots + \phi_p(1)(1-\varepsilon_p) + \varepsilon_y y'(1) + \varepsilon_0 = y'(1) \\ \phi_1(2)(1-\varepsilon_1) + \phi_2(2)(1-\varepsilon_2) + \cdots + \phi_p(2)(1-\varepsilon_p) + \varepsilon_y y'(2) + \varepsilon_0 = y'(2) \\ \phi_1(3)(1-\varepsilon_1) + \phi_2(3)(1-\varepsilon_2) + \cdots + \phi_p(3)(1-\varepsilon_p) + \varepsilon_y y'(3) + \varepsilon_0 = y'(3) \\ \cdots \\ \phi_1(n)(1-\varepsilon_1) + \phi_2(n)(1-\varepsilon_2) + \cdots + \phi_p(n)(1-\varepsilon_p) + \varepsilon_y y'(n) + \varepsilon_0 = y'(n) \end{cases}$$

以上方程组中，$\phi_j(i)$ 和 $y'(i)$ 为已知量，共包括 $n=N$ 个方程，当数量大于或等于 $p+2$ 时，可求解出未知量 ε_j、ε_y 和 ε_0，从而得到台区各电能表的运行误差。

以上是校准得到电能表运行误差的过程。当电能表运行误差计算结果超过以下规定的运行误差限值，则判定电能表运行误差超差，电能表运行误差限值要求如表 4-7 所示。

表 4-7　电能表运行误差限值要求（%）

电能表准确度等级	1 级	2 级
运行误差限值	±1.0	±2.0

用电信息采集系统智能电能表运行误差监测模块通过运行误差分析远程诊断在电能表精度允许范围内的，判定为正常表（合格），有异常事件或计算异常的判定为异常表（不合格），其他的判定为观察表，确保在线运行正常表都是合格表，如图 4-88 所示。

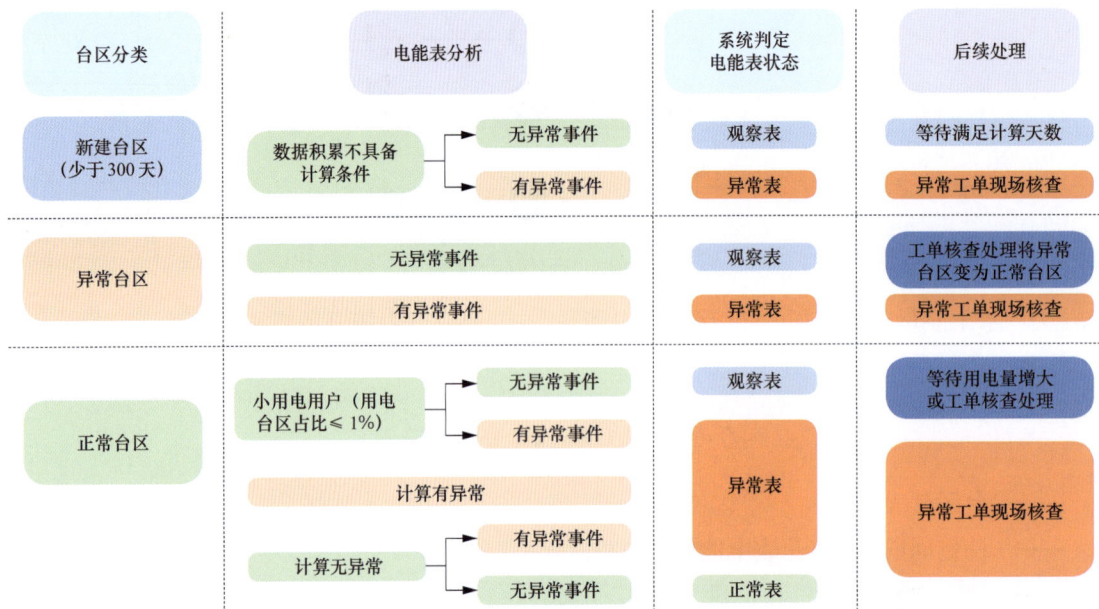

图 4-88 运行误差分析远程诊断

以单个台区以及该台区下所有智能表为对象进行分析，对台区进行分类（新建、异常、正常），并结合分析过程中发现的问题以及异常事件对智能表进行分析，判定电能表状态，最终根据紧急程度形成分级工单，如图 4-89 所示。

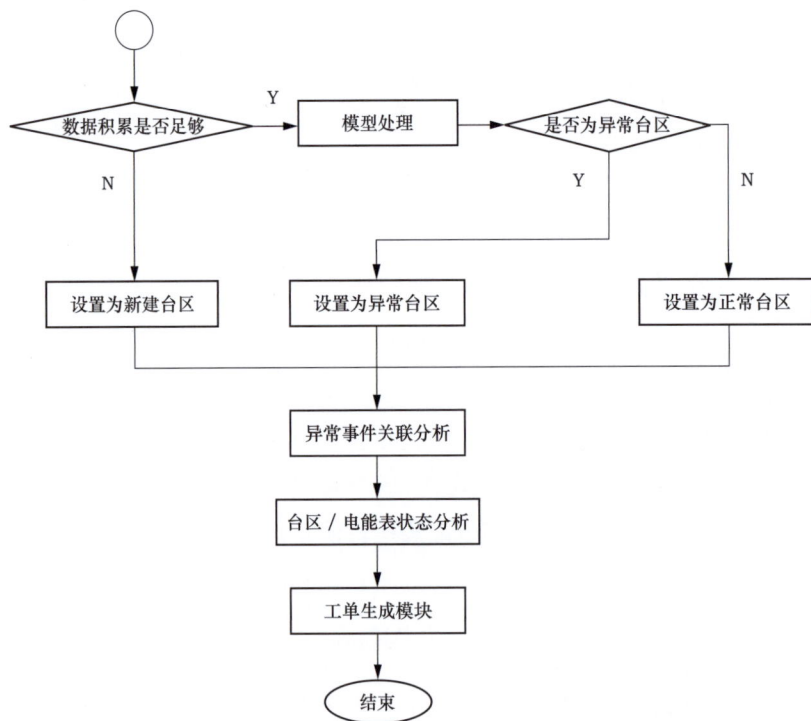

图 4-89 分级工单流程图

第五节　HPLC 深化功能应用

一、HPLC 基础知识

HPLC 技术是一种高速电力线通信技术，电力线通信技术是指利用电力线作为通信介质进行数据传输的一种通信技术。由于电力线是最普及、覆盖范围最为广阔的一种物理媒体，利用电力线传输数据信息，具有极大的便捷性，不需要重新布线，即可将所有与电力线相连接的电器组成一个通信网络，进行信息交互和通信。这种方式实施简单，维护方便，可以有效降低运营成本、减少构建新的通信网络的支出，因而已成为智能电网、能源管理、智慧家庭、光伏发电、电动汽车充电等应用的主要通信手段。

电力线通信按工作频带可分为窄带低速电力线通信、窄带高速电力线通信、和宽带高速电力线通信，窄带电力线通信可使用的频率范围为 3~500kHz，由于带宽相对较窄，只能提供较低传输速率的通信服务，且抗干扰能力较弱，一次抄表成功率很难突破 90% 以上。面向电力抄表的宽带高速电力线通信工作频率范围包含 2.4~5.6MHz、2~12MHz、0.7~3MHz、1.7~3MHz，具有相对较宽的带宽，能够提供数百 kbps 至几 Mbps 的数据传输速率，且电力线在高频段的噪声相对较弱，相对于窄带电力线通信，通信可靠性和稳定性显著提升。

基于 HPLC 技术，可实现高频数据采集、停电主动上报、时钟精准管理、相位拓扑识别、台区自动识别、ID 统一标识管理、档案自动同步、通信性能监测和网络优化等功能。

二、HPLC 模块功能介绍

（一）数据高频采集

1. 业务描述

基于 HPLC 高频特性，实现对所有表计的日冻结数据、总表实时用电数据（电流、电压、功率等）、所有表计的冻结负荷曲线数据进行采集。

日冻结数据采集：每天采集所有表计的日冻结数据，用于电量发行及日用电量分析。

高频实时数据采集：每天采集 96 点实时数据，一般包括电压、电流、功率因数等信息，主要用于供电质量相关指标分析。

负荷曲线及小时冻结数据采集：每天采集前一天的负荷曲线或当日 15 分钟冻结负荷数据，主要用于精细时段的线损分析。

2. 应用场景

计量异常分析：结合负荷曲线情况，制订数据分析模型，分析用户用电情况、电网供电质量，反校核配网运行情况等。

线损分析：通过精细化采集，实现分相、分段、分时线损的计算；结合示值采集情况，为高负损台区问题排查提供数据支撑。

低压供电可靠性：从可靠性指标角度，分析低压用户供电质量情况。

3. 功能展示

HPLC 高频采集采集完整率统计查询路径：HPLC 管理——HPLC 采集完整率——采集完整率统计，具体如图 4-90 所示。

图 4-90 HPLC 高频采集采集完整率统计查询路径

历史负荷数据查询路径：采集管理—采集数据查询—批量数据中，选择正确的设备类型（面向对象或双模），输入正确的终端地址，点击查询后，可查询曲线数据（历史）。

（二）停电事件上报

1. 业务描述

通过低时延，保障停电 / 复电事件的上报和远程遥控指令下发的及时性，在 HPLC 子节点通信模块中（如电能表 STA，Ⅱ型采集器）配置超级电容，可实现停 / 复电后的事件主动上报。

HPLC 表计端的 STA 及采集器载波模块，通过工频过零信号的变化情况，判断工频电源的停电和复电事件。载波从模块将停电事件信息通过广播的方式、将复电事件通过单播的方式，传输到集中器侧的 CCO 中。CCO 将停复电事件上报给集中器。集中器接收 HPLC 本地网络上报的停复电事件信息，并结合其交采模块的停复电信息，生成相关局部表计停复电信息或台区停复电信息，并将该信息上报到主站，主站针对停复电信息进行分析，发起相关的供电抢修工单。停电主动上报结构图如图 4-91 所示。

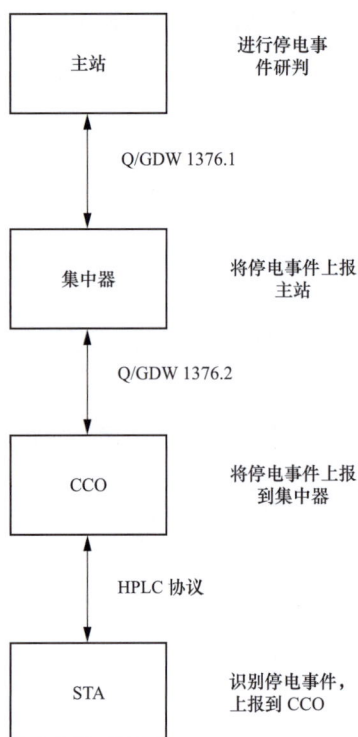

图 4-91 停电主动上报结构图

　　停电事件主动上报功能的实现，使停电信息第一时间被供电公司获知，由被动抢修变为主动抢修，提高了供电可靠性，提升了客户服务保障能力。

　　2. 应用场景

　　配网抢修：由被动抢修变为主动抢修，准实时推送停电数据，实现配网抢修轨迹可视化，提高低压供电可靠性，提升客户服务保障能力。

　　配网感知：对台区下用户停电信息进行聚合，制订数据分析模型，结合台区停电信息、线路计划停电信息、临时停电信息，从分相、分段角度，定位低压停电原因和停电故障点。

　　3. 功能展示

　　实时停电信息查询路径：HPLC 管理—停电分析—实时停电监测—选择日期后点击查询按钮，具体如图 4-92、4-93 所示。

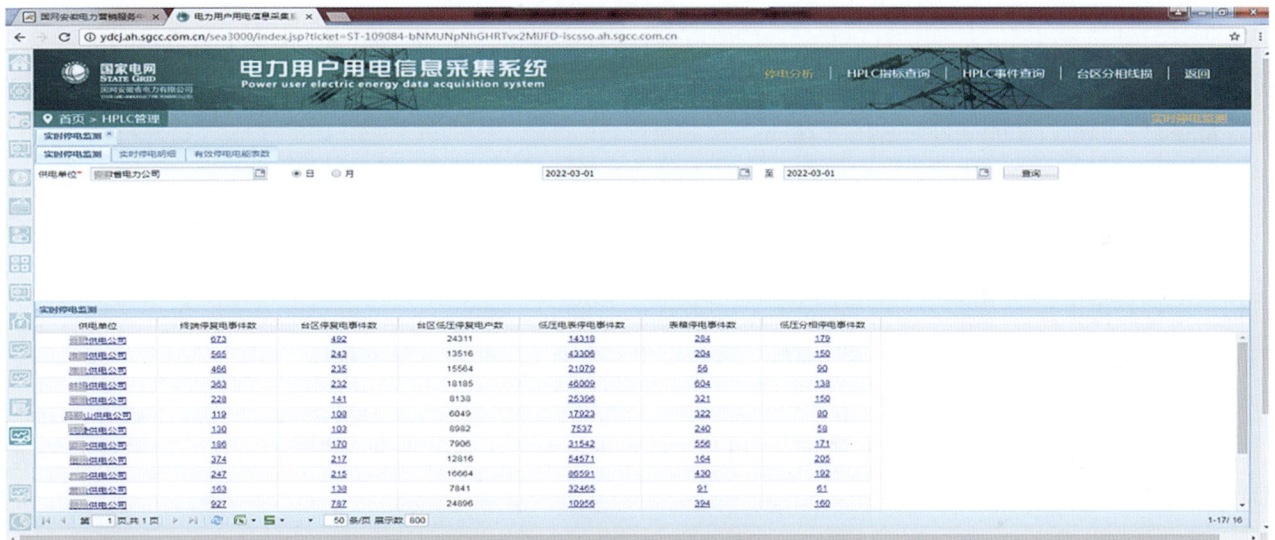

图 4-92　实时停电信息查询路径

图 4-93　实时停电信息查询路径

（三）时钟精准管理

1. 业务描述

依托 HPLC 低时延通信和灵活的广播校时机制，可以保证电能表与集中器之间的时钟同步及精准管理，为分时电价、阶梯电价政策的实施提供技术保障。

周期广播对时业务：一般每天在台区内进行一次全台区的表计时钟广播同步操作，将各个表计的时钟同步到集中器本地时钟，通过 HPLC 广播校时命令进行全网从节点的时钟同步。

精确广播对时业务：一般认为 HPLC 的广播通信时延可以忽略不计，但针对临域干扰多、本地网络层级深、通信质量恶劣的台区，HPLC 本地广播通信时延可能会达到数秒，需要采用预制对时的方式实现高精度的广播对时。

特定表计点抄单播校时业务：针对某些时钟超差表计，其时钟误差超过广播校时的容许范围时，无法通过广播校时进行校时时，采用实时点抄的方式由主站直接进行节点时钟的校时。

表计时钟超差事件：周期性针对台区内的所有表计进行当前时钟信息的招测，由集中器进行时钟误差的分析，当电能表的时钟与集中器的时钟误差出现超差时，主动生成事件上报报文，集中器将该事件转发到主站，最终由主站进行超差表计时钟的处置。

2. 应用场景

时钟同步：在与集中器日常通信的过程中，评估集中器时钟与主站时钟的误差，一旦发生偏差就进行校时，保证集中器与主站的时钟同步；同时接收集中器上报的表计时钟误差事件，发起后续的针对具体表计的时钟点抄校时操作。

采集异常分析：结合电能表、终端时钟，校核采集异常原因、数据冻结准确性。

3. 功能展示

时钟超差表计查询路径：HPLC 管理—HPLC 事件查询—电能表事件查询，选择日期后，点击查询按钮，具体如图 4-94 所示。

图 4-94　时钟超差表计查询路径

（四）相位拓扑识别

1.业务描述

通过 HPLC 技术的相位识别功能，可判断出 A/B/C 三相相位及线路拓扑关系。

台区内从节点间通信拓扑信息的采集：HPLC 载波本地网络组网过程中，CCO 将自动记录各个从节点的组网路径，逐步形成台区内从节点间的通信拓扑关系，当组网完成后，该拓扑关系基本稳定；集中器可在组网完成后，向 CCO 发起网络拓扑的查询命令，CCO 将响应所有从节点的网络拓扑信息，集中器将该信息保存到本地数据库中；当主站向集中器查询台区内从节点网络拓扑信息时，集中器从本地数据库中读取数据组织报文响应主站命令。

表计间供电拓扑关系信息的采集：表计间的供电拓扑关系识别目前多为预研状态，主站可以探索通过大数据方式进行表计间供电拓扑关系的识别。

总的来说就是，主站与集中器之间是通过面向对象协议进行交互，集中器与 CCO 通过 1376.2 协议进行交互，CCO STA 通过 HPLC 协议进行交互。当 CCO 收到集中器下达的抄表命令后，会立即向 STA 下达抄表指令。STA 在进行抄表的同时，会将各表计间的相位拓扑关系进行收集，在报文信息域中记录电能表所在相位信息传给 CCO，CCO 在收到报文后进而会上传给集中器进行存储，集中器根据设定周期每天定时将存储的相位信息上报给主站。

Ⅰ型和Ⅱ型采集器目前只能识别采集器接电所在的线路相位信息，现场Ⅰ、Ⅱ型采集器下接多个 RS-485 电能表的相位信息均和采集器一致。

2.应用场景

三相不平衡治理：针对台区或分支进行三相负载的分析计算，对三相不平衡的情况进行识别报警，保证用电安全。

线损分析：针对台区内所有表计的相位及拓扑关系，可以分析计算台区及各个分支的线损数据，对各类窃电行为进行识别。

零火线反接稽查：集中器本地路由通过 HPLC 标准中相关的过零 NTB 信息采集命令，获取 HPLC 载波表相关过零 NTB 信息，和路由的过零 NTB 信息进行对比，分析识别载波表的相位信息，并判断载波表的零火线接线状态，针对零火线反接情况进行记录。

3.功能展示

相位识别功能查询路径：HPLC 管理—相位识别—相位统计，如图 4-95 所示。

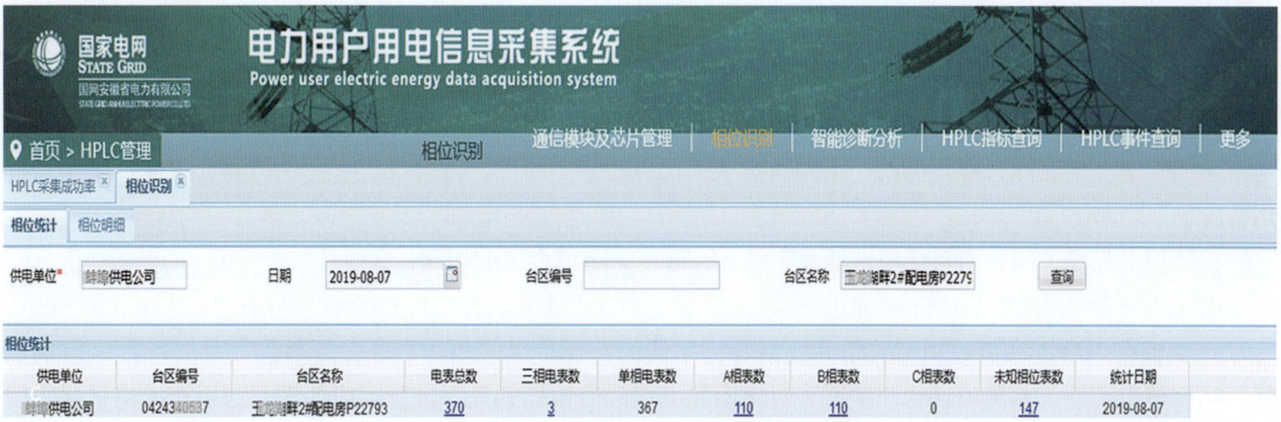

图 4-95 相位识别功能查询路径

在相位明细中，输入台区编号，点击查询后，查询结果如图 4-96 所示。

图 4-96　相位明细查询结果

（五）台区自动识别

1. 业务描述

基于台区识别技术，可以识别不同 HPLC 网络的工作台区，进而提高户变关系判断的准确性，有利于台区线损的管理，提高电网经济运行水平。STA 以工频过零为主，信噪比为辅生成电能表所在台区特征值，并将特征值汇聚到 CCO 中汇总分析。

户变关系异常台区筛选：主站针对各个台区的采集成功率及线损合格率，筛选档案信息管理混乱台区、线损率较高、采集成功率较低的台区针对此类台区将发起台区识别业务。

台区识别任务启动：远程启动台区识别任务，一般需要启动相邻台区的同时识别，台区内的 CCO 和 STA 将根据各类台区特征信息进行台区识别。

台区识别结果上报：台区内的 CCO 与 STA 相互配合，形成相对正确的台区识别结果，一般识别周期为 1 天，并将识别结果上报集中器，集中器继续上报主站。

台区归属错误信息处理：主站针对台区上报的台区归属错误信息，进行相应的处理，将错误的档案关系在错误的集中器中删除，将正确的档案关系添加到正确的集中器中，持续观察采集成功率及线损合格率是否达标。

台区识别任务关闭：当台区识别任务完成后，远程关闭该台区的识别任务。

2. 应用场景

户变校核：通过采集成功率异常和线损合格率低的特征，选取相邻台区发送远程命令启动台区识别功能，结合搜表功能，共同确认台户关系，对集中器上报的错误档案信息进行响应处理，修正相关集中器中的档案数据。

3. 功能展示

台区自动识别功能查询路径：HPLC 管理—户变关系档案校核—台区自动识别，如图 4-97 所示。

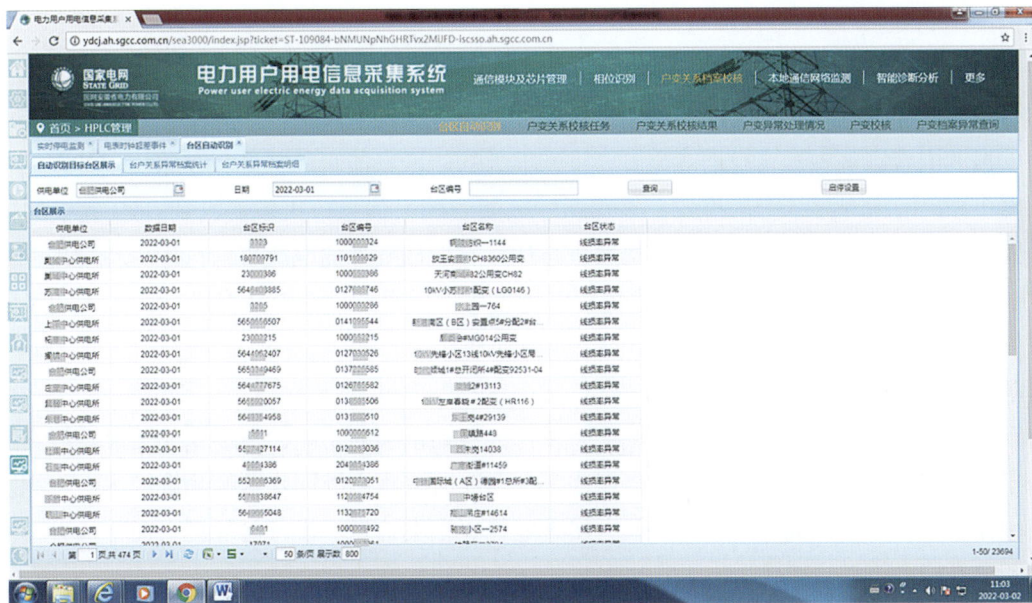

图4-97　台区自动识别功能查询路径

（六）ID 统一标识管理

1.业务描述

HPLC 的电能表或采集器从节点载波模块，在关联请求时，将该信息上报 CCO。HPLC 的 CCO 模块将本台区所有节点的 ID 信息收集存储，向集中器提供批量 ID 查询和单一节点 ID 查询服务。集中器向主站提供本台区所有载波节点，包括 CCO、载波表 STA、采集器载波模块的芯片 ID 查询服务。主站对相关 HPLC 芯片 ID 与电能表地址的绑定关系信息统一管理，对绑定关系出现变化的事件进行相应处理。

2.应用场景

集中器定期读取本地模块、远程模块、电能表模块和采集器模块的芯片 ID 并存储。应答主站的模块芯片 ID 查询命令。当查询到的芯片 ID 与档案、白名单信息不一致时，生成 ID 变更信息，进行异常告警。

3.功能展示

异常通信模块查询路径：HPLC 管理—通信模块及芯片管理—异常通信模块查询，如图 4-98 所示。

图4-98　异常通信模块查询路径

（七）档案自动同步

1.业务描述

集中器每天定时启动从节点主动注册，集中器载波模块主动注册新增电能表信息并上报给集中器，集中器根据路由上报的内容跟集中器自身档案比对，将档案外的新增电能表信息进行存储，主站采用档案自动同步（搜表策略）＋台区识别相结合的模式，感知新增电能表档案信息，集中器收到 CCO 上报的搜表信息后进行存储，集中器将搜表结果与集中器自身档案进行比对，将档案外的电能表信息产生"发现未知电能表事件"，上报主站。采集系统收到集中器上报的新增电能表事件后跟营销系统档案进行比对，同步营销系统档案，并组织新电能表参数下发给集中器。

2.应用场景

档案自动同步：利用 HPLC 高速率的特点，以及台区自动识别的功能，现场完成装表后档案未及时进行同步时，采集系统将收到集中器上报的新增电能表事件，此时采集系统同步营销系统档案，组织新电能表参数下发给集中器，通过基于面向对象通信协议，实现电能表档案信息、设备参数自上而下、自下而上的双向同步，确保了设备档案信息的准确。

户变异常校核：采集系统收到集中器上报的新增电能表事件后跟营销系统档案进行比对，将不正确的档案信息生成异常明细，由技术人员现场核查电能表信息，调整户变异常用户。采集系统收到集中器上报的新增电能表事件后跟营销系统档案进行比对，将比对后正确的档案下发给集中器，不正确的档案需技术人员现场核查电能表信息。

3.功能展示

启动搜表模块查询路径：采集管理—终端管理—参数设置—6002 启动搜表，如图 4-99 所示。

图 4-99　启动搜表模块查询路径

（八）通信网络拓扑

1.业务描述

每个 HPLC 节点都具有信号强度、相邻节点信息、网络路径信息等参数，在主站可以监测每个设备的状态信息，可以对不同的芯片厂商、模块厂商设备运行情况进行评价。集中器本地路由，在 HPLC 载波表组网过程中时，自动记录电能表的组网路径，逐步形成台区内所有载波表的通信拓扑关系，且由于 HPLC 网络是动态维护，可在全部组网成功后，定期通过主站查询拓扑信息。

载波从节点 STA 在组网和维护过程中，将自身的 ID 信息上报给 CCO。CCO 在网络组网及维护过程中，维护当前的网络组网拓扑，记录每个节点的 ID 信息，记录临域的主节点信息，维护一个动态的当前的网络组网通信状态。同时，CCO 响应集中器发来的网络拓扑查询命令、载波芯片 ID 信息查询命令、临域主节点查询命令，将当前的网络组网状态通过这三类命令的响应反馈给集中器。集中器响应主站发来的网络拓扑查询命令、芯片 ID 查询命令、主节点临域信息查询等命令，将本地 HPLC 载波网络状态反馈给主站。

2.应用场景

主站下发网络拓扑查询命令、芯片 ID 查询命令、主节点临域信息查询等命令，将本地 HPLC 载波网络状态进行收集、存储并动态化地展示，获取当前的网络工作状态、通过分析可以掌握网络信道状况、为载波信道的运维管理提供指导。并可通过监测数据，分析网络运行水平，调整 HPLC 性能参数，对通信网络进行持续优化。

3.功能展示

通信网络拓扑模块查询路径：HPLC 管理—本地通信网络监测—通信网络拓扑，如图 4-100 所示。

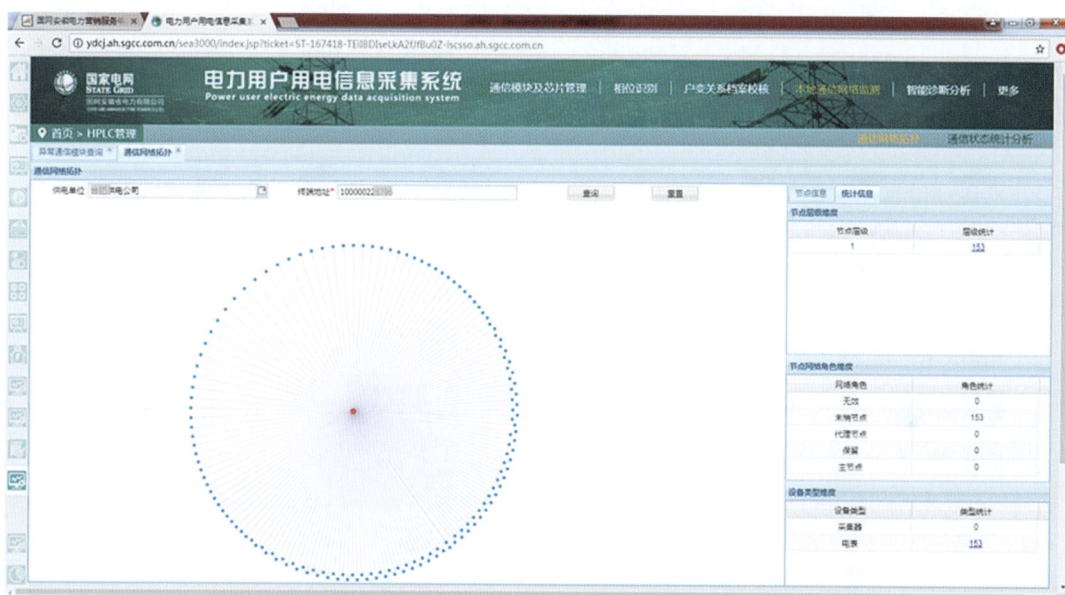

图 4-100　通信网络拓扑模块查询路径

（九）即装即采

1.业务描述

基于用电信息采集系统，运用大数据、云计算和人工智能等技术融合营销系统、PMS 和供电服务指挥系统等业务系统数据，开展相关应用。基于 App 的"即装即采"功能，提升 HPLC 电能表、集中器更换效率，解决现场新装、换表等业务现场无法调试，自动化水平弱等问题；同时，提升用采系统现场消缺工作，通过移动作业终端获取抄表失败明细，开展现场调试工作，通过与主站进行智能互动，定位采集失败原因，辅助现场问题解决，提升台区供电服务水平和运维管理能力，实现从技术创新到管理创新，全面提升了台区精益化管理水平。

2.应用场景

新装（或更换）终端、新装（或更换）采集器、新装（或更换）电能表：结合 HPLC 搜表功能，用采系统自动装接功能，实现电能表、集中器、采集器安装后"即装即采"的功能，解决现场安装、更换、调试的所有问题，通过用采主站＋用采 App，实现一键调试，完成营销建档、用采调试、数据采集的工作，辅助现场人员完成装接调试工作，实现"现场只跑一次"，提升业务处理效率。

设备抄表失败运维调试：定位采集失败原因，辅助问题定位及消缺。针对故障实现当日消缺、当日闭环、当日验证，实现对运维进行过程管理。

3. 功能展示

用采 App—安装调试，如图 4-101 所示。

用采 App—数据召测，如图 4-102 所示。

图 4-101　用采 App 安装调试界面

图 4-102　用采 App 数据召测界面

三、HPLC 协议上报说明

（一）数据高频采集

高频采集中最重要的是 HPLC 应用层协议是"抄表报文"，如图 4-103 所示。

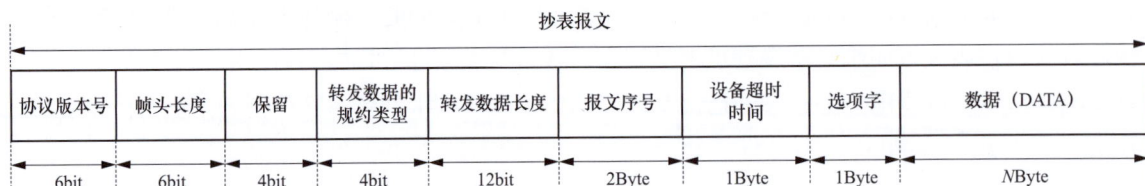

					抄表报文				
协议版本号	帧头长度	保留	转发数据的规约类型	转发数据长度	报文序号	设备超时时间	选项字	数据（DATA）
6bit	6bit	4bit	4bit	12bit	2Byte	1Byte	1Byte	NByte

图 4-103　"抄表报文"格式

（二）停电事件上报

HPLC 通信标准应用层"事件上报"协议扩展。报文格式如图 4-104 所示。

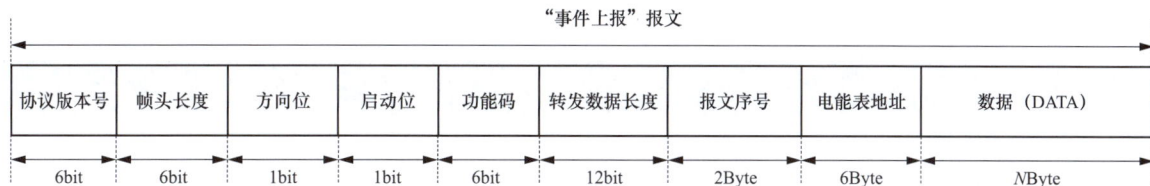

图 4-104 "事件上报"报文格式

功能码不变，沿用国家电网停电上报应用层协议《停电上报协议扩展与上报机制 20170720》，如表 4-8 所示。

表 4-8 《停电上报协议扩展与上报机制 20170720》

功能码含义	功能码的值	方向位
CCO 应答确认给 STA	1	下行
CCO 下发允许事件主动上报给 STA	2	下行
CCO 下发禁止事件主动上报给 STA	3	下行
CCO 应答事件缓存区满给 STA	4	下行
STA 主动上报事件给 CCO（电能表触发）	1	上行
STA 主动上报事件给 CCO（模块触发）	2	上行
STA 主动上报事件给 CCO（采集器触发）	3	上行

对于 STA 主动上报事件给 CCO（模块触发），其数据（DATA）域进行如下扩充，报文扩展分别支持位图和地址方式的停上电上报。

位图方式数据内容协议，对于停电事件上报，建议采用位图方式，针对采集器下电能表的停电事件上报，建议采用地址方式，如表 4-9 所示。

表 4-9 位图方式数据内容协议

数据子域	格式	取值
STA 上报事件类型	BIN（1 个字节）	1—代表停电事件（位图） 2—代表上电事件（位图）
发生事件站点起始 TEI	BIN（2 个字节）	TEI
发生事件的节点位图	BIN（变长）	对应的位置一，标志该位对应的 TEI 节点发生了该事件，第 1 个 bit 代表起始 TEI，后续依次类推

地址方式数据内容协议扩展，对于复电事件上报，以地址方式单播传输，如表 4-10 所示。

表 4-10 地址方式数据内容协议扩展

数据子域	格式	取值
STA 上报事件类型	BIN（1 个字节）	3—代表停电事件（地址） 4—代表上电事件（地址）
发生事件的电能表个数	BIN（2 个字节）	发生事件电能表个数
发生事件的第 1 块电能表地址	BIN（6 个字节）	发生事件的电能表地址
发生事件的第 1 块电能表带电状态	BIN（1 个字节）	带电状态 0 代表停电，1 代表未停电。

续表

数据子域	格式	取值
……	……	……
发生事件的第 N 块电能表地址	BIN（6 个字节）	发生事件的电能表地址
发生事件的第 N 块电能表带电状态	BIN（1 个字节）	带电状态 0 代表停电，1 代表未停电。

（三）精准对时

主要报文为校时报文，如图 4-105 所示。

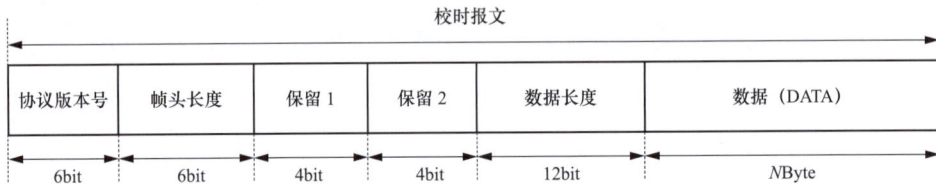

图 4-105　校时报文格式

（四）相位识别

过零 NTB 告知报文（MMeZeroCrossNTBReport）格式的定义如表 4-11 所示。本报文可由 STA 站点或者 CCO 站点创建发送。

表 4-11　过零 NTB 告知报文（MMeZeroCrossNTBReport）格式定义表

字段	字节号	比特位	字段大小（bit）
TEI	0	0-7	12
	1	0-3	
保留	1	4-7	4
告知总数量	2	0-7	8
相线 1 差值告知数量	3	0-7	8
相线 2 差值告知数量	4	0-7	8
相线 3 差值告知数量	5	0-7	8
基准 NTB	6-9	0-7	32
相线 1 过零 NTB 差值	可变长	0-7	可变长
相线 2 过零 NTB 差值	可变长	0-7	可变长
相线 3 过零 NTB 差值	可变长	0-7	可变长

TEI 表示告知过零 NTB 信息的站点。

告知总数量表示站点告知的过零 NTB 的数量。

相线差值告知数量表示站点告知相应相线的过零 NTB 差值的数量。

基准 NTB 表示站点告知的基准 NTB。该 NTB 是站点告知的第一个过零点 NTB 值，是后续过零 NTB 用来计算差值的基准 NTB。该字段保存的 NTB 值，是采集的过零点 NTB 值原始 32bit 数据，右移 8bit 之后的数据，相当于原始数据的高 24bit 数据。

过零 NTB 差值的计算方法：以基准 NTB 为开始，后续的每一个过零 NTB，都与前一个 NTB 做差值计算；将计算得到的差值数据，右移 8bit，只保留高比特位的部分。将最终得到的差值，作为过零 NTB 差值，按照时间顺序，存入"过零 NTB 差值"字段，上报 CCO。

说明：在电力线的工频周期中，过零点的间隔一般在 10ms 左右，两个过零点之间的 NTB 差值不会超过 20 个比特位的表示区间。所以，过零点 NTB 差值，在右移 8bit 后，需要用 12bit 的字段来表示。

每个相线的过零 NTB 差值存储的定义如表 4-12 所示。

表 4-12　相线的过零 NTB 差值存储的定义表

字段	字节号	比特号	字段大小（bit）	定义
过零 NTB 差值 [0]	0	0-7	8	过零 NTB 差值 [0] 低 8 位
	1	0-3	4	过零 NTB 差值 [0] 高 4 位
过零 NTB 差值 [1]		4-7	4	过零 NTB 差值 [1] 低 4 位
	2	0-7	8	过零 NTB 差值 [1] 高 8 位
过零 NTB 差值 [2]	3	0-7	8	过零 NTB 差值 [2] 低 8 位
	4	0-3	4	过零 NTB 差值 [2] 高 4 位
过零 NTB 差值 [3]		4-7	4	过零 NTB 差值 [3] 低 4 位
	5	0-7	8	过零 NTB 差值 [3] 高 8 位
……	……	……	……	……

过零 NTB 采集指示报文，如表 4-13 所示。

表 4-13　过零 NTB 采集指示报文

字段	字节号	比特位	字段大小（bit）
TEI	0	0-7	12
	1	0-3	
保留	1	4-7	4
采集站点	2	0-7	8
采集周期	3	0-7	8
采集数量	4	0-7	8
保留	5-7	0-7	24

采集数量：表示需要采集的过零 NTB 的总数量。在指示报文下发后，所指定的站点，需要连续地采集过零点 NTB 的总数量。

关联请求报文：设备类型中增加"三相电能表通信单元"定义，如表 4-14 所示。

表 4-14　"三相电能表通信单元"定义表

值	定义
1	抄控器
2	集中器本地通信单元
3	单相电能表通信单元
4	中继器
5	Ⅱ型采集器

值	定义
6	Ⅰ型采集器单元
7	三相电能表通信单元

（五）台区识别

新增以下报文类型，如表 4–15 所示。

表 4–15　新增报文类型表

报文 ID	含义	报文端口号
0×00A1	台区户变关系识别	0×11

台区户变关系识别报文格式：台区户变关系识别，主要是对各类台区特征信息采集分析的过程，相关的报文格式，根据特征类型、采集类型的不同各有区别，报文的上下关系在不同的识别模式下也各有区别，报文格式如图 4–106 所示。

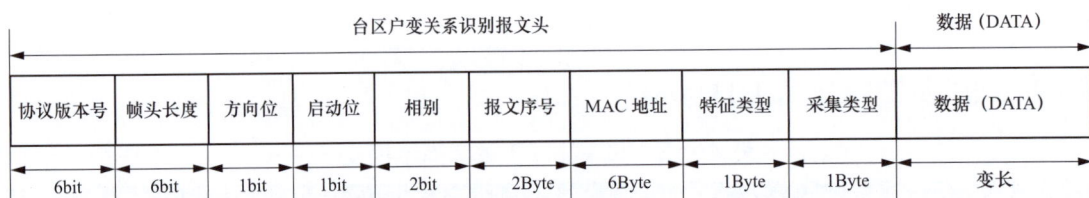

图 4–106　台区户变关系识别报文格式

台区户变关系识别报文，其格式定义如表 4–16 所示。

表 4–16　识别报文格式定义表

域	字节号	比特位	域大小（bit）
协议版本号	0	0–5	6
报文头长度		6–7	6
		0–3	
方向位	1	4	1
启动位		5	1
采集相位		6–7	2
报文序号	2–3	0–15	16
MAC 地址	4–9	0–7	48
特征类型	10	0–7	8
采集类型	11	0–7	8
数据（DATA）	12–N	0–7	变长

协议版本号：协议版本号是 6bit 的字段，指从 CCO 发送给 STA 的应用层查询事件命令数据的协议版本。考虑兼容性，本版本取值固定为 1。

报文头长度：报文头长度是 6bit 的字段，由发送方给定，描述报文头［除数据（DATA）长度外］的长度，用于接收方从报文头偏移报文头长度找到数据（DATA）的位置。

方向位：方向位是 1bit 的字段，指下行报文为 CCO 发送给 STA 方向的报文，上行报文为 STA 上报 CCO 方向的报文，具体取值如 4-17 所示。

表 4-17　方向位含义表

方向位取值	含义
0	下行方向
1	上行方向

启动位：启动位是 1bit 的字段，指当前节点收到的数据报文来自从动站或者启动站，具体取值如表 4-18 所示。通信的双方，启动站是指主动发起命令的一方，从动站是指被动接收命令的一方。

表 4-18　启动位含义

启动位取值	含义
0	来自从动站
1	来自启动站

采集相位：采集相位是 2bit 的字段，指示当前报文相关的特征所对应的相位信息，具体定义如表 4-19 所示。

表 4-19　采集相位含义

采集相位取值	含义
0	默认相位
1	CCO 第一出线相位
2	CCO 第二出线相位
3	CCO 第三出线相位

注　取值为 0 时，下行 CCO 发的报文表示三相，上行 STA 发的报文表示站点所在相位。主要在下行告知台区特征时使用，允许 CCO 在一帧报文中携带三个相位的台区特征信息。

报文序号：报文序号是 16bit 的字段，由启动站填写序号，序号具有递增特性，从动站应对该序号报文进行应答，上下文相关一对报文，这两个域是相同的内容。

MAC 地址：标记后续台区特征相关命令和信息相关联的 MAC 地址，是 48bit 的字段，如表 4-20 所示。

表 4-20　台区特征采集类型表

台区特征采集类型	报文发送方向	报文类型	MAC 地址内容
台区特征采集启动	CCO → STA	全网广播	CCO 主节点地址
台区特征信息收集	CCO → STA	单播	STA MAC 地址
台区特征信息告知	CCO → STA	全网广播	CCO 主节点地址
台区特征信息告知	STA → CCO	单播	STA MAC 地址
台区判别结果查询	CCO → STA	单播	STA MAC 地址
台区判别结果信息	STA → CCO	单播	STA MAC 地址

MAC 地址字节传输均按照"大端"序列。

特征类型：特征类型定义该报文相关的台区特征信息的类型，具体类型定义如 4-21 所示。

表 4-21 台区特征类型表

台区特征类型	类型标识
工频电压特征	1
工频频率特征	2
工频周期特征	3
其他特征	保留

采集类型：采集类型定义采集行为的类型，具体类型定义如表 4-22 所示。

表 4-22 台区特征采集类型表

台区特征采集类型	类型标识
台区特征采集启动	1
台区特征信息收集	2
台区特征信息告知	3
台区判别结果查询	4
台区判别结果信息	5
其他	保留

数据（DATA）：台区特征采集启动命令数据（DATA）格式，当报文是台区特征采集启动命令时，数据（DATA）域的定义如表 4-23 所示。

表 4-23 数据（DATA）域定义表

字段	字节号	比特位	域大小（bit）
起始 NTB	0-3	0-31	4
采集周期	4	0-7	1
采集数量	5	0-7	1
采集序列号	6	0-7	1
保留	7	0-7	1

表 4-23 中字段解释如下。起始 NTB：全网开始采集时刻的 NTB。

采集周期：对于采集特征为"工频周期特征"的命令，该域忽略，站点按其支持的沿采集数据，其他采集特征，该域有意义，单位秒，指示每隔此周期采集一次特征信息。

采集数量：连续采集特征信息的数量。

采集序列号：整个网络第几次启动采集，CCO 每启动一次采集累加一次，取值范围为 0-255，循环使用。

台区特征信息收集命令数据（DATA）格式：该命令的采集类型标识为 0×02，数据（DATA）域为空。

台区特征信息告知报文数据（DATA）格式：该命令的采集类型标识为 0×03，数据域的格式定义如表 4-24 所示。

表 4-24　采集类型标识 0×03 数据域的格式定义

定义字段	字节号	比特位	域大小（bit）
TEI	0-1	0-11	12
采集方式	1	12-13	2
保留	1	13-15	2
采集序列号	2	0-7	8
告知总数量	3	0-7	8
起始采集 NTB1	4-7	0-31	32
台区特征信息序列 1	8-N	0-7	（N-7）*8
起始采集 NTB2（可选）	N+1-（N+4）	0-31	32
台区特征信息序列 2（可选）	N+5-M	0-7	（M-N-4）*8

TEI 域：如果报文为 CCO 向 STA 通知自身台区特征时，TEI 为 1，代表 CCO 发出；当报文是 STA 向 CCO 发送的台区特征信息时，TEI 为 STA 的地址。

采集方式：本字段仅在特征类型为"工频周期"特征时有效。0 保留，1 下降沿采集，2 上升沿采集，3 双沿采集。当采集方式为上升沿或者下降沿时，不填写"起始采集 NTB2"和"台区特征信息序列 2"字段；当采集方式为双沿时，"起始采集 NTB1"和"台区特征信息序列 1"为下降沿数据，"起始采集 NTB2"和"台区特征信息序列 2"为上升沿数据。

采集序列号：代表第几次采集活动。

告知总数量：代表台区特征信息序列包含的数据个数。

起始采集 NTB1：代表本次采集过零点的起始时刻，即第一个特征数据的采集时刻，和启动采集命令中的起始时刻有一定的差别。

台区特征信息序列 1：根据台区特征信息的不同"台区特征信息序列的"内容定义略有不同。

起始采集 NTB2：本字段仅在特征类型为"工频周期"特征时使用。定义同起始采集 NTB1。

台区特征信息序列 2：本字段仅在特征类型为"工频周期"特征时使用。定义同台区特征信息序列 1。

下面描述不同类型"台区特征信息序列"定义。当特征类型为"工频电压时"，特征序列定义如表 4-25 所示。

表 4-25　"工频电压时"特征序列定义表

字段	字节号	比特位	域大小（Byte）
保留	0	0-7	1
第一出线报告数量	1	0-7	1
第二出线报告数量	2	0-7	1
第三出线报告数量	3	0-7	1
V1（第一个电压值）	4-5	0-15	2
V2（第二个电压值）	6-7	0-15	2
……	-	0-15	2
Vn（第 n 个电压值）	-	0-15	2
第二出线 V1~Vn	-	-	-
第三出线 V1~Vn	-	-	-

第 i 出线报告数量：表示该相线告知的电压特征信息数量。Vi 为第 i 次采集的电压值，采用 BCD 编码，两个字节表示，数据格式为"×××.×"，保留一位小数。

当特征类型为"工频频率"时，特征序列定义如表 4-26 所示。

表 4-26 "工频频率"特征序列定义表

字段	字节号	比特位	域大小（Byte）
保留	0	0~7	1
第一出线报告数量	1	0~7	1
第二出线报告数量	2	0~7	1
第三出线报告数量	3	0~7	1
F1（第一个工频频率值）	4~5	0~15	2
F2（第二个工频频率值）	6~7	0~15	2
……	－	0~15	2
Fn（第 n 个工频频率值）	－	0~15	2
第二出线 F1~Fn	－	－	－
第三出线 F1~Fn	－	－	－

第 i 出线报告数量：表示该相线告知的工频频率信息数量。Fi 为第 i 次采集的工频频率值，采用 BCD 编码，两个字节表示，数据格式为"××.××"，保留两位小数。

当特征类型为"工频周期"时，特征序列定义如表 4-27 所示。

表 4-27 "工频周期"特征序列定义表

字段	字节号	比特位	域大小（Byte）
保留	0	0~7	1
第一出线报告数量	1	0~7	1
第二出线报告数量	2	0~7	1
第三出线报告数量	3	0~7	1
T1（第一个工频周期值）	4~5	0~7	2
T2（第二个工频周期值）	6~7	0~7	2
……	－	0~7	2
Tn（第 n 个工频周期值）	－	0~7	2
第二出线 T1~Tn	－	－	－
第三出线 T1~Tn	－	－	－

第 i 出线报告数量：表示该相线告知的工频周期值个数。Ti 为第 i 次采集的工频周期值与 20ms 理想周期的偏差，按照过零下降沿、上升沿或双沿采集工频周期信息，采用 HEX 格式，有符号整型数，当为负整数时，采用补码形式，每个周期值代表一个过零周期的时长和 20ms 的差值，两字节表示，计时单位为

1/3125000S（计数频率为 25MHz 的 8 分频，即 3.125MHz）。在标准工频周期为 50Hz 的供电环境下，CCO 和 STA 的硬件系统应能检测到相邻周期发生小于 25us 以内的变化。

台区判别结果查询命令数据（DATA）格式该命令的采集类型为 0×04，数据（DATA）为空。

台区判别结果信息报文数据（DATA）格式该命令的采集类型为 0×05，数据域的格式定义如表 4-28 所示。

表 4-28　采集类型 0×05，数据域的格式定义表

字段	字节号	比特位	域大小（Byte）
TEI	0-1	0-7	2
台区判别过程结束标志	2	0-7	1
台区识别结果	3	0-7	1
正确隶属 CCO 地址	4-9	0-7	6

TEI：代表 STA 的 TEI 标识。

台区识别过程结束标志：为 1 代表识别过程结束，为 0 代表识别进行中，其他取值保留。

台区识别结果：当台区识别过程未结束时，该域无意义，为 0 代表识别结果未知，为 1 代表是本台区，为 2 代表不是本台区，其他取值保留。正确隶属 CCO 地址：当台区识别结果非本台区时，该数据域填充该 STA 正确隶属的 CCO 地址。STA 融合多种台区特征信息，实现准确的户变隶属关系识别。

台区识别报文传输流程可分为集中式识别流程、分布式识别流程、台区识别结果查询流程。

集中式识别流程：集中式识别流程，首先是 CCO 向各个 STA 广播发送"台区特征采集启动"命令，各个 STA 按照采集规则进行台区特征的采集，之后 CCO 依次向各个 STA 单播发送"台区特征信息收集"命令，STA 依次返回"台区特征信息告知"报文，具体流程如图 4-107 所示。

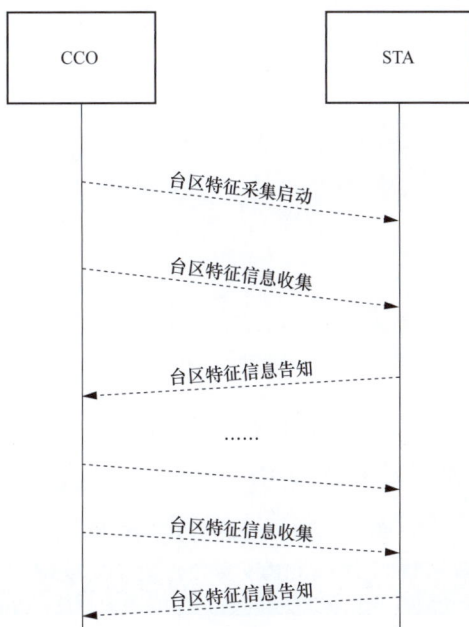

图 4-107　集中式识别流程

分布式识别流程：首先是 CCO 向各个 STA 广播发送"台区特征采集启动"命令，各个 STA 按照采集规则进行台区特征的采集，之后 CCO 向各个 STA 通过全网广播发送 CCO 的"台区特征信息告知"命令，STA

本地通过多台区特征信息优选比对方式进行台区隶属关系的判别，判别结果出来后，向 CCO 单播发送"台区判别信息"报文，具体流程如图 4-108 所示。

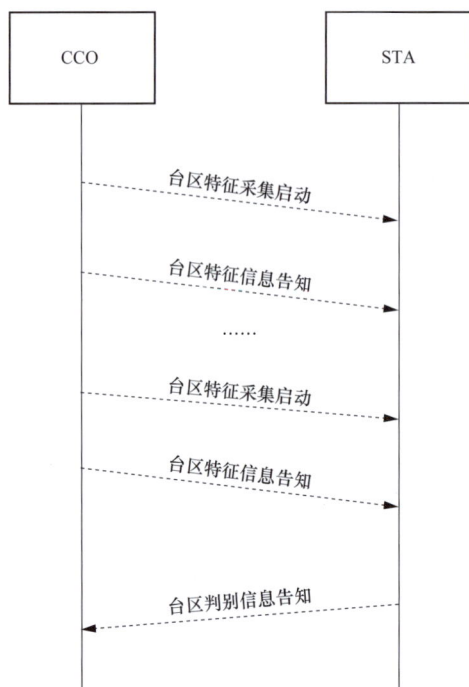

图 4-108　分布式识别流程

台区识别结果查询流程：CCO 可以随时查询 STA 的台区判别信息，具体报文通信流程如图 4-109 所示。

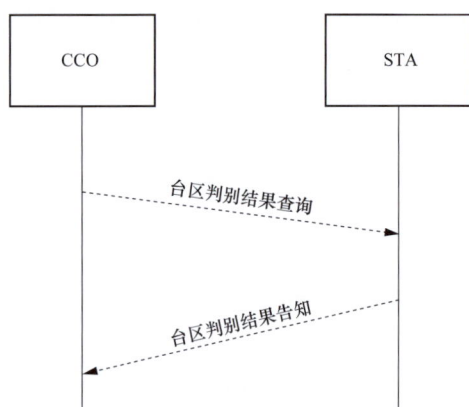

图 4-109　台区识别结果查询流程

（六）ID 统一标识管理

芯片 ID 管理相关协议最重要的是"关联请求报文（MMeAssocReq）"中的管理 ID 信息域定义。

模块 ID 相关在应用层协议中扩展如表 4-29 所示。

表 4-29　模块 ID 扩展表

报文 ID	含义	报文端口号
0×0001	集中器主动抄表	0×11
0×0002	路由主动抄表	0×11
0×0003	集中器主动并发抄表	0×11

续表

报文 ID	含义	报文端口号
0×0004	校时	0×11
0×0006	通信测试	0×11
0×0008	事件上报	0×11
0×0011	查询从节点主动注册	0×11
0×0012	启动从节点主动注册	0×11
0×0013	停止从节点主动注册	0×11
0×0020	确认 / 否认	0×11
0×0030	开始升级	0×12
0×0031	停止升级	0×12
0×0032	传输文件数据	0×12
0×0033	传输文件数据（单播转本地广播）	0×12
0×0034	查询站点升级状态	0×12
0×0035	执行升级	0×12
0×0036	查询站点信息	0×12
0×00A0	鉴权安全	0×1A
0×00A1	台区户变关系识别	0×11
0×00A2	查询 ID 信息	0×11

ID 统一标识管理可以通过查询 ID 信息报文的形式来确认芯片 id 的合法性。查询 ID 信息报文的上行及下行报文格式如下。

1. 下行报文格式（见表 4-30）

表 4-30 下行报文格式表

域	字节号	比特位	域大小（bit）
协议版本号	0	0-5	6
报文头长度		6-7	6
	1	0-3	
方向位		4	1
ID 类型		5-7	3
报文序号	2-3	16	16

（1）协议版本号：协议版本号是 6bit 的字段，指从 CCO 发送给 STA 的应用层数据的协议版本。考虑兼容性，本版本取值固定为 1。

（2）报文头长度：报文头长度是 6bit 的字段，由发送方给定，描述报文头（除数据域长度外）的长度，用于接收方从报文头偏移报文头长度找到数据域的位置。

（3）方向位：其中，方向位是 1bit 的字段，用来区分上下行通信数据报文，由 CCO 发送给 STA 数据报文的方向为下行方向，STA 上报给 CCO 数据报文的方向为上行方向，具体取值如表 4-31 所示。

表 4-31　下行报文方向位取值表

方向位取值	含义
0	下行方向
1	上行方向

（4）报文序号：报文序号是 16bit 的字段，指从 CCO 发送给 STA 数据报文的序号，STA 应答时使用该序号返回，CCO 通过序号来判断接收到的上行报文是否过期，即是否是本次 CCO 请求的上行应答报文。由 CCO 分配报文序号，CCO 向 STA 发送请求数据报文时，报文序号递增，重发请求报文的报文序号不增加。

（5）ID 类型：0×1 表示芯片 ID；0×2 表示模块 ID；0×0 也表示模块 ID 旨在和历史扩展协议兼容，其他为保留。

2. 上行报文格式

查询模块 ID 信息上行报文数据字段如表 4-32 所示。

表 4-32　上行报文数据字段表

域	字节号	比特位	域大小（bit）
协议版本号	0	0-5	6
报文头长度		6-7	6
	1	0-3	
方向位	1	4	1
ID 类型		5-7	3
报文序号	2-3	0-15	16
ID 长度 N		0-7	8
ID 信息	5（5+N-1）	0-7	8
设备类型	5+N	0-7	8

（1）协议版本号：协议版本号是 6bit 的字段，指从 STA 发送给 CCO 的应用层数据的协议版本。考虑兼容性，本版本取值固定为 1。

（2）报文头长度：报文头长度是 6bit 的字段，由发送方给定，描述报文头（除数据域长度外）的长度，用于接收方从报文头偏移报文头长度找到数据域的位置。

（3）方向位：其中，方向位是 1bit 的字段，用来区分上下行通信数据报文，由 CCO 发送给 STA 数据报文的方向为下行方向，STA 上报给 CCO 数据报文的方向为上行方向，具体取值如表 4-33 所示。

表 4-33　上行报文方向位取值表

方向位取值	含义
0	下行方向
1	上行方向

（4）报文序号。报文序号是16bit的字段，指从CCO发送给STA数据报文的序号，STA应答时使用该序号返回，CCO通过序号来判断接收到的上行报文是否过期，即是否是本次CCO请求的上行应答报文。由CCO分配报文序号，CCO向STA发送请求数据报文时，报文序号递增，重发请求报文的报文序号不增加。

（5）ID类型：0×1表示芯片ID，0×2表示模块ID，0×0也表示模块ID旨在和历史扩展协议兼容，其他为保留。

（6）设备类型：a.抄控器；b：集中器本地通信单元；c.单相电能表通信单元；d.中继器；e.Ⅱ型采集器；f.Ⅰ型采集器；g.三相电能表通信单元；其他定义保留。

（7）ID长度N：芯片ID长度为24字节；模块ID长度为××字节。

（8）ID信息：芯片ID见国家电网24字节定义；模块ID的具体定义待定。

（七）档案自动同步

主要涉及关联请求相关报文，如表4-34所示。

表4-34　档案自动同步关联请求相关报文表

管理消息名称	管理消息类型标识符
关联请求（MMeAssocReq）	0×0000
关联确认（MMeAssocCnf）	0×0001
关联汇总指示（MMeAssocGatherInd）	0×0002

（八）通信网络拓扑

主要涉及组网及维护相关报文，如表4-35所示。

表4-35　通信网络拓扑组网及维护相关报文表

管理消息名称	管理消息类型标识符
关联请求（MMeAssocReq）	0×0000
关联确认（MMeAssocCnf）	0×0001
关联汇总指示（MMeAssocGatherInd）	0×0002
代理变更请求（MMeChangeProxyReq）	0×0003
代理变更确认（MMeChangeProxyCnf）	0×0004
代理变更确认（MMeChangeProxyBitMapCnf）	0×0005
离线指示（MMeLeaveInd）	0×0006
心跳检测（MMeHeartBeatCheck）	0×0007
发现列表（MMeDiscoverNodeList）	0×0008
通信成功率上报（MMeSuccessRateReport）	0×0009
网络冲突上报（MMeNetworkConflictReport）	0×000A

附录 1　故障现象及处理方式

附表 1-1　通信故障处理方式

故障编号	故障现象	故障排查	故障解决办法	备注
1-01	现场通信失败，不显示通信符号 G	（1）检查集中器通信 IP、PORT、APN 是否正确； （2）通信模块是否接触良好； （3）模块内 SIM 卡是否接触良好； （4）检查 SIM 卡是否已开卡、停卡； （5）检查集中器天线是否损坏，连接紧固	（1）通信参数不正确，修改通信参数； （2）集中器断电情况下拔插通信模块； （3）集中器断电情况下拔插 SIM 卡； （4）使用正常通信的设备 SIM 卡替换测试，若正常上线说明原 SIM 故障，须更换； （5）更换天线，紧固天线	解决问题后重启集中器
1-02	不上线，模块灯常亮	通信模块硬件故障	更换通信模块	
1-03	不上线，模块灯不亮，不闪	通信模块硬件故障	更换通信模块	
1-04	不上线，信号强度超出范围	确认现场信号是否不足	与客户协调解决信号问题	
1-05	不上线，没有信号强度	可能是天线问题，检查排除	更换天线	
1-06	不上线，按键操作无反应	集中器死机	若重启后无反应，需连接电脑升级系统软件	
1-07	不上线，重启后正常	不稳定	需更换集中器	
1-08	不上线	通信参数，模块，SIM 卡，天线，信号等都没有问题，还是不上线	主站心跳周期设置时间过长	之前有 30min 和 15min 的，现在设置为 5min
1-09	不上线	现场集中器各种参数设置正确，主站侧不在线	换新的 SIM 卡之后主站侧在线	旧的 SIM 卡填满垃圾短信
1-10	不上线	集中器内的 id 与铭牌的是否一致	若不一致，改成铭牌值	
1-11	不上线	检查集中器软件版本	若软件版本过低，升级软件版本	

附表 1-2　抄表问题处理方式

故障编号	故障现象	故障排查	故障解决办法	备注
2-01	现场集中器不抄表	检查表地址规约等参数	配置正确的抄表参数（表地址，波特率、规约、端口号、测量点号）	
2-02		RS-485 线连接是否正确	检查 RS-485 接线 A、B 口是否接反，接线是否牢靠，RS-485 线是否断裂	
2-03		确认电能表 RS-485 口是否正常	可使用万用表测量 RS-485 接口若有 3-8V 直流电压则 RS-485 接口正常	
2-04		集中器下接多块电能表，其中有个别电能表不能抄读	检查不能抄读电能表的 RS-485 线路连接和抄表参数设置	
2-05		查看集中器抄表端口是否和参数设置一样	带交采集中器端口 1 为集中器本身，端口 2 以后才是电能表抄表端口，第一块电能表的表序号为 2，第二块电能表的表序号为 3，以此类推	
2-06	主站远程不抄实时数据	集中器接多块电能表时，有时只能抄 1 块电能表	应该在主站上单独下发一遍"测量点参数"，问题基本上就能解决	
2-07		检查主站抄表参数与集中器抄表参数是否一致（表地址，波特率、规约、端口号、测量点号）	重新下发抄表参数	
2-08		查看主站抄表端口、抄表序号设置是否正确	带交采集中器端口 1 为集中器本身，端口 2 以后才是电能表抄表端口，第一块电能表的表序号为 2，第二块电能表的表序号为 3，以此类推	
2-09		集中器主站智能抄读64块电能表，超出 64 以后的电能表不能抄读	需要进行系统升级	
2-10	主站远程不抄实时数据	检查集中器是否离线、拆除、注销	现场核实集中器状态	
2-11		检查集中器在主站系统中是否建立档案	建档	
2-12		检查集中器时间是否正确	校时	
2-13	主站远程抄不到历史数据	检查是否下发集中器任务	下发任务	
2-14		检查任务下发是否正确	核对任务下发	
2-15		检查集中器是否离线、拆除、注销	现场核实集中器状态	
2-16		检查集中器时间是否正确	校时	
2-17		检查集中器在主站系统中是否建立档案	建档	

附表 1-3　采集器故障处理方式

故障编号	故障现象	故障排查	故障解决办法	备注
3-01	采集器与集中器成功组网，集中器读不到表码	电能表厂家出厂时提供的表地址不对。修改表地址后，集中器能正常抄表	明确电能表参数（地址，规约）	
3-02	采集器与集中器能成功组网的，失电后采集器与集中器又不能组网的	小无线模块失电后可能会进入死循环状态，不能与集中器正常组网	更换模块	
3-03	采集器与集中器成功组网，但不抄表	干扰；超时（组网更不稳定）；可能是采集器的 RS-485 接口坏	更换采集器	
3-04	所有采集器都不能抄表	查看集中器左侧无线模块的电源灯是否亮，NET 灯（RXD 灯）是否不停闪烁（以 0.5s 亮 /0.5s 灭）	如果更换无线模块不能解决问题，集中器需要返修	
3-05		集中器离最近采集器是否遮挡比较严重，且离最近采集器超过 100m	将集中器放至采集器比较集中的区域。	
3-06	部分采集器不能抄表	查看采集器的红绿灯是否不停闪烁（以 0.5s 亮 /0.5s 灭），如果不停闪烁，表示已连接上集中器	此时需要查看采集器的 RS-485 的抄表 A、B 端是否与电能表的 RS-485 的 A、B 端连接一致；电能表的规约类型、波特率及地址是否正确	
3-07		查看采集器天线是否为底座标有"470MHz"的微功率无线天线	查看模块是否接触良好	
3-08		查看采集器的绿灯是否不停闪烁（以 0.5s 亮 /0.5s 灭），并且过十几秒会出现红绿灯同时亮，然后绿灯继续不停闪烁	表示采集器运转正常，但信号弱，不能连上集中器。需加强信号	
3-09		查看采集器与附近采集器或集中器之间是否有较多遮挡物	将 5m 天线移至箱外，并放置高一些空旷的地方，与附近采集器集中器遮挡物少的地方。同时也可以调整附近其他采集器，保证采集器间遮挡物尽量少	
3-10	采集器下部分电能表不能抄读	查看电能表的 RS-485 的 A、B 端与采集器的 RS-485 的抄表 A、B 端是否一致，并且 RS-485 线与端子接触良好	查看不能抄读的 RS-485 接线	
3-11		通过主站召测，查看电能表的规约类型、波特率及地址是否正确	查看电能表通信参数	
3-12		如果电能表有液晶，查看液晶中的地址与标签地址是否一致，不一致以液晶中为准	查看电能表地址	
3-13	采集器与集中器能成功组网的，失电后采集器与集中器又不能组网的	经调试后发现是小无线模块失电后可能会进入死循环状态，不能与集中器正常组网	更换模块	

附表 1-4　其他问题处理方式

故障编号	故障现象	故障排查	故障解决办法	备注
4-01	死机	屏幕处于初始化状态，部分 LED 指示灯全亮，所有按键按下后无反应，只能强制断电后重新上电才能启动。此种死机状态常见	重启后升级	
4-02	死机	屏幕无显示，全部 LED 指示灯闪烁，周期 2s，伴随同频的咔嗒声，按键全部失灵，只能强制断电后重新上电才能启动。此种死机状态比较少	重启后升级	
4-03	黑屏	LED 文件可能丢失	电脑连接升级覆盖原文件	
4-04	白屏	丢失系统文件	内核升级	

附录 2 故障处理流程简图

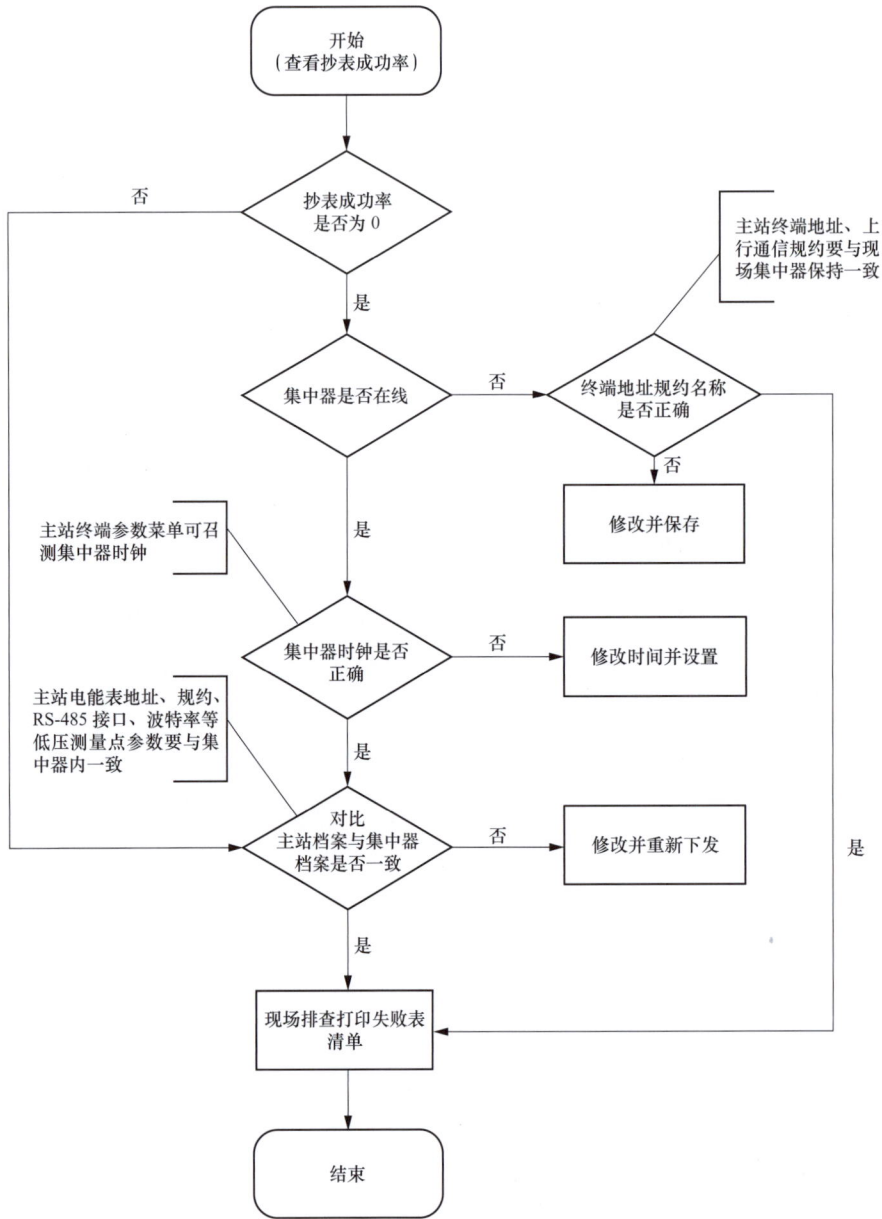

附图 2-1 主站排查流程

检查终端是否存在损坏、死机、
停电、显示异常等情况

(1)观察集中器液晶屏左上角信号
强度图标 ᵢₗₗ，信号强度 1～2 格
表示信号弱、3～4 格时信号正常。
(2)集中器界面操作：终端管理与维
护→信号强度（1-31，15 以下
代表信号弱，通信不稳定）。
(3)可通过观察手机信号强度做对
比（能正常拨打电话即可）

主站 IP:172.16.248.30
端口 :6001
APN:stdifk.gd
心跳周期 :15 min
通信通道类型 :GPRS/CDMA
通信工作模式 : 客户机模式

集中器界面操作：终端管
理与维护→无线实时状态
→检查是否拨号成功

观察通信模块灯闪烁情况。

电源　　NET　　T/R
○　　　○　　　○

电源灯灭时，表示模块失电。
NET 灯或 T/R 灯常亮表示
通信模块异常

开始
（集中器离线）

终端是否正常工作 — 否 → 上电、重启、更换终端等操作

无线信号是否正常 — 否 → 更换天线，迁移天线位置、集中器位置等

检查通信参数是否正常 — 否 → 正确设置参数

检查 SIM 卡是否正常 — 否 → 更换 SIM 卡

检查通信模块是否正常 — 否 → 重新插拔或更换无线通信模块

重启终端

与主站通信是否正常 — 是 → 结束

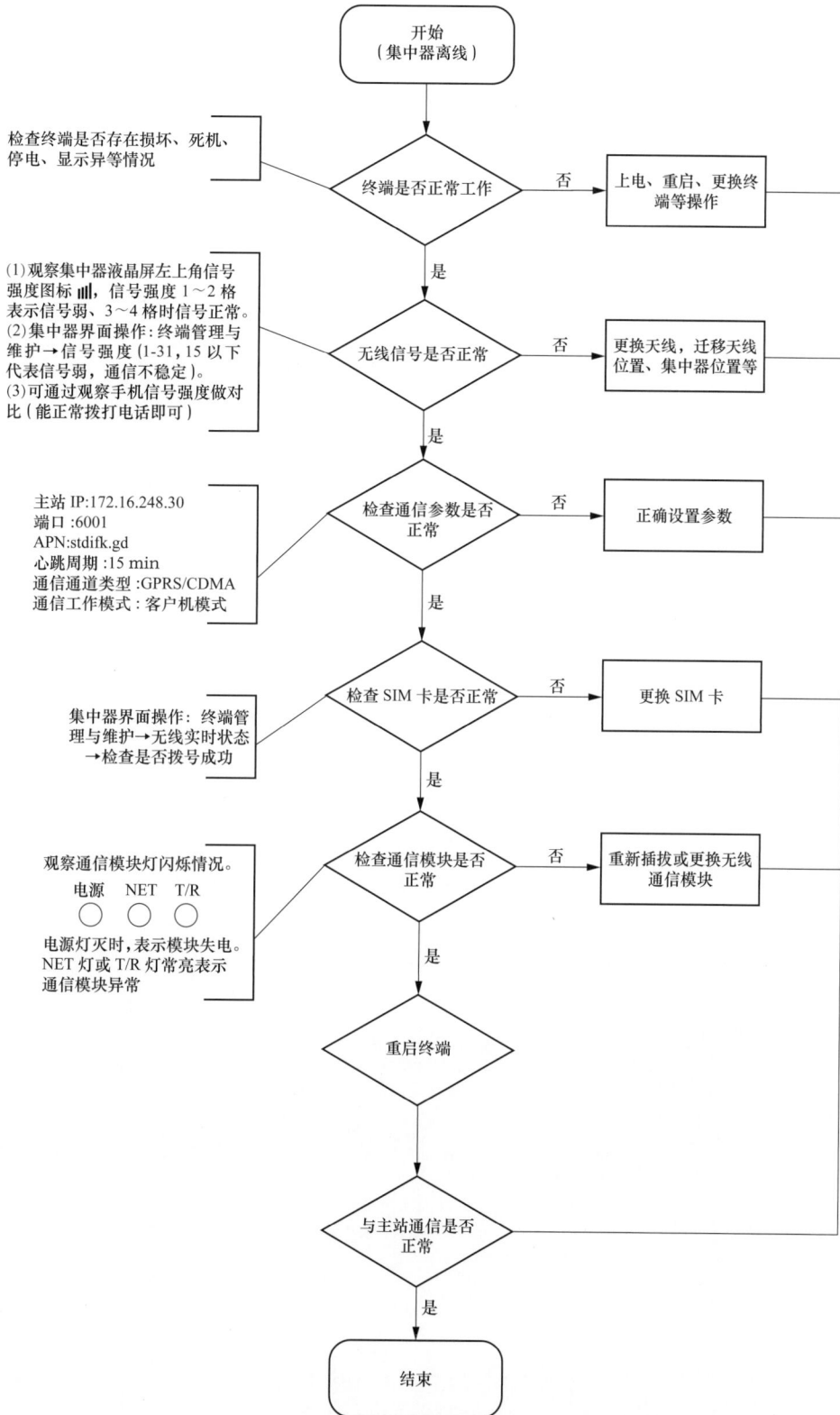

附图 2-2　主站排查流程图集中器离线现场排查流程

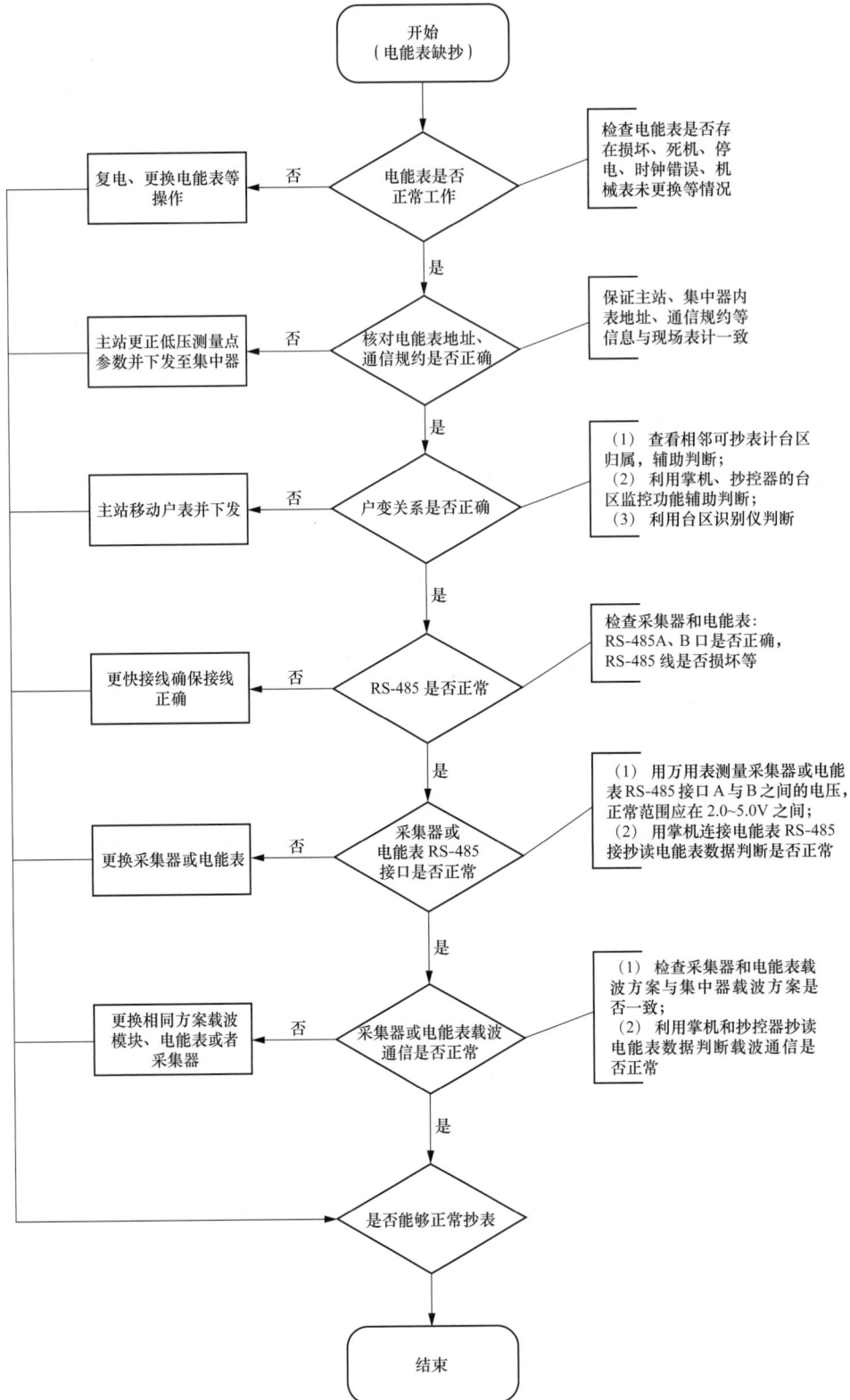

附图 2-3　电能表故障现场排查流程

附录3　低压集抄技术方案选择与配置原则

　　根据每个台区的电能表集中度和现场场景，对每个台区选择不同的技术方案。选择原则与设备配置原则见附表3-1。

附表3-1　低压集抄技术方案选择与配置原则

编号	台区电能表集中度	现场场景	适用方案	设备配置原则	备注
1	集中（该台区平均每个表箱≥10块表）	—	（方案1）Ⅱ型集中器方案	每个表箱配置1台Ⅱ型集中器，1个台区可配置多台集中器	若该台区含少量分散电能表，可使用Ⅱ型集中器（无线）方案
2	集中表箱（2块表≤该台区平均每个表箱<10块表）	楼层不高于15m（4层）	（方案2）Ⅰ型半无线方案	（1）原则上每个台区（半径500m内）配置1台Ⅰ型集中器(无线)。半径超过500m的台区，可适量增加配置集中器（无线）。（2）每个表箱配置1台Ⅱ型采集器（无线）	
		台区内最高楼层高于15m（4层）	（方案3）Ⅰ型半载波方案	（1）每个台区配置1台Ⅰ型集中器（载波）。（2）每个表箱配置1台Ⅱ型采集器（载波）	
3	分散表箱（该台区平均每个表箱<2块表）	楼层不高于15m（4层）	（方案4）Ⅰ型全无线方案	每个台区（半径500m内）配置1台Ⅰ型集中器（无线）	（1）若现场RS-485电能表为近3年内安装的新表，宜安装Ⅱ型采集器，不更换电能表。（2）若用户数量大于150户而且分散，可以配置多个Ⅱ型集中器（无线）
		台区内最高楼层高于15m（4层）	（方案5）Ⅰ型全载波方案	每个台区配置1台Ⅰ型集中器（载波）	若现场RS-485电能表为近3年内安装的新表，宜安装Ⅱ型采集器，不更换电能表

参考文献

［1］黄建硕 . 电能计量装置安装与检查 . 重庆大学出版社，2020，03.

［2］李国胜 . 电能计量典型操作实训教材 . 中国电力出版社，2020，10.

［3］国家电网有限公司企业标准 . 单相智能电能表型式规范：Q/GDW 10355—2020.

［4］国家电网有限公司企业标准 . 单相智能电能表技术规范：Q/GDW 10364—2020.

［5］国家电网有限公司企业标准 . 三相智能电能表型式规范：Q/GDW 10356—2020.

［6］国家电网有限公司企业标准 . 三相智能电能表技术规范：Q/GDW 10827—2020.

［7］国家电网有限公司企业标准 . 用电信息采集系统型式规范　第 1 部分：专变采集终端：Q/GDW 10375.1—2019.

［8］国家电网有限公司企业标准 . 用电信息采集系统型式规范　第 2 部分：集中器：Q/GDW 10375.2—2019.